快速编制
单位工程施工组织设计

◎ 肖凯成　郭晓东　编著

KUAISU
BIANZHI
DANWEI
GONGCHENG
SHIGONG
ZUZHI
SHEJI

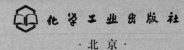

化学工业出版社

·北京·

本书以编制施工组织设计为工作过程，按工作任务的形式，将施工组织设计内容分为如何编写单位工程工程概况、如何编制单位工程施工部署及施工方案、如何绘制单位工程施工进度计划、如何绘制单位工程施工平面图、如何制定单位工程主要的施工措施五项任务，进行具体的叙述和示例，以提供施工现场技术负责人和高职类院校的广大师生更好地学习和参考。

本书将编制施工组织设计的内容，按工作过程要求划分五项任务，结合案例引领读者一起完成，实用性和可操作性强。

本书特别适用于实际编制施工组织设计的技术人员及将要从事相关工作的在校人员学习，也可作为高职类院校相关专业师生的教材或参考书。

图书在版编目（CIP）数据

快速编制单位工程施工组织设计/肖凯成，郭晓东编
著．—北京：化学工业出版社，2015.9
ISBN 978-7-122-24666-0

Ⅰ.①快… Ⅱ.①肖…②郭… Ⅲ.①建设工程-施
工组织-设计 Ⅳ.①TU721

中国版本图书馆 CIP 数据核字（2015）第 165890 号

责任编辑：李仙华　　　　　　　　装帧设计：韩　飞
责任校对：吴　静

出版发行：化学工业出版社（北京市东城区青年湖南街13号　邮政编码100011）
印　　装：高教社（天津）印务有限公司
787mm×1092mm　1/16　印张14¼　字数359千字　2016年1月北京第1版第1次印刷

购书咨询：010-64518888（传真：010-64519686）　售后服务：010-64518899
网　　址：http://www.cip.com.cn
凡购买本书，如有缺损质量问题，本社销售中心负责调换。

定　　价：45.00元

　　施工组织设计是施工管理科学化、现代化的一个重要环节,也是施工单位参与投标竞争编制技术标和中标后指导施工全过程活动的一项重要内容。 做好施工组织设计,突显施工组织设计的实用价值,是施工单位面临的关键问题。

　　针对目前日益增多的土建施工企业及参差不齐的施工队伍,科学管理和正确地编制出一份实用、可行的施工组织设计方案是真正达到工期短、质量优、造价低的有效保证。 为配合做好施工组织设计的推广和应用,本书以编制施工组织设计为工作过程,按工作任务的形式,将施工组织设计内容分为如何编写单位工程工程概况、如何编制单位工程施工部署及施工方案、如何绘制单位工程施工进度计划、如何绘制单位工程施工平面图、如何制定单位工程主要的施工措施五项任务,进行具体的叙述和示例,以提供施工现场技术负责人和高职类院校的广大师生更好地学习和参考。

　　全书分为三大部分。 第 1 部分施工组织设计的基本知识和原理,加深读者对施工组织设计中的一些基本知识和原理的理解和掌握,为初学、深造、讲课、练习者提供参考。 第 2 部分按编制施工组织设计的工作过程和要求,将施工组织设计的内容按工作任务的形式分为五项任务,以期更好地帮助读者理清编制施工组织设计的脉络。 第 3 部分是附录,将编制施工组织设计的设计文件和资料、编制要求一并进行汇编,以方便查阅。

　　本书通俗易懂,意欲为编制者的实际操作、在校师生备课、学习、课程设计等提供参考与帮助,由于水平有限,不妥之处敬请读者提出宝贵意见。

编著者

2015 年 5 月

附录 `120`

1 施工组织设计的基本知识和原理

1.1 建筑施工组织设计概论

施工组织设计是以工程或建设项目为对象，针对施工活动做出规划或计划的程序性技术经济文件，用以指导施工组织与管理、施工准备与实施、施工控制与协调、资源的配置与使用等全局、全过程、全面性技术、经济和组织的综合性文件。是对施工活动全过程进行科学管理的重要手段。其本质是运用行政手段和计划管理方法来进行生产要素的配置和管理。施工组织设计是招投标阶段投标文件的重要组成部分，也是施工阶段施工准备工作中的重要内容。

1.1.1 施工组织设计的作用

施工组织设计是施工准备工作的重要组成部分，又是做好施工准备工作的主要依据和重要保证。

施工组织设计是对拟建工程施工全过程实行科学管理的重要手段，是编制施工预算和施工计划的主要依据，是建筑企业合理组织施工和加强项目管理的重要措施。

施工组织设计是明确施工重点和影响工期进度的关键施工过程，检查工程施工进度、质量、成本三大目标的依据，是建设单位与施工单位之间履行合同、处理关系的主要依据。

通过编制施工组织设计，可以针对工程规模、特点，根据施工环境的各种具体条件，按照客观的施工规律，制订拟建工程的施工方案，确定施工顺序、施工流向、施工方法、劳动组织和技术组织措施；统筹安排施工进度计划，保证建设项目按期投产或交付使用；可以有序地组织材料构配件、机具、设备、劳动力等需要量的供应和使用；合理地利用和安排为施工服务的各项临时设施；合理地部署施工现场，确保文明施工、安全施工；可以分析预订施工中可能产生的风险和矛盾，事先做好准备和预防，及时研究解决问题的对策、措施；可以将工程的设计与施工、技术与经济、施工组织与管理、施工全局与施工局部规律、土建施工与设备施工、各部门之间、各专业之间有机地结合，相互配合，把投标和实施、前方和后方、企业的全局活动和项目部的施工组织管理，把施工中各单位、各部门、各阶段以及项目之间的关系等更好地协调起来，使得投标工作和工程施工建立在科学合理的基础之上。从而做到人尽其力、物尽其用、优质低耗、科学合理利用，高速度地取得最好的经济和社会效益。

招投标阶段编制好施工组织设计（标前设计），能充分反映施工企业的综合实力，是实现中标，提高市场竞争力的重要途径；在工程施工阶段编制好施工组织设计（标后设计），是实现科学管理、提高工程质量、降低工程成本、加速工程进度、预防安全事故，从而获得较好的建设投资效益的可靠保证。

1.1.2 施工组织设计的分类和内容

1.1.2.1 施工组织设计的分类

施工组织设计按编制主体、编制对象、编制时间和深度的不同有不同的分类方法。

（1）按编制的主体分类 可分为建设方的施工组织设计［大型项目业主、建设指挥部或筹建委（处）］和施工方的施工组织设计（施工总包方、分包方）。它们的相互关系如图1-1所示。

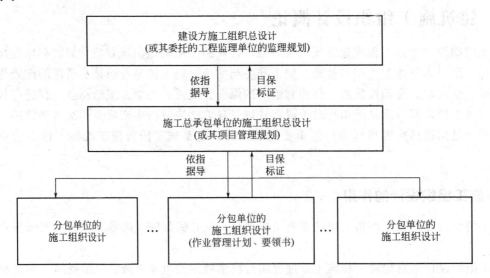

图 1-1 不同主体施工组织设计的相互关系

（2）按编制的对象分类 按编制对象的层次、范围、深度的不同，施工组织设计可分为以下几类。

① 建设项目施工组织总设计。建设项目施工组织总设计是以一个建设项目为组织施工对象而编制的。当有了批准的初步设计或扩大初步设计后，由该工程的总承包商牵头，会同建设、设计及分包单位共同编制。它的目的是对整个建设项目的施工进行全盘考虑，全面规划，用以指导全场性的施工准备和有计划地运用施工力量，开展施工活动。其作用是确定拟建工程的施工期限、各临时设施及现场总的施工部署，是指导整个工程施工全过程的组织、技术、经济的综合设计文件，是修建全工地暂设工程、施工准备和编制年（季）度施工计划的依据。

② 单位工程施工组织设计。单位工程施工组织设计是以单位工程（一个建筑物或构筑物）作为组织施工对象而编制的。它一般是在有了施工图设计后，在单项工程施工组织总设计的指导下，由工程项目部组织编制，是单位工程施工全过程的组织、技术、经济的指导文件，并作为编制季、月、旬施工计划的依据。

③ 主要分部分项工程的施工组织设计。分部分项工程施工组织设计是以规模较大、技术复杂或施工难度大，或者缺乏施工经验的分部分项工程（如复杂的基础工程、大型构件吊装工程、大体积混凝土基础工程、有特殊要求的装修工程等）为组织施工对象而编制，是单位工程施工组织设计的进一步具体化，是专业工程的具体施工组织设计。一般在单位工程施工组织设计确定了施工方案后，针对技术复杂、工艺特殊、工序关键的分部分项工程由项目部技术负责人编制。

（3）按编制的时间和深度分类　施工组织设计按按编制的时间和深度可分为投标阶段的施工组织设计（标前设计）和施工阶段的施工组织设计（标后设计）。它们的特点见表 1-1。

表 1-1　标前、标后施工组织设计的特点

种类	服务范围	编制时间	编制者	主要特征	目标
标前	投标签约	投标时	经营层	规划性	效益
标后	施工	签约后	项目层	作业性	效率

1.1.2.2　施工组织设计的内容

（1）建设项目（单项工程）施工组织总设计的内容

1）工程概况及施工条件分析

① 工程概况。包括工程的性质、规模；建设单位、设计单位、监理单位；功能和用途，生产工艺概要（工业项目）；项目的系统构成；建设概算总投资，主要建安工程量，工期目标；规划建筑设计特点；主要工程结构类型；设备系统的配置与性能等。

② 施工条件分析。主要包括施工合同条件如工程质量标准及验收，工程款支付与结算方式，工期及奖罚办法等；现场条件如水文地质及气象条件，周围建筑物、构筑物、道路管线，临时设施，拆除和搬迁的障碍物和树木，施工临时供电、供水、排水、排坏等；法规条件如施工噪音，渣土运输与堆放，交通管制，消防保安，环境保护与公害防治等。

2）施工总体部署　施工总体部署是战略性的施工程序及施工展开方式的总体构想策划。包括以下几点。

① 分期分批系统划分；

② 施工区段的划分和流向顺序的安排；

③ 施工组织系统、合同结构和施工队伍协调关系；

④ 施工阶段的划分和各阶段的任务目标；

⑤ 开工前的施工准备工作；

⑥ 施工交叉、穿插和衔接关系及其工作界面划分；

⑦ 重要单位工程的施工方案，主要分部施工方法；

⑧ 技术攻关、技术论证，试验分析的工作安排；

⑨ 施工技术物资的采购、加工和运输。

3）施工总进度计划　全部工程项目的施工顺序及其进程的时间计划。

4）主要施工机械设备及设施配置计划　包括：主要施工机械设备及各类设施配置，现场临时道路及围墙的修建，现场供电、供水、供热等，工地材料物资堆场及仓库；现场办公、生活等所需临时设施。

5）施工总平面图。

6）各项技术经济指标。

（2）单位工程施工组织设计的内容

1）工程概况　主要包括工程特点，建设地点的特征和施工条件等内容。

2）施工方案和施工方法　是施工组织设计的核心，将直接关系到施工过程的施工效率、质量、工期、安全和技术经济效果。一般包括确定合理的施工顺序、合理的施工起点流向、合理的施工方法和施工机械的选择及相应的技术组织措施等。

3）施工进度计划　依据流水施工原理，编制各分部分项工程的进度计划，确定其平行

搭接关系。合理安排其他不便组织流水施工的某些工序。

4）施工准备工作及各项资源需要量计划 作业条件的施工准备工作，要编制详细的计划，列出施工准备工作的内容，要求完成的时间、负责人等。根据施工进度计划等有关资料，编制劳动力、各种主要材料、构件和半成品及各种施工机械的需要量计划。

5）施工平面图 单位工程施工平面图的内容与施工总平面图的内容基本一致，只是针对单位工程更详细、具体。

6）主要技术组织措施 技术组织措施是指在技术和组织方面对保证质量、安全、节约和文明施工所采用的方法和措施。主要包括保证质量技术措施、季节性施工及其他特殊施工措施、安全施工措施、降低成本措施和现场文明施工措施等。

7）主要技术经济指标。

（3）分部分项工程施工组织设计的内容 主要包括工程概况、施工方案、施工进度计划、施工准备工作、各资源需用量计划、施工平面布置图、技术组织措施、质量、安全文明保证措施等。

1.1.2.3 施工组织设计编制的依据

根据工程对象、现场施工条件不同，编制施工组织设计的依据不完全一样，在所需资料内容的广度及深度上有所差别。施工组织设计类型不同，依据的资料也存在差异。但就共同的依据而言，主要有以下几项。

（1）施工合同、计划和勘察、设计文件。

（2）施工地区及工程地点的自然条件资料。

① 建设地区地形示意图，施工场地地形图。

② 工程地质资料，包括施工场地钻孔布置图、地质剖面图、土壤物理力学性质及其承载能力，有无特殊的地基土（如黄土、膨胀土、流砂、古墓、土洞、岩溶等）。

③ 水文地质资料，包括地下水位高度及变化范围，施工地区附近河流湖泊的水位、流量、流速、水质等。

④ 气象资料，主要有全年降雨降雪量、日最大降雨量，雨季起止日期，年雷暴日数，年的最高最低平均气温，冰冻期，酷暑期，风向风速、主导方向、风玫瑰图等。

（3）施工地区的技术经济条件资料。

① 地方建筑材料、构配件生产厂的分布情况。

② 地方建筑材料的供应情况，如材料名称、产地、产量、质量、价格、运距等。

③ 交通运输条件，包括可能的运输方式、运距、道路桥涵情况等。

④ 供水供电条件，包括能否在地区电力网上取得电力、可供工地利用电力的程度、接线地点及使用条件，了解有无城市上下水道经过施工地区，接通供水干线的方式、地点、供水管径、水头压力等。

⑤ 通讯条件。

⑥ 劳动力和生活设施情况，包括社会可提供劳动力的工种、年龄、技术条件、居住条件及风俗习惯，施工地区有无学校、电影院、商店、饮食店及医疗、消防、治安设施等。

⑦ 参加施工的有关单位的力量情况，包括单位、人数、设备、施工技术水平、领导班子、进场施工日期等。

（4）国家和上级有关建设的方针政策指示文件。

（5）施工企业对工程施工可能配备的人力、机械、技术力量。

（6）现行的有关规范、标准、规程、图集，设计、施工手册等。

（7）定额。

（8）战略性的施工程序及施工展开方式的总体构想策划。

以上资料的获得，主要通过以下方法及途径：向建设单位索取工程基建计划及设计、勘察方面的资料；向施工地区城建部门、供水供电部门、气象部门、交通邮电通讯部门调查了解自然条件、技术经济条件资料；组织精干小组进行市场调查，收集资料。对于新开拓的施工地区必须进行全面调查收集，对于原来已熟悉的地区，可进行有针对性的调查。

1.2　横道图计划基本知识

工程进度计划是反映工程施工时各施工过程的施工先后顺序、相互配合的关系以及它们在时间和空间上的施工进展情况。流水作业法是表现工程进度的有效方法。在建筑安装施工中，由于建筑产品固定性、个体性和施工流动性的特点，和一般工业生产的流水作业相比，建筑工程流水施工具有不同的特点和要求。

1.2.1　工程施工展开的基本方式

拟兴建四幢相同的建筑物，其编号分别为Ⅰ、Ⅱ、Ⅲ、Ⅳ。它们的基础工程量都相等，而且均由挖土方、做垫层、砌基础和回填等四个施工过程组成，每个施工过程在每个建筑物中的施工天数均为 5 天。其中，挖土方时，工作队由 8 人组成；做垫层时，工作队由 6 人组成；砌基础时，工作队由 14 人组成；回填土时，工作队由 5 人组成。

（1）依次施工　是指在前一幢房屋完工后才开始后一幢房屋的施工，即按照次序一幢一幢房屋的施工。这种方法的特点是同时投入的劳动力和物质资源较少，总资源消耗量均衡，但施工工作队（组）的工作是有间歇的，工地上的同一种资源的消耗量也是有间歇性的，工期也较长（图 1-2）。

1）特点

① 由于没有充分地利用工作面，所以工期长；

② 工作队不能实现专业化施工，不利于提高工程质量和劳动生产率；

③ 工作队及其生产工人不能连续作业；

④ 单位时间内投入的资源数量比较少，有利于资源供应的组织工作；

⑤ 施工现场的组织、管理比较简单。

2）适用于：场地小、资源供应不足、工期不紧时，组织大包队施工。

（2）平行施工　在拟建工程项目任务十分紧迫、工作面允许以及资源能够保证供应的条件下，可以组织几个相同的工作队，在同一时间、不同的空间上进行施工，这样的施工组织方式称为平行施工组织方式。

1）特点

① 充分利用了工作面，争取了时间、缩短了工期；

② 工作队不能实现专业化生产，不利于提高工程质量和劳动生产率；

③ 工作队及其生产工人不能连续作业；

④ 单位时间内投入施工的资源数量大，现场临时设施也相应增加；

⑤ 施工现场组织、管理复杂。

2）适用于：工期极紧时的人海战术。

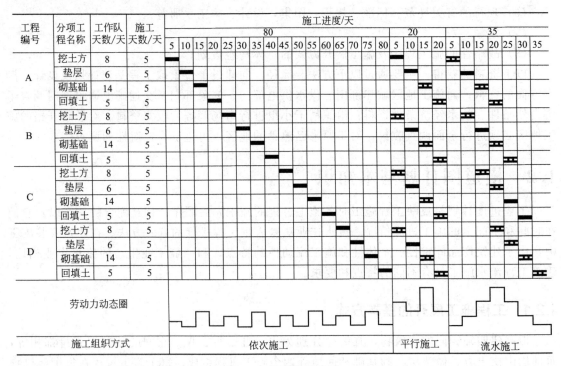

图 1-2　施工组织方式

（3）流水施工　将拟建工程项目的整个建造过程分解成若干个施工过程；同时将拟建工程项目在平面上划分成若干个劳动量大致相等的施工段；在竖向上划分成若干个施工层，按照施工过程分别建立相应的专业工作队；各专业工作队按照一定的施工顺序投入施工，完成第一个施工段上的施工任务后，在专业工作队的人数、使用机具和材料不变的情况下，依次地、连续地投到第二、第三、……一直到最后一个施工段的施工，在规定的时间内，完成同样的施工任务

1）特点

① 科学地利用了工作面，争取了时间，工期比较短；

② 工作队及其生产工人实现了专业化施工，可使工人的操作技术熟练，更好地保证工程质量，提高劳动生产率；

③ 专业工作队及其生产工人能够连续作业；

④ 单位时间投入施工的资源较为均衡，有利于资源供应组织工作；

⑤ 为工程项目的科学管理创造了有利条件。

2）实质：充分利用时间和空间。

3）流水施工的技术经济效果

① 由于流水施工的连续性，减少了专业工作队的间歇作业时间，达到了缩短工期的目的；

② 有利于劳动组织的改善及操作方法的改进，从而提高了劳动生产率；

③ 专业化的生产可提高生产工人的技术水平，使工程质量相应提高；

④ 工人技术水平和劳动生产率的提高，可减少用工量和施工临时设施的建造量，从而降低工程成本；

⑤ 可以保证施工机械和劳动力得到充分、合理的利用。

1.2.2 流水施工进度计划的表示方法

流水图按绘制方法的不同有下列两种形式。如图 1-3 所示。

流水施工表达方式
横道图
网络图
水平指示图表
垂直指示图表
单代号网络图
双代号网络图

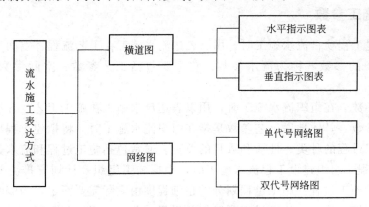

图 1-3 流水施工表达方法

(1) 横道图　又称横线图，如图 1-4 所示。它是利用时间坐标上横线条的长度和位置来表示工程中各施工过程的相互关系和进度。在横道图中，左边部分列出各施工过程（或工程对象）的名称，右边部分用横线来表示施工过程（或工程对象）的进度，反映各施工过程在时间和空间上的进展情况。在图的下方，相应画出每天所需的资源曲线。

横道图具有绘制简单、一目了然、易看易懂的优点，是应用最普遍的一种工程进度计划的表达形式。

(2) 斜线图　又称为垂直图，如图 1-5 所示，它是将横道的水平进度线改为斜线表达的一种方法。它能够直观地反映出工程对象中各施工过程的先后顺序和配合关系。在斜线图

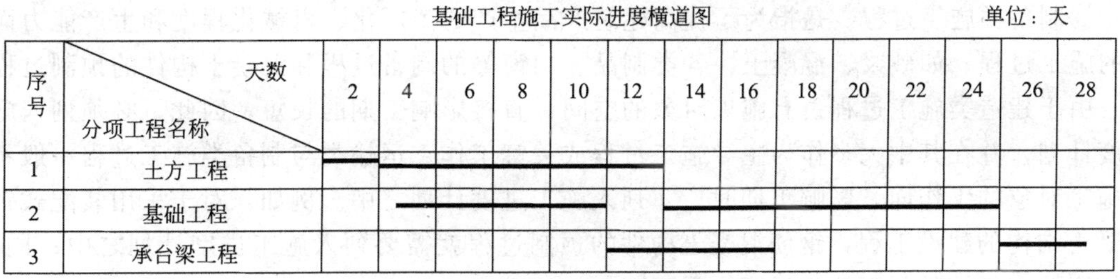

基础工程施工实际进度横道图
单位：天
序号
天数
分项工程名称
2 4 6 8 10 12 14 16 18 20 22 24 26 28
1 土方工程
2 基础工程
3 承台梁工程

图 1-4 横道图表示方法

施工段
工程进度/月
1 2 3 4 5 6 7 8 9 10 11 12 1 2 3 4 5 6 7 8 9 10 11
六
五
四
三
二
一
B_1
B_2
B_3
t_n
$T=\sum_{i=1}^{n-1}B_{i,i+1}+t_n$

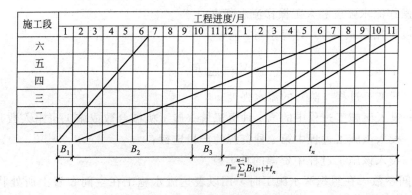

图 1-5 斜线图表示方法

中，斜线的斜率表示某施工过程的速度，斜线的数目为参与流水施工过程的数目。斜线图一般只用于表达各项工作连续的施工。

1.2.3 流水施工参数

在组织拟建工程项目流水施工时，用以表达流水施工在工艺流程、空间布置和时间安排等方面开展状态的参数，称为流水参数。它主要包括工艺参数、空间参数和时间参数等三类。

(1) 工艺参数 在组织流水施工时，用以表达流水施工在施工工艺上开展顺序及其特征的参数称工艺参数。具体地说工艺参数是指在组织流水施工时，将拟建工程项目的整个建造过程分解为施工过程的种类、性质和数目的总称。通常包括施工过程和流水强度两个参数。

1) 施工过程 组织建设工程流水施工时，根据施工组织及计划安排需要而将计划任务分成的子项称为施工过程。施工过程划分的粗细程度由实际需要而定，当编制控制性施工进度计划时，组织流水施工的施工过程可以划分得粗一些，施工过程可以是单位工程，也可以是分部工程。当编制实施性施工进度计划时，施工过程可以划分得细一些，施工过程可以是分项工程，甚至是将分项工程按照专业工种不同分解而成的施工工序。

施工过程的数目一般用 n 表示，它是流水施工的主要参数之一。根据其性质和特点不同，施工过程一般分为三类，即建造类施工过程、运输类施工过程和制备类施工过程。

①建造类施工过程。是指在施工对象的空间上直接进行砌筑、安装与加工，最终形成建筑产品的施工过程。它是建设工程施工中占有主导地位的施工过程，如建筑物或构筑物的地下工程、主体结构工程、装饰工程等。

②运输类施工过程。是指将建筑材料、各类构配件、成品、制品和设备等运到工地仓库或施工现场使用地点的施工过程。

③制备类施工过程。是指为了提高建筑产品生产的工厂化、机械化程度和生产能力而形成的施工过程。如砂浆、混凝土、各类制品、门窗等的制备过程和混凝土构件的预制过程。

由于建造类施工过程占有施工对象的空间，直接影响工期的长短，因此，必须列入施工进度计划，并在其中大多作为主导施工过程或关键工作。运输类与制备类施工过程一般不占有施工对象的工作面，影响工期时，才列入施工进度计划之中。例如，对于采用装配式钢筋混凝土结构的建设工程，钢筋混凝土构件的预制过程就需要列入施工进度计划之中；同样，结构安装中的构件吊运施工过程也需要列入施工进度计划之中。

2) 流水强度 某施工过程在单位时间内所完成的工程量，称为该施工过程的流水强度。可分为机械操作流水强度和人工操作流水强度。

流水强度可用公式(1-1)计算求得：

$$V = \sum_{i=1}^{X} R_i S_i \tag{1-1}$$

式中 V——某施工过程（队）的流水强度；

R_i——投入该施工过程中的第 i 种资源量（施工机械台数或施工班组人数）；

S_i——投入该施工过程中第 i 种资源的产量定额；

X——投入该施工过程中资源的种类数。

(2) 空间参数 在组织流水施工时，用以表达流水施工在空间布置上所处状态的参数，称为空间参数。它包括工作面、施工段和施工层。

1）工作面 A（工作前线 L） 工作面是指某专业工种的工人在从事建筑产品生产加工过程中，必须具备一定的活动空间，这个活动空间称为工作面。它的大小表明了施工对象可能同时安置多少工人操作或布置多少施工机械同时施工，它反映了施工过程（工人操作、机械施工）在空间上布置的可能性。

组织流水施工时，工作面的形成方式有两种：一种是前导施工过程的完成就为后续施工过程的施工提供了工作面；另一种是前后施工工程工作面的形成存在着相互制约和相互依赖的关系，彼此须相互开拓工作面。例如组织多层建筑物的流水施工时就存在这一情况。

工作面的形成方式不同，直接影响到流水施工的组织方式。

工作面的大小可以采用不同的单位来计量，有关数据可参照表 1-2。

表 1-2 主要工种工作面参考数据表

工作项目	每个技工的工作面	说明
砖基础	7.6m/人	以 1½ 砖计 2 砖乘以 0.8；3 砖乘以 0.55
砌砖墙	8.5m/人	以 1 砖计 2 砖乘以 0.71；3 砖乘以 0.57
毛石墙基	3m/人	以 60cm 计
毛石墙	3.3m/人	以 40cm 计
混凝土柱、墙基础	8m/人	机拌、机捣
混凝土设备基础	7m/人	机拌、机捣
现浇钢筋混凝土柱	2.45m/人	机拌、机捣
现浇钢筋混凝土梁	3.2m/人	机拌、机捣
现浇钢筋混凝土墙	5m/人	机拌、机捣
现浇钢筋混凝土楼板	5.3m²/人	机拌、机捣
预制钢筋混凝土柱	3.6m/人	机拌、机捣
预制钢筋混凝土梁	3.6m/人	机拌、机捣
预制钢筋混凝土屋架	2.7m/人	机拌、机捣
预制钢筋混凝土平板、空心板	1.91m²/人	机拌、机捣
预制钢筋混凝土大型屋面板	2.62m²/人	机拌、机捣
混凝土地坪及面层	40m²/人	机拌、机捣
外墙抹灰	16m²/人	
内墙抹灰	18.5m²/人	
卷材屋面	18.5m²/人	
防水水泥砂浆屋面	16m²/人	
门窗安装	11m²/人	

2）施工段数 m 为了有效地组织流水施工，通常把拟建工程项目在平面上划分成若干个劳动量大致相等的施工段落，这些施工段落称为施工段。施工段的数目，通常用 m 表示。

划分施工段在于使不同工种的工作队同时在工程对象的不同工作面上进行施工，这样能充分利用空间，为组织流水施工创造条件。一般来说，每一个施工段在某一段时间内只有一个施工过程的工作队使用。

划分施工段的目的和原则如下。

① 专业工作队在各个施工段上的劳动量要大致相等；

② 对多层或高层建筑物，施工段的数目要满足合理流水施工组织的要求，即 $m \geqslant n$；

③ 为了充分发挥工人、主导施工机械的生产效率，每个施工段要有足够的工作面；

④ 为了保证拟建工程项目结构整体的完整性，施工段的分界线应尽可能与结构的自然界线相一致；

⑤ 对于多层的拟建工程项目，既要划分施工段，又要划分施工层。

施工段可以是固定的，也可以是不固定的。本书介绍的施工段是固定的。

划分施工段时应考虑以下因素。

① 尽量使主要施工过程在各施工段上的劳动量相等或相近；

② 施工段分界要同施工对象的结构界限（温度缝、沉降缝、单元界限等）取得一致，有利于结构的整体性；

③ 施工段数要适中，不宜过少（如一个施工段），更不宜过多，过多了因工作面缩小，势必要减少施工过程的施工人数，减慢施工速度，延误工期；

④ 对施工过程要有足够的工作面和适当的施工量，以避免施工过程移动过于频繁，降低施工效率；

⑤ 当房屋有层高关系，分段又分层时，应使各施工过程能够连续施工。这就要求施工过程数 n 与施工段数 m 的关系相适应，如果每一施工过程由一个专业工作队（组）来完成时，每层的施工过程数 n 与施工段数 m 之间的关系如下所述。

$$\min\{m\} \geqslant n$$

如：一栋二层砖混结构，主要施工过程为砌墙、安板，（即 $n=2$），分段流水的方案如图 1-6 所示（条件：工作面足够，各方案的人、机数不变）。

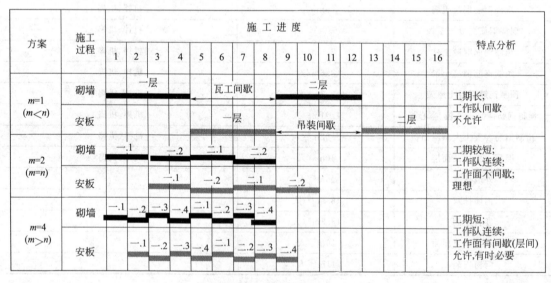

图 1-6　分段流水方案

结论：专业队组流水作业时，应使 $m \geqslant n$，才能保证不窝工，工期短。

注意：m 不能过大。否则，材料、人员、机具过于集中，影响效率和效益，且易发生事故。

3）施工层数 J　在组织流水施工时，为了满足专业工作队对操作高度和施工工艺的要求，将拟建工程项目在竖向上划分为若干个操作层，这些操作层称为施工层。施工层一般用

J 来表示。施工层的划分，要根据按工程项目的具体情况，如建筑物的高度、楼层等来确定。

（3）时间参数　在组织流水施工时，用以表达流水施工在时间排序上的参数，称为时间参数。

时间参数包括流水节拍、流水步距、间歇时间、平行搭接时间、流水施工工期等。

1）流水节拍　在组织流水施工时，每个专业工作队在各个施工段上完成相应的施工任务所需的工作延续时间。其大小与该施工过程劳动力、机械设备和材料供应的集中程度有关。流水节拍反映了施工速度的快慢和施工的节奏性。

流水节拍的确定方法主要有定额计算法、工期倒排法和经验估计法。

① 定额计算法。定额计算法是根据该施工段上的工程量、该施工过程的劳动定额以及能够投入的劳动力、机械台数和材料量来确定。在满足工作面或工作前线的要求下，按公式（1-2）或式（1-3）计算。

$$t_{j,i} = \frac{Q_{j,i}}{S_j R_j N_j} = \frac{P_{j,i}}{R_j N_j} \tag{1-2}$$

或

$$t_{j,i} = \frac{Q_{j,i} H_j}{R_j N_j} = \frac{P_{j,i}}{R_j N_j} \tag{1-3}$$

式中　$t_{j,i}$——第 j 个专业工作队在第 i 个施工段的流水节拍；

$Q_{j,i}$——第 j 个专业工作队在第 i 个施工段要完成的工程量或工作量；

S_j——第 j 个专业工作队的计划产量定额；

H_j——第 j 个专业工作队的计划时间定额；

$P_{j,i}$——第 j 个专业工作队在第 i 个施工段需要的劳动量或机械台班数量；

R_j——第 j 个专业工作队所投入的人工数或机械台数；

N_j——第 j 个专业工作队的工作班次。

② 工期倒排法。对于有总工期要求的工程，为了满足总工期的要求，可采用工期倒排法来确定流水节拍。该方法的步骤如下。

a. 首先将施工对象划分为几个施工阶段，按总工期的要求估计每一个施工阶段所需要的施工时间。如将一个施工对象划分为基础工程阶段、主体施工阶段和装修工程阶段。

b. 确定每一施工阶段的施工过程和施工段数。

c. 确定每一施工过程在不同的施工段上的施工持续时间，即流水节拍。

d. 检查确定的流水节拍是否符合劳动力和机械设备供应的要求，工作面是否足够等，不合则调整，直到定出合理的流水节拍。

③ 经验估计法。经验估计法是根据以往的施工经验，对某一施工过程在某一施工段上的作业时间估计出三个时间数据，即最短时间（最乐观时间）、最长时间（最悲观时间）和正常时间，然后求加权平均值，该加权平均值即为流水节拍。其计算公式为：

$$K = \frac{a + 4b + c}{6} \tag{1-4}$$

式中　K——某施工过程在某施工段上的流水节拍；

a——某施工过程在某施工段上的最短估计时间；

b——某施工过程在某施工段上的正常估计时间；

c——某施工过程在某施工段上的最长估计时间。

在确定流水节拍时，必须以满足总工期要求为原则，同时，要考虑到资源的供应，工作面的限制等，按上述方法求出的流水节拍至少要取半天的整数倍。

2）流水步距　在组织流水施工时，相邻两个专业工作队在保证施工顺序、满足连续施工、最大限度地搭接和保证工程质量要求的条件下，相继投入施工的最小时间间隔，称为流水步距。

流水步距一般用 $K_{j,j+1}$ 来表示，其中 j（$j=1,2,\cdots,n-1$）为专业工作队或施工过程的编号。它是流水施工的主要参数之一。

流水步距的数目取决于参加流水的施工过程数。如果施工过程数为 n 个，则流水步距总数为 $n-1$ 个。

流水步距的大小取决于相邻两个施工过程（或专业队）在各个施工段上的流水节拍及流水施工的组织方式。

确定流水步距的原则如下。

① 流水步距要满足相邻两个专业工作队在施工顺序上的相互制约关系；

② 流水步距要保证各专业工作队连续作业；

③ 流水步距要保证相邻两个专业工作队在开始作业的时间上最大限度地、合理地搭接；

④ 流水步距的确定要保证工程质量，满足安全生产。

流水确定的流水步距必须保证施工过程的工艺先后顺序，满足各施工过程的连续施工，保证两相邻施工过程在时间上最大限度地、合理地搭接。

3）间隙时间 Z

① 技术间歇时间 Z_1。

在组织流水施工时，除要考虑相邻专业工作队之间的流水步距外，有时根据建筑材料或现浇构件等的工艺性质，还要考虑合理的工艺等待时间，这个等待时间称为技术间歇时间，常用 $Z_{j,j+1}$ 来表示。

② 组织间歇时间 Z_2。

在组织流水施工中由于施工组织的原因，造成的间歇时间称为组织间歇时间。如墙体砌筑前的墙体位置弹线，施工人员、机械设备转移，回填土前地下管道检查验收等。

③ 层间间歇时间 Z_3。

在相邻两个施工层之间，前一施工层的最后一个施工过程，与后一个施工层相应施工段上的第一个施工过程之间的技术间歇或组织间歇。

4）平行搭接时间 C　在组织流水施工时，有时为了缩短工期，在工作面允许的条件下，如果前一个专业工作队完成部分施工任务后，能够提前为后一个专业工作队提供工作面，后者提前进入前一个施工段，两者在同一施工段上平行搭接施工。这个搭接的时间称为平行搭接时间，通常用 $C_{j,j+1}$ 来表示。所以在组织流水施工时，能搭接的施工过程尽量搭接。

在组织具体的流水施工时，工艺间歇、组织间歇和平行搭接可以一起考虑，也可以分别考虑，但它们的内涵不一样，必须灵活运用，这对于顺利地组织流水施工具有特殊的作用。

5）流水施工工期 T　流水施工工期是指从第一个专业工作队投入流水施工开始，到最后一个专业工作队完成流水施工为止的整个持续时间。由于一项建设工程往往包含有许多流水组，故流水施工工期一般均不是整个工程的总工期。

1.2.4　流水施工的基本组织方式

流水施工按流水组织方法分为流水段法和流水线法。流水线法是对线形工程组织流水施工的一种方法，线形工程是延伸很长的工程，如管道、道路工程等。流水段法是指将施工对象划分为若干个施工过程并有节奏地进入施工段施工的组织方法。本教材主要介绍流水段法。

根据流水节拍的特征，流水施工可以分为节奏施工和非节奏施工（其分类情况如图 1-7 所示）。节奏流水施工是指由在各施工段上施工时间相等的施工过程组织的流水施工。非节奏流水施工是指由在各施工段上持续时间不等的施工过程组成的流水施工。节奏流水施工计划中施工过程的进度线是一条斜率不变的直线；而非节奏流水施工进度中施工过程的进度线是一条由斜率不同的几个线段组成的折线。

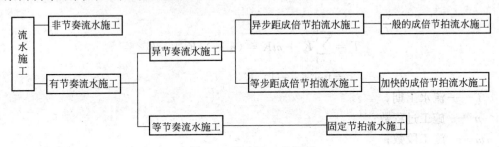

图 1-7　流水施工分类图

（1）全等节拍专业流水　是指在组织流水施工时，参与流水施工的各施工过程在各施工段上的流水节拍全部相等，也称固定节拍流水。

1）全等节拍专业流水具有以下基本特点

① 流水节拍彼此相等。

如果有 n 个施工过程，流水节拍为 t_i，则 $t_1 = t_2 = \cdots = t_i = \cdots = t_{n-1} = t_n = t$（常数）。

② 流水步距彼此相等，而且等于流水节拍，即 $K_{j,j+1} = t$。

③ 每个专业工作队都能够连续施工，施工段没有空闲。

④ 专业工作队数（n_1）等于施工过程数（n）。

2）全等节拍专业流水组织步骤

① 确定施工顺序，分解施工过程。

② 确定施工起点流向，划分施工段。

划分施工段时，其数目 m 的确定如下。

a. 无层间关系或无施工层时，可取 $m = n$。

b. 有层间关系或施工层时，施工段数目分下面两种情况确定。

（a）无技术和组织间歇时，取 $m = n$。

（b）有技术和组织间歇时，为了保证专业工作队能够连续施工，应取 $m > n$。

③ 根据等节拍专业流水要求，确定流水节拍 t 的数值。

④ 确定流水步距 $K = t$。

⑤ 计算流水施工的工期。

a. 不分施工层时，工期计算公式为

$$T = (m + n - 1)K + \sum Z_{j,j+1} + \sum G_{j,j+1} - \sum C_{j,j+1}$$

b. 分施工层时，工期的计算公式为

$$T = (mr + n - 1)K + \sum Z_1 - \sum C_{j,j+1}$$

⑥ 绘制流水施工进度图表。

a. 无搭接和间歇时间情况下的固定节拍流水。

这种情况下的组织形式如图 1-8 所示。这时：

$$K_1 = K_2 = K_3 = \cdots = K_n = K = B$$

其流水工期 T：

$$T = \sum_{i=1}^{n-1} B_{i,i+1} + t_n$$

其中：

$$B_{i,i+1} = B = K$$
$$t_n = mK_n = mK$$

则：

$$T = \sum_{i=1}^{n-1} K + mK = (n-1)K + mK \qquad (1\text{-}5)$$
$$= (m+n-1)K$$

式中　T——流水工期；

　　　n——施工过程数；

　　　m——施工段数；

　　　K——流水节拍。

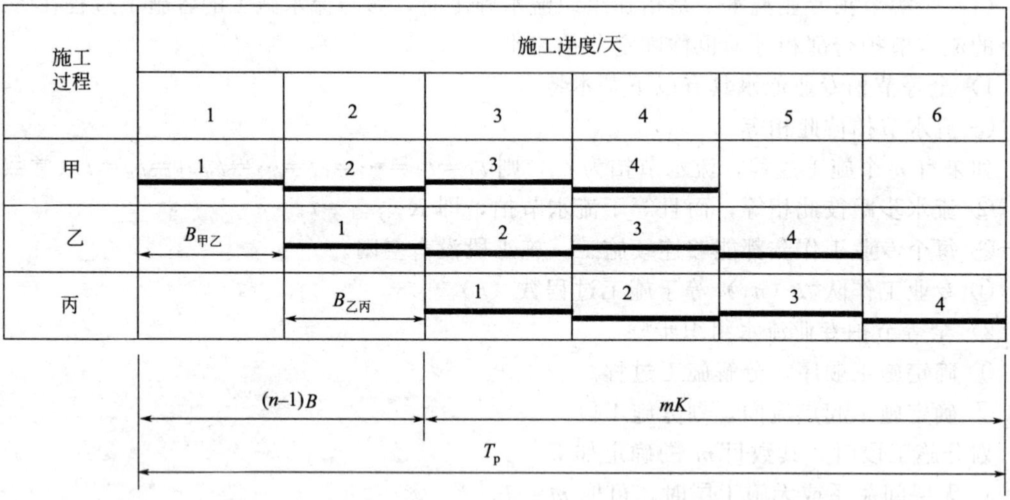

图 1-8　无间歇、无搭接情况下的固定节拍专业流水

对于线型工程（道路、管道施工等），施工段只是一虚拟的概念。通常被理解为负责完成施工过程的工作队的进展速度（km/班、m/班）。其流水工期为：

$$T = (n-1)K + \frac{L}{V}K \qquad (1\text{-}6)$$

由于 K 通常取一个工作班，$K=1$，

$$T = (n-1) + \frac{L}{V} = \sum B + \frac{L}{V} \qquad (1\text{-}7)$$

式中　$\sum B$——各施工过程之间的流水步距之和；

　　　L——线型工程总长度，km 或 m；

　　　V——工作队施工速度，km/班、m/班。

b. 有搭接和间歇情况下的固定节拍流水。

这种情况下的组织形式如图 1-9 所示，图中第 Ⅱ 施工过程与第 Ⅲ 施工过程之间间歇 2 天，即 $Z_{Ⅱ,Ⅲ}=2$ 天，在第 Ⅰ 施工过程与第 Ⅱ 施工过程之间搭接 1 天，即 $C_{Ⅰ,Ⅱ}=1$ 天。

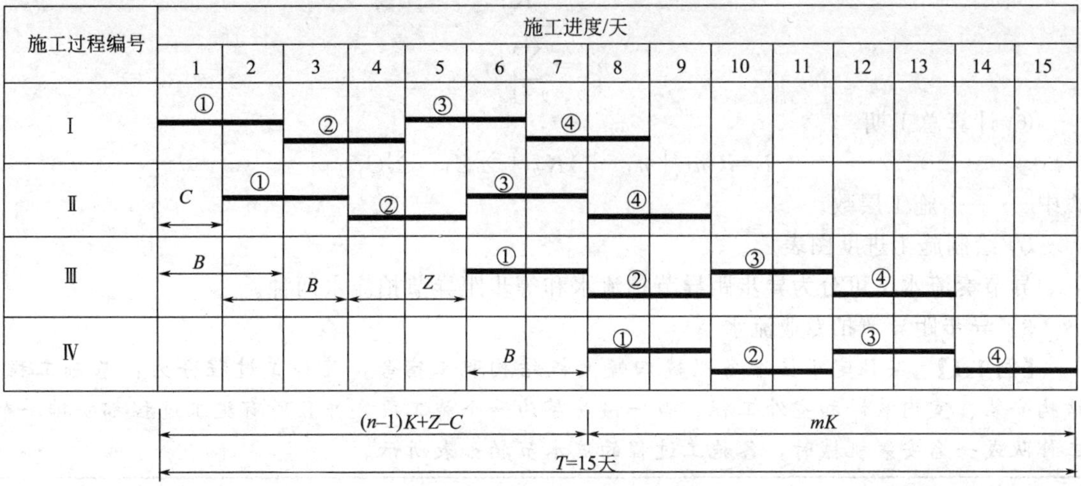

图 1-9 有间歇和搭接情况下的固定节拍专业流水

流水施工工期计算公式为：

$$T=(m+n-1)K+\sum Z-\sum C \qquad (1-8)$$

如上例，已知 $m=4$，$n=4$，$K=2$ 天，$Z_{Ⅱ,Ⅲ}=2$ 天，$C_{Ⅰ,Ⅱ}=1$ 天，则：

$$\sum Z=Z_{Ⅱ,Ⅲ}=2 \text{ 天；} \sum C=C_{Ⅰ,Ⅱ}=1 \text{ 天}$$

$$T=(m+n-1)K+\sum Z-\sum C=(4+4-1)\times 2+2-1=15 \text{（天）}$$

（2）异节奏专业流水 是指在组织流水施工时，如果同一施工过程在各施工段上的流水节拍彼此相等，不同施工过程在同一施工段上的流水节拍彼此不等但均为某一常数的整数倍的流水施工组织方式，称为成倍节拍专业流水。

1）特点

① 同一施工过程在各施工段上的流水节拍彼此相等，不同的施工过程在同一施工段上的流水节拍彼此不等，但均为某一常数的整数倍。

② 流水步距彼此相等，且等于流水节拍的最大公约数。

③ 各专业工作队能够保证连续施工，施工段没有空闲。

④ 专业工作队数大于施工过程数，即 $n_1>n$。

2）组织步骤

① 确定施工顺序，分解施工过程。

② 确定施工起点、流向，划分施工段。

划分施工段时，其数目 m 的确定如下。

a. 不分施工层时，可按划分施工段原则确定施工段数目。

b. 分施工层时，每层的施工段数可按下式确定。

$$m=n_1+\frac{\max \sum Z_1}{K_b}+\frac{\max Z_2}{K_b}$$

③ 按异节拍专业流水确定流水节拍。

④ 确定流水步距，按下式计算：

$K_b=$ 最大公约数$\{t_1,t_2,\cdots,t_n\}$

⑤ 确定专业工作队数。

$$b_j = \frac{t_j}{K_j}$$

$$n_1 = \sum_{j=1}^{n} b_j$$

⑥ 计算总工期。

$$T = (mr + n_1 - 1)K_b + \sum Z_1 - \sum C_{j,j+1}$$

式中　r——施工层数。

⑦ 绘制施工进度图表。

异节奏流水又可分为异步距异节拍流水和等步距异节拍流水两种。

3）异步距异节拍专业流水

【例 1-1】　某住宅小区准备兴建四幢大板结构职工宿舍，某施工过程分为：基础工程、结构安装、室内装修和室外工程。当一幢房屋为一个施工段，并且所有施工过程都安排一个工作队或一名安装机械时，各施工过程的流水节拍如表所示。

施工过程	基础工程	结构安装	室内装修	室外工程
流水节拍/周	5	10	10	5

解　根据以上特点分析，这是一个成倍节拍专业流水，按照异步距异节拍组织流水，其进度计划如 1-10 所示。

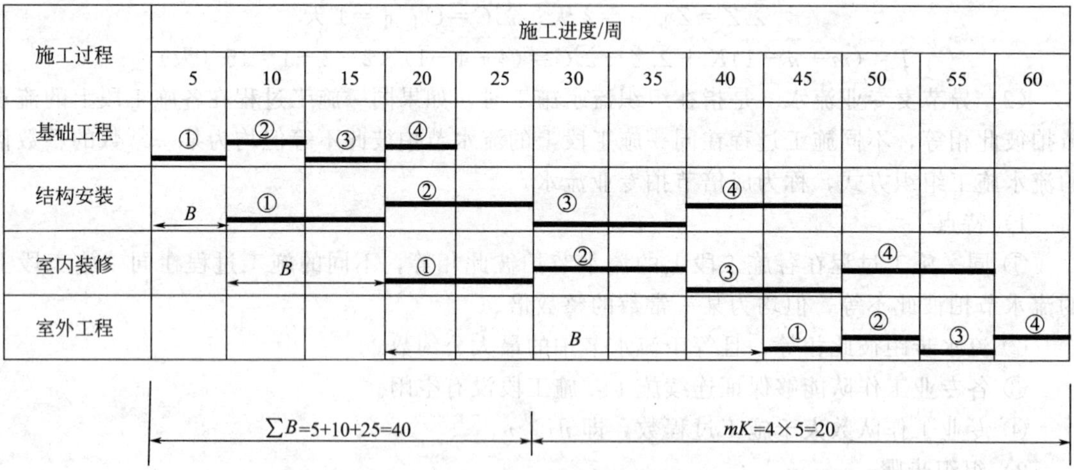

图 1-10　异步距异节拍专业流水图

从图 1-10 中可见，在异步距异节拍专业流水中，由于各施工过程的流水节拍不同，流水节拍小，施工速度快；流水节拍大，施工速度慢。为了保证各施工过程连续施工，流水步距应不一样。在应用式（1-9）计算流水工期时，关键是求出各施工过程的流水步距 $B_{i,i+1}$ $(i=1, 2, \cdots, n-1)$。

对于异步距异节拍专业流水施工工期的计算可按下式计算：

$$T = \sum_{i=1}^{n-1} B_{i,i+1} + t_n + \sum Z - \sum C \tag{1-9}$$

式中　$\sum Z$——间歇时间总和；

　　　$\sum C$——平行搭接时间总和；

t_n——第 n 个施工过程施工持续总时间，大小为 $t_n = mK_n$；

$\sum B_{i,i+1}$——各施工过程之间流水步距总和，它的计算方法是：

$$B_{i,i+1} = \begin{cases} K_i & \text{当 } K_i \leqslant K_{i+1} \\ mK_i - (m-1)K_{i+1} & \text{当 } K_i > K_{i+1} \end{cases} \quad (1\text{-}10)$$

$$i = 1, 2, \cdots, n-1$$

式中　K_i——第 i 个施工过程的流水节拍；

K_{i+1}——第 $i+1$ 个施工过程的流水节拍。

现在利用上面的公式来计算上例的流水参数。利用公式(1-10)来计算流水步距：

例 1-1 中 $K_1 = 5$，$K_2 = 10$，$K_3 = 10$，$K_4 = 5$

$\qquad\qquad K_1 < K_2 \qquad B_{1,2} = K_1 = 5$（周）

$\qquad\qquad K_2 = K_3 \qquad B_{2,3} = K_2 = 10$（周）

$\qquad\qquad K_3 > K_4 \qquad B_{3,4} = mK_3 - (m-1)K_4 = 4 \times 10 - 3 \times 5 = 25$（周）

再由式(1-9)求流水工期为：

$$T = \sum_{i=1}^{n-1} B_{i,i+1} + t_n + \sum Z - \sum C$$

$$= \sum_{1}^{3} B_{i,i+1} + t_4 + \sum Z - \sum C$$

$$= (5 + 10 + 25) + 4 \times 5 + 0 - 0$$

$$= 60 \text{（周）}$$

在计算出流水施工的流水参数之后，正确地绘制出异步距异节拍专业流水的施工进度表。

4）等步距异节拍（加快成倍节拍）专业流水　通过分析图 1-11 的进度计划，要想加快工期，提高施工进度，如果结构安装增加一台吊装机械，室内装修增加一个装修工作队，则它们的施工能力将增加一倍；如果将在一个施工段上安排两台安装机械或两个装修工作队，流水节拍将由 10 周缩短为 5 周。这样，四个施工过程就可以组成一个流水节拍为 5 天的固定节拍专业流水施工，这种流水施工组织必须根据具体工程的客观情况和施工条件来决定。一般来说，如果一幢房屋占地面积不大或工作面较小，一个施工段上安排两台机械可能出现相互干扰、降低施工效率等不利情形，这时候按固定节拍组织流水施工不可行，因此，在组织流水施工时，既要缩短施工工期，又要保证施工的顺利进行，上述情况就可将施工机械和施工工作队交叉安排在不同的施工段上。例如将两台结构安装机械和两个装修工作队做如下的组织。

安装机械甲：一、三施工段

安装机械乙：二、四施工段

装修工作队甲：一、三施工段

装修工作队乙：二、四施工段

经过这样组织后的施工进度计划如图 1-11 所示。通过分析图 1-11 进度表，可以发现等步距异节拍专业流水具有以下特点。

① 同一施工过程在各施工段上的流水节拍相等；

② 各施工过程之间的流水节拍互成倍数；

③ 一个施工过程由一个或多个工作队（组）来完成，施工队组数大于施工过程数；

④ 各工作队（组）相继进入流水施工的时间间隔（流水步距）相等，且等于各施工过程流水节拍的最大公约数；

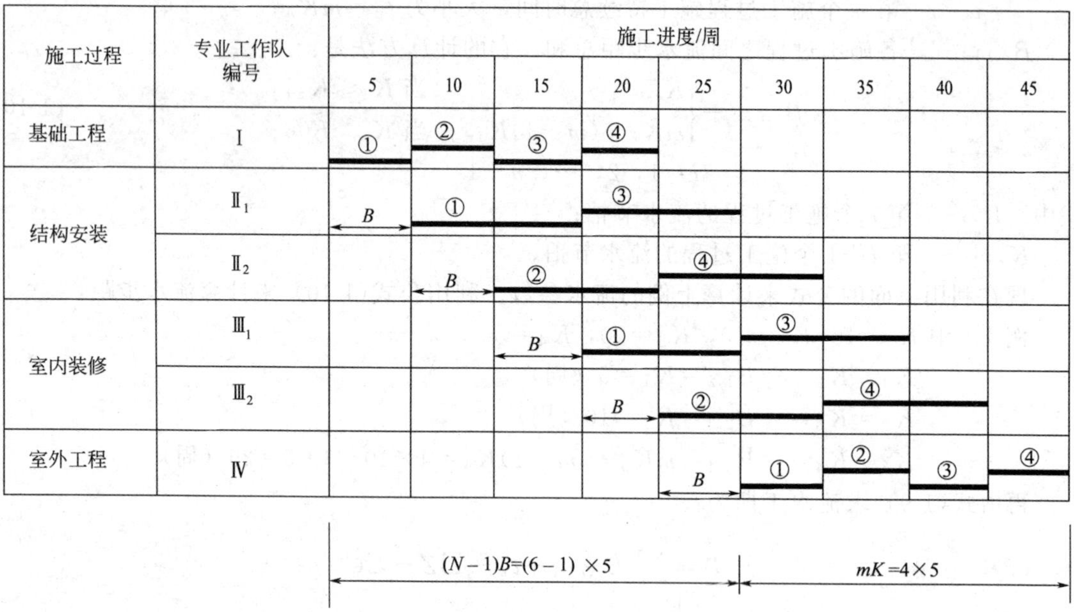

施工过程	专业工作队编号	施工进度/周								
		5	10	15	20	25	30	35	40	45
基础工程	I	①	②	③	④					
结构安装	II₁	B	①		③					
	II₂		B	②		④				
室内装修	III₁			B	①		③			
	III₂				B	②		④		
室外工程	IV					B	①	②	③	④

$\underset{(N-1)B=(6-1)\times5}{\longleftrightarrow}\qquad\underset{mK=4\times5}{\longleftrightarrow}$

图 1-11 等步距异节拍专业流水进度表

⑤ 各工作队（组）都能连续施工，施工段没有空闲；

⑥ 等步距异节拍专业流水可看成是由 N（完成所有施工过程所需工作队之和）个工作队组成的，类似于流水节拍为 K_0（所有施工过程流水节拍的最大公约数）的固定节拍专业流水。

因此，等步距异节拍专业流水的工期可按下式计算：

$$T=\sum_{i=1}^{N-1}B_{i,i+1}+t_N+\sum Z-\sum C=(m+N-1)K_0+\sum Z-\sum C \qquad (1\text{-}11)$$

式中 N——各施工过程所需施工工作队总和。

$$N=\sum_{i=1}^{n}N_i \qquad (1\text{-}12)$$

其中，$N_i=\dfrac{K_i}{K_0}$ $(i=1,2,\cdots,n)$

需要指出，当施工段存在层间关系时，为了保证工作队施工过程连续，按等步距异节拍专业流水组织施工，施工段必须满足下列条件。

当没有层间间歇时，应使每层的施工段数大于等于施工队（组）的总数，即：

$$m_1\geqslant N=\sum_{i=1}^{n}N_i \qquad (1\text{-}13)$$

当有层间间歇时，

$$m_1\geqslant\sum_{i=1}^{n}N_i+\frac{\sum Z_3}{K_0} \qquad (1\text{-}14)$$

式中 $\sum Z_3$——每层间间歇时间之和。

【例 1-2】 某两层现浇钢筋混凝土主体工程，划分为三个施工过程即：支模板、绑扎钢筋和浇混凝土。已知各施工过程的流水节拍为：支模板 $K_1=3$ 天，绑扎钢筋 $K_2=3$ 天，浇混凝土 $K_3=6$ 天。要求层间技术间歇不少于 2 天；且支模后需经 3 天检查验收，方可浇混凝土。按加快成倍节拍组织流水施工，求流水参数，并绘制流水进度表。

解 根据题意，本工程采用加快成倍节拍组织流水施工。

1. 确定流水步距

$K_0 = $ 最大公约数 $\{3, 3, 6\} = 3$ 天

2. 确定各施工过程所需工作队数

由式（1-12）可知：

$$N_1 = \frac{K_1}{K_0} = \frac{3}{3} = 1$$

$$N_2 = \frac{K_2}{K_0} = \frac{3}{3} = 1$$

$$N_3 = \frac{K_3}{K_0} = \frac{6}{3} = 2$$

总工作队数 N：

$$N = \sum_{i=1}^{n} N_i = N_1 + N_2 + N_3 = 4$$

3. 确定每层的施工段数

由题意，已知层间间歇 $\sum Z = 5$ 天，由式（1-14）得：

$$m_1 \geqslant \sum_{i=1}^{n} N_i + \frac{\sum Z}{K_0} = 6$$

为满足各工作队连续施工的要求，又使施工段数不至于过多，所以取 $m' = 6$，每层的施工段数为 6，本工程共有施工段数 $m = Jm' = 2 \times 6 = 12$（其中 J 表示工程层数）。

4. 计算工程流水工期

由式（1-11）得：

$$\begin{aligned} T &= (m + N - 1)K_0 + \sum Z - \sum C \\ &= (12 + 4 - 1) \times 3 + 3 - 0 \\ &= 48 \text{（天）} \end{aligned}$$

绘制流水施工进度表，如图 1-12 所示。

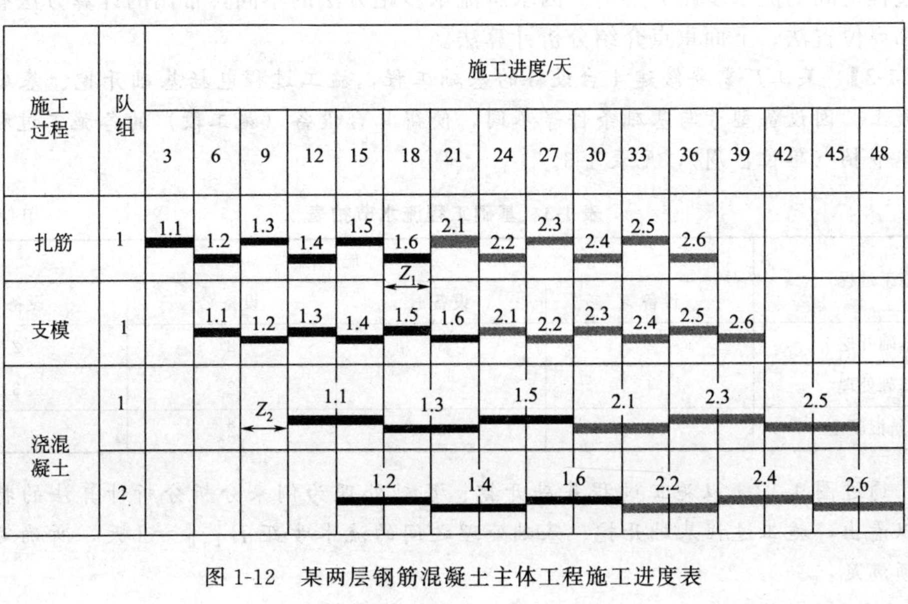

施工过程	队组	施工进度/天															
		3	6	9	12	15	18	21	24	27	30	33	36	39	42	45	48
扎筋	1	1.1	1.2	1.3	1.4	1.5	1.6	2.1	2.2	2.3	2.4	2.5	2.6				
支模	1		1.1	1.2	1.3	1.4	1.5	1.6	2.1	2.2	2.3	2.4	2.5	2.6			
浇混凝土	1				1.1		1.3		1.5		2.1		2.3		2.5		
	2					1.2		1.4		1.6		2.2		2.4		2.6	

图 1-12 某两层钢筋混凝土主体工程施工进度表

（3）非节奏流水施工　在实际施工中，通常每个施工过程在各个施工段上的工程量彼此不等，各专业工作的生产效率相差较大，导致大多数的流水节拍也彼此不相等，不可能组织等节拍专业流水或异节拍专业流水。在这种情况下，往往利用流水施工的基本概念，在保证施工工艺，满足施工顺序要求的前提下，按照一定的计算方法，确定相邻专业工作队之间的流水步距，使其在开工时间上最大限度地、合理地搭接起来，形成每个专业工作队都能够连续作业的流水施工方式，称为无节奏专业流水，也称分别流水。

1）特点

① 每个施工过程在各个施工段上的流水节拍不尽相等。

② 在多数情况下，流水步距彼此不相等，而且流水步距与流水节拍二者之间存在着某种函数关系。

③ 各专业工作队都能够连续施工，个别施工段可能有空闲。

④ 专业工作队数等于施工过程数，即。$n_1 = m$。

2）组织步骤

① 确定施工顺序，分解施工过程；

② 确定施工起点、流向，划分施工段；

③ 确定各施工过程在各个施工段上的流水节拍；

④ 确定相邻两个专业工作队的流水步距；

⑤ 计算流水施工的计划工期；

⑥ 绘制流水施工进度表。

非节奏流水施工作为施工过程（或工作队）连续施工的组织形式，同样可以用式(1-9)来计算流水工期，即：

$$T = \sum_{i=1}^{n-1} B_{i,i+1} + t_n + \Sigma Z - \Sigma C$$

$$t_n = K_n^1 + K_n^2 + \cdots + K_n^m = \sum_{j=1}^{m} K_n^j$$

对于非节奏流水施工，t_n 可由上式求解。ΣZ 和 ΣC 也能够简单地求解。关键是求解各施工过程之间的流水步距 $B_{i,i+1}$。因求解流水步距方法的不同，常用的计算方法有分析计算法和临界位置法。下面重点介绍分析计算法。

【例 1-3】　某工厂需要修建 4 台设备的基础工程，施工过程包括基础开挖、基础处理和浇筑混凝土。因设备型号与基础条件等不同，使得 4 台设备（施工段）的各施工过程有着不同的流水节拍（单位：周），见表1-3。

表 1-3　基础工程流水节拍表　　　　　　　　　　单位：周

施工过程	施工段			
	设备 A	设备 B	设备 C	设备 D
基础开挖	2	3	2	2
基础处理	4	4	2	3
浇筑混凝土	2	3	2	3

解　通过图 1-13，以施工过程基础开挖、基础处理为例来分析分析计算法的特点。从图中可以看出，施工过程基础开挖、基础处理之间的流水步距 $B_{I,II} = 2$ 天，所确定的流水步距必须满足：

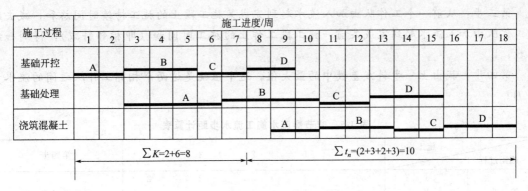

图 1-13 设备基础工程流水施工进度计划

① 在任何施工段上，施工过程基础开挖完成后施工过程基础处理才能进行，以保持施工过程基础开挖、基础处理之间的工艺顺序；

② 施工过程基础开挖、基础处理的施工时间能最大限度的搭接；

③ 施工过程基础开挖、基础处理都能连续施工。

通过表 1-4 来分析施工过程基础开挖、基础处理在各施工段上的时间关系。在第 1 施工段上，施工过程基础开挖完成的时间为 2 天，施工过程基础处理可能的开始时间为 0，但为了保证施工过程基础开挖、基础处理的工艺顺序，施工过程基础处理必须等施工过程基础开挖完成后才能开始，这样，施工过程基础处理必须等 2 天才能开始；同理，在第 2 施工段上，施工过程基础开挖完成的时间为 5 天，施工过程基础处理必须在完成第 1 施工段之后才能开始，施工过程基础处理可能的开始时间为 4 天，但为了保持施工过程基础开挖、基础处理的工艺顺序，施工过程基础处理必须等待 1 天才能开始第 2 施工段的施工，依此类推，求出各施工段上施工过程基础处理的等待时间。为了保证各施工过程的连续施工和最大限度搭接施工的要求，取等待时间中的最大值，即为施工过程基础开挖、基础处理之间的流水步距 $B_{I,II} = 2$ 天。

表 1-4 施工各段时间分析　　　　　　　　　　　　　　　单位：天

施工段	基础开挖完成时间	基础处理完成时间	基础处理等待时间
1	2	0	2
2	2+3=5	4	1
3	5+2=7	4+4=8	−1
4	7+2=9	8+2=10	−1

从上面的分析中，可以归纳和发现分析计算法的计算思路和计算步骤。为了计算方面，通常列表进行，见表 1-5。

第一步：将各个工作队在每个施工段上的流水节拍填入表格；

第二步：计算各工作队由加入流水起到完成各施工段止的施工时间总和（即累加），填入表格；

第三步：从前一个工作队由加入流水起到完成某施工段止的施工持续时间总和，减去后一工作队由加入流水起到完成某前一施工段工作止的施工时间和（即相邻斜减），得到一组差数；

第四步：找出上一步斜减差数中的最大值，这个值就是这两个相邻工作队之间的流水步距 B。

表 1-5　非节奏流水施工流水步距计算表　　　　　　　　单位：天

施工过程 \ 施工段		0	1	2	3	4	第四步
第一步	I	0	2	3	2	2	
	II	0	4	4	2	3	最大的时间间隔
	III	0	2	3	2	3	
第二步	I	0	2	5	7	9	
	II	0	4	8	10	13	
	III	0	2	5	7	10	
第三步	I－II		2	1	－1	－3	2
	II－III		4	6	5	6	6

该非节奏流水施工工期为：

$$T = \sum_{i=1}^{3} B_{i,i+1} + t_4 + \Sigma Z - \Sigma C$$
$$= 2 + 6 + 10 + 0 - 0$$
$$= 18 （天）$$

1.3　网络图计划基本知识

网络计划技术是随着现代科学技术的发展和生产的需要而产生的。在 20 世纪 50 年代中后期，美国杜邦公司的摩根·沃克与赖明顿兰德公司内部建设小组的詹姆斯·E·凯利合作开发了充分利用计算机管理工程项目施工进度计划的一种方法，即关键线路法（CPM-critical path method）。不久，美国海军军械局在北极星导弹计划中，由于工作有六万个之多，为了协调和统一 380 个主要承包商，在关键线路的基础上，提出了一种新的计划方法，能使各部门确定要求，由谁承担以及完成的概率，即计划评审法（PERT-program evaluation and review technigue），并迅速在全世界推广。其后随着科学技术的不断发展，相继产生了图形评审技术（GERT）、搭接网络、流水网络、随机网络计划技术（QGERT）、风险型随机网络（VERT）等新技术。

我国从 20 世纪 60 年代初期，在著名数学家华罗庚教授的倡导和指导下，根据网络计划技术的特点，结合我国的国情，运用系统工程的观点，将各种大同小异的网络计划技术统称为"统筹方法"。并提出了"统筹兼顾、统盘考虑、统一规划"的基本思想。具体地讲，对某工程项目要想编制生产计划或施工进度计划，首先要调查分析研究，明确完成工程项目的工序和工序间的逻辑关系，绘制出工程施工网络图，然后，分析各工序（或施工过程）在网络图中的地位，找出关键线路，再按照一定的目标优化网络计划，选择最优方案，并在计划实施的过程中进行有效的监督和控制，力求以较小的消耗取得最大的经济效果，尽快地完成好工程任务。

在国内，随着网络计划技术的推广应用，特别是 CPM 和 PERT 的应用越来越广泛，应用的项目也越来越多。在一些大、中型企业，大型公共设施项目等工程中网络计划技术得到了广泛的应用，甚至成为衡量检验企业管理水平的一条准则，与传统的经验管理相比，应用网络计划技术特别是在大中型项目中带来了可观的经济效益。因而，国家颁布了《工程网络计划技术规程》（JGJ/T 121—1999），使工程网络计划技术在计划编制和控制管理的实际应用中有了一个可以遵循的、统一的技术标准。网络计划技术不仅在我国得到了广泛的应用和推广，取得了较好的经济成效，同时，在应用网络计划技术的过程中，不仅善于吸收国外先进的网络计划技术，而且不断总结应用经验，使网络计划技术本身在我国得到了较快的发展。建筑业在推广应用网络计划技术中，广泛应用的时间坐标网络计划方式，取网络计划逻辑关系明确和横道图清晰易懂之长，使网络计划技术更适合于广大工程技术人员的使用要求，提出了"时间坐标网络"（简称时标网络）。并针对流水施工的特点及其在应用网络计划技术方面存在的问题，提出了"流水网络计划方法"，并在实际中应用，取得了较好的效果。

网络图有很多种分类方法，按表达方式的不同划分为双代号网络图和单代号网络图；按网络计划终点节点个数的不同划分为单目标网络图和多目标网络图；按参数类型的不同划分为肯定型网络图和非肯定型网络图；按工序之间衔接关系的不同划分为一般网络图和搭接网络图等。

下面分别阐述单、双代号网络图、时间坐标网络图的绘制、计算和优化的基本概念和基本方法。

1.3.1　网络图

网络图是由一系列箭线和节点组成，用来表示工作流程的有向、有序及各工作之间逻辑关系的网状图形。一个网络图表示一项任务。这项任务又由若干项工作组成。

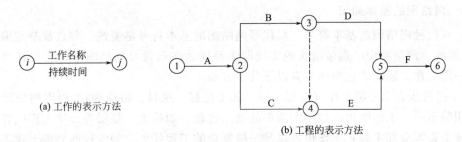

图 1-14　双代号网络图中工作的表示方法

1.3.1.1　网络图的表达方式

网络图有双代号网络图和单代号网络图两种。双代号网络图又称箭线式网络图，它是以箭线及其两端节点的编号表示工作；同时，节点表示工作的开始或结束以及工作之间的连接状态。单代号网络图又称节点网络图，它是以节点及其编号表示工作，箭线表

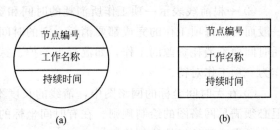

图 1-15　单代号网络图中工作的表示方法

示工作之间的逻辑关系。网络图中工作的表示方法如图 1-14 和图 1-15 所示。

1.3.1.2　网络计划的分类

（1）按网络计划工程对象分类

1）局部网络计划　以一个分部工程或分项工程为对象编制的网络计划称为局部网络计

划。如以基础、主体、屋面及装修等不同施工阶段分别编制的网络计划就属于此类。

2）单位工程网络计划 以一个单位工程为对象编制的网络计划称为单位工程网络计划。

3）综合网络计划 以一个建筑项目或建筑群为对象编制的网络计划称为综合网络计划。

（2）按网络计划时间表达方式分类 根据计划时间的表达不同，网络计划可分为时标网络计划和非时标网络计划。

1）时标网络计划 工作的持续时间以时间坐标为尺度绘制的网络计划称为时标网络计划，如图 1-16 所示。

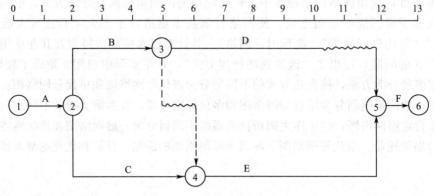

图 1-16 双代号时标网络图

2）非时标网络计划 工作的持续时间以数字形式标注在箭线下面绘制的网络计划称为非时标网络计划，如图 1-14 所示。

1.3.1.3 网络图的基本知识

（1）双代号网络图的基本符号 双代号网络图的基本符号是箭线、节点及节点编号。

1）箭线 网络图中一端带箭头的实线即为箭线。在双代号网络图中，它与其两端的节点表示一项工作。箭线表达的内容有以下几个方面。

① 一根箭线表示一项工作（也称工序、施工过程、项目、活动等）。根据网络计划的性质和作用的不同，工作既可以是一个简单的施工过程，如挖土、垫层等分项工程或者基础工程、主体工程等分部工程；工作也可以是一项复杂的工程任务，如学校办公楼土建工程等单位工程或者工程等单项工程。如何确定一项工作的范围取决于所绘制的网络计划的作用。

② 一根箭线表示一项工作所消耗的时间和资源，分别用数字标注在箭线的下方和上方。一般而言，每项工作的完成都要消耗一定的时间和资源，如砌砖墙、扎钢筋等；也存在只消耗时间而不消耗资源的工作，如混凝土养护、抹灰的干燥等技术间歇，若单独考虑时，也应作为一项工作对待。

③ 在无时间坐标的网络图中，箭线的长度不代表时间的长短，画图时原则上是任意的，但必须满足网络图的绘制规则。在有时间坐标的网络图中，其箭线的长度必须根据完成该项工作所需时间长短按比例绘制。

④ 箭线的方向表示工作进行的方向和前进的路线，箭尾表示工作的开始，箭头表示工作的结束。

⑤ 箭线可以画成直线、折线和斜线。必要时，箭线也可以画成曲线，但应以水平直线为主，一般不宜画成垂直线。

2）节点（也称结点、事件） 在网络图中箭线的出发和交汇处画上圆圈，用以标志该圆圈前面一项或若干项工作的结束和允许后面一项或若干项工作的开始的时间点称为节点。在双代号网络图中，它表示工作之间的逻辑关系，节点表达的内容有以下几个方面。

① 节点表示前面工作结束和后面工作开始的瞬间，所以节点不需要消耗时间和资源。

② 箭线的箭尾节点表示该工作的开始，箭线的箭头节点表示该工作的结束。

③ 根据节点在网络图中的位置不同可以分为起点节点、终点节点和中间节点。起点节点是网络图的第一个节点，表示一项任务的开始。终点节点是网络图的最后个节点，表示一项任务的完成。除起点节点和终点节点的外的节点称为中间节点，中间节点都有双重的含义，既是前面工作的箭头节点，也是后面工作的箭尾节点，如图 1-17 所示。

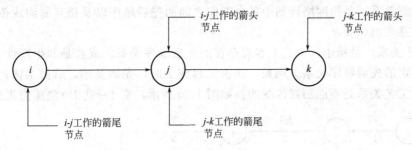

图 1-17　节点示意图

3）节点编号　在一个网络图中，每一个节点都有自己的编号，以便计算网络图的时间参数和检查网络图是否正确。

人们习惯上从起点节点到终点节点，编号由小到大，并且对于每项工作，箭尾的编号一定要小于箭头的编号。

节点编号的方法可从以下两个方面来考虑。

① 根据节点编号的方向不同可分为两种：一种是沿着水平方向进行编号；另一种是沿着垂直方向进行编号。如图 1-18 所示。

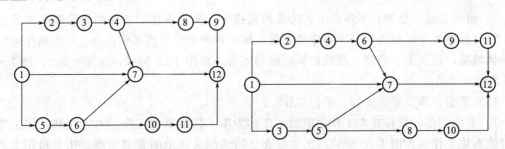

图 1-18　水平、垂直编号法

② 根据编号的数字是否连续又分为两种：一种是连续编号法，即按自然数的顺序进行编号；另一种是间断编号法，一般按奇数（或偶数）的顺序来进行编号。如图 1-19 所示。

采用非连续编号，主要是为了适应计划调整，考虑增添工作的需要，编号留有余地。

（2）单代号网络计划的基本知识　单代号网络图的基本符号是箭线、节点及节点编号。

1）箭线　单代号网络图中，箭线表示紧邻工作之间的逻辑关系。箭线应画成水平直线、折线或斜线。箭线水平投影的方向应自左向右，表达工作的进行方向。

2）节点　单代号网络图中每一个节点表示一项工作。节点所表示的工作名称、持续时间和工作代号等应标注在节点内。

3）节点编号　单代号网络图的节点编号同双代号网络图。

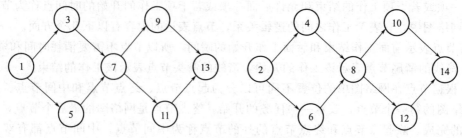

图 1-19　单数、双数编号法

（3）逻辑关系　是指网络计划中各个工作之间的先后顺序以及相互制约或依赖的关系。包括工艺关系和组织关系。

1）工艺关系　是指生产工艺上客观存在的先后顺序关系，或者是非生产性工作之间由工作程序决定的先后顺序关系。例如，建筑工程施工时，先做基础，后做主体；先做结构，后做装修。工艺关系是不能随意改变的。如图 1-20 所示，支 1→扎 1→浇 1 为工艺关系。

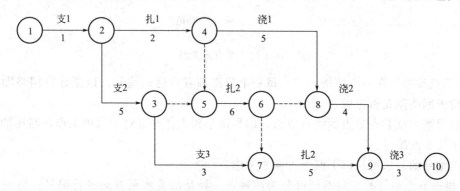

图 1-20　逻辑关系

2）组织关系　是指在不违反工艺关系的前提下，人为安排的工作的先后顺序关系。例如，建筑群中各个建筑物的开工顺序的先后；施工对象的分段流水作业等。组织顺序可以根据具体情况，按安全、经济、高效的原则统筹安排。如图 1-20 所示，支 1→支 2；浇 1→浇 2 等为组织关系。

（4）紧前工作、紧后工作、平行工作

1）紧前工作　紧排在本工作之前的工作称为本工作的紧前工作。本工作和紧前工作之间可能有虚工作。如图 1-20 所示，支 1 是支 2 的组织关系上的紧前工作；扎 1 和扎 2 之间虽有虚工作，但扎 1 仍然是扎 2 的组织关系上的紧前工作。支 1 则是扎 1 的工艺关系上紧前工作。

2）紧后工作　紧排在本工作之后的工作称为本工作的紧后工作。本工作和紧后工作之间可能有虚工作。如图 1-20 所示，支 2 是支 1 的组织关系上的紧后工作。扎 1 是支 1 的工艺关系上的紧后工作。

3）平行工作　可与本工作同时进行称为本工作的平行工作。如图 1-20 所示，支 2 是扎 1 的平行工作。

（5）内向箭线和外向箭线

1）内向箭线　指向某个节点的箭线称为该节点的内向箭线，如图 1-21（a）所示。

2）外向箭线　从某节点引出的箭线称为该节点的外向箭线，如图 1-21（b）所示。

(a) 内向箭线   (b) 外向箭线

图 1-21　内、外向箭线

（6）虚工作及其应用　双代号网络计划中，只表示前后相邻工作之间的逻辑关系，既不占用时间，也不耗用资源的虚拟的工作称为虚工作。虚工作用虚箭线表示，其表达形式可垂直方向向上或向下，也可水平方向向右。虚工作起着联系、区分、断路三个作用。

1）联系作用　虚工作不仅能表达工作间的逻辑联接关系，而且能表达不同幢号的房间之间的相互联系。例如，工作 A、B、C、D 之间的逻辑关系为：工作 A 完成后可同时进行 B、D 两项工作，工作 C 完成后进行工作 D。不难看出，A 完成后其紧后工作为 B；C 完成后其紧后工作为 D，很容易表达，但 D 又是 A 的紧后工作，为把 A 和 D

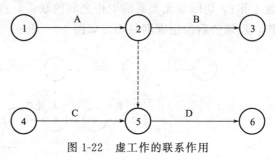

图 1-22　虚工作的联系作用

联系起来，必须引入虚工作 2—5，逻辑关系才能正确表达，如图 1-22 所示。

2）区分作用　双代号网络计划是用两个代号表示一项工作。如果两项工作用同一代号，则不能明确表示出该代号表示哪一项工作。因此，不同的工作必须用不同代号。如图 1-23 所示，图(a) 出现"双同代号"是错误的，图(b)、(c) 是两种不同的区分方式，图(d) 则多画了一个不必要的虚工作。

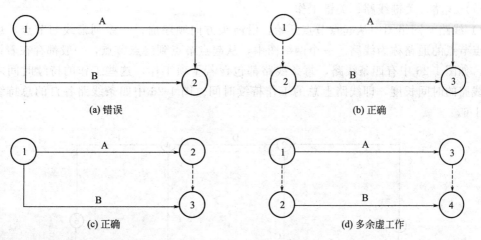

(a) 错误   (b) 正确

(c) 正确   (d) 多余虚工作

图 1-23　虚工作的区分作用

3）断路作用　如图 1-24 所示为某钢筋混凝土工程支模板、扎钢筋、浇混凝土三项工作的流水施工网络图（错误的）。该网络图中出现了支Ⅱ与浇Ⅰ、支Ⅲ与浇Ⅱ等，把并无联系的工作联系上了，即出现了多余联系的错误。

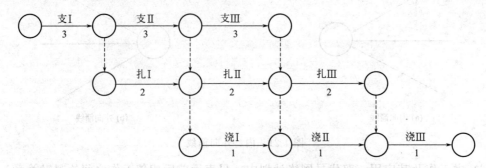

图 1-24　逻辑关系错误的流水施工网络图

为了正确表达工作间的逻辑关系，在出现逻辑错误的圆圈（节点）之间增设新节点（即虚工作），切断毫无关系的工作之间的联系，这种方法称为断路法。然后，去掉多余的虚工作，经调整后的正确网络图，如图 1-25 所示。

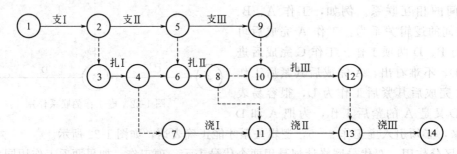

图 1-25　正确的逻辑关系网络图

由此可见，网络图中虚工作是非常重要的，但在应用时要恰如其分，不能滥用，以必不可少为限。另外，增加虚工作后要进行全面检查，不要顾此失彼。

（7）线路、关键线路、关键工作

1）线路　网络图中从起点节点开始，沿箭头方向顺序通过一系列箭线与节点，最后达到终点节点的通路称为线路。一个网络图中，从起点节点到终点节点，一般都存在着许多条线路，如图 1-26 中有四条线路，每条线路都包含若干项工作，这些工作的持续时间之和就是该线路的时间长度，即线路上总的工作持续时间。图 1-26 中四条线路各自的总持续时间见表 1-6。

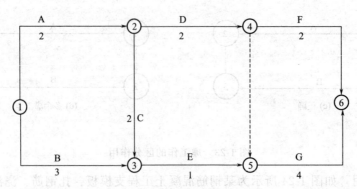

图 1-26　双代号网络图

表 1-6　各线路的持续时间

线　　路	总持续时间/天	关键线路
①$\xrightarrow{A}_{2}$②$\xrightarrow{C}_{2}$③$\xrightarrow{E}_{1}$⑤$\xrightarrow{G}_{4}$⑥	9	9 天
①$\xrightarrow{A}_{2}$②$\xrightarrow{D}_{2}$④- - - ⑤$\xrightarrow{G}_{4}$⑥	8	
①$\xrightarrow{B}_{3}$⑤$\xrightarrow{E}_{1}$⑤$\xrightarrow{G}_{4}$⑥	8	
①$\xrightarrow{A}_{2}$②$\xrightarrow{D}_{2}$④$\xrightarrow{F}_{2}$⑥	6	

2）关键线路和关键工作　线路上总的工作持续时间最长的线路称为关键线路。如图 1-26 所示，线路①→②→③→⑤→⑥总的工作持续时间最长，即为关键线路。其余线路称为非关键线路。位于关键线路上的工作称为关键工作。关键工作完成快慢直接影响整个计划工期的实现。

在网络图中，关键线路可能不止一条，可能存在多条，且这多条关键线路的施工持续时间相等。关键线路和非关键线路并不是一直不变的，在一定的条件下，二者是可以相互转化。通常关键线路在网络图中用粗箭线或双箭杆表示。

1.3.2　网络计划的绘制

1.3.2.1　双代号网络图的绘制

（1）双代号网络图的绘图规则

1）网络图要正确地反映各工作的先后顺序和相互关系，即工作的逻辑关系。如先扎钢筋后浇混凝土，先挖土后砌基础等。这些逻辑关系是由已确定的施工工艺顺序决定的，是不可改变的；组织逻辑关系是指工程人员根据工程对象所处的时间、空间以及资源的客观条件，采取组织措施形成的各工序之间的先后顺序关系。如确定施工顺序为先第一幢房屋后第二幢房屋，这些逻辑关系是由施工组织人员在规划施工方案时人为确定的，通常是可以改变的，如施工顺序为先第二幢房屋后第一幢房屋也是可行的。

双代号网络图常用的逻辑关系模型见表 1-7。

表 1-7　网络图中各工作逻辑关系表示方法

序号	工作之间的逻辑关系	网络图中表示方法	说　　明
1	有 A、B 两项工作按照依次施工方式进行	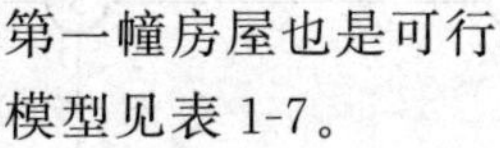 ○—A→○—B→○	B 工作依赖着 A 工作，A 工作约束着 B 工作的开始
2	有 A、B、C 三项工作同时开始工作	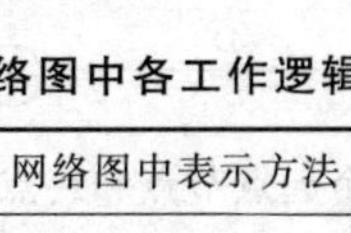 A、B、C	A、B、C 三项工作称为平行工作
3	有 A、B、C 三项工作同时结束	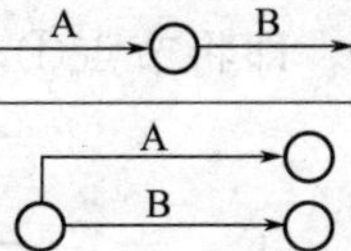 A、B、C	A、B、C 三项工作称为平行工作
4	有 A、B、C 三项工作只有在 A 完成后 B、C 才能开始	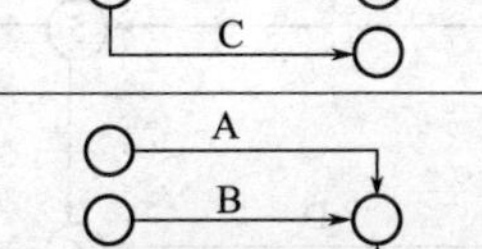 A、B、C	A 工作制约着 B、C 工作的开始。B、C 为平行工作

续表

序号	工作之间的逻辑关系	网络图中表示方法	说　明
5	有 A、B、C 三项工作,C 工作只有在 A、B 完成后才能开始	A、B、C 三项工作网络图	C 工作依赖着 A、B 工作,A、B 为平行工作
6	有 A、B、C、D 四项工作,只有当 A、B 完成后,C、D 才能开始	A、B、C、D 四项工作网络图(中间节点 j)	通过中间节点 j 正确地表达了 A、B、C、D 之间的关系
7	有 A、B、C、D 四项工作,A 完成后 C 才能开始;A、B 完成后 D 才开始	A、B、C、D 四项工作网络图	D 与 A 之间引入了逻辑连接(虚工作),只有这样才能正确表达它们之间的约束关系
8	有 A、B、C、D、E 五项工作,A、B 完成后 C 开始;B、D 完成后 E 开始	A、B、C、D、E 五项工作网络图(i、j、k)	虚工作 i、j 反映出 C 工作受到 B 工作的约束,虚工作 i、k 反映出 E 工作受到 B 工作的约束
9	有 A、B、C、D、E 五项工作,A、B、C 完成后 D 才开始;B、C 完成后 E 才能开始	A、B、C、D、E 五项工作网络图	这是前面序号 1、5 情况通过虚工作连接起来,虚工作表示 D 工作受到 B、C 工作制约
10	A、B 两项工作分三个施工段流水施工	A_1、A_2、A_3、B_1、B_2、B_3 流水施工网络图	每个工种工程建立专业工作队,在每个施工段上进行流水作业,不同工种之间用逻辑搭接关系表示

2) 在一个网络图中,只能有一个起点节点,一个终点节点。否则,不是完整的网络图。除网络图的起点节点和终点节点外,不允许出现没有外向箭线的节点和没有内向箭线的节点。图 1-27 所示网络图中有两个起点节点①和②,两个终点节点⑦和⑧。

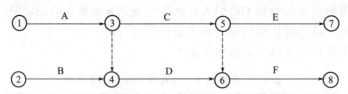

图 1-27　存在多个起点节点和终点的错误网络图

该网络图的正确画法如图 1-28 所示,即将节点①和②合并为一个起点节点,将节点⑦和⑧合并为一个终点节点。

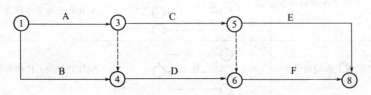

图 1-28　改正后的正确网络图

3) 在网络图中箭流只允许从起始事件流向终止事件。不允许出现箭流循环,即闭合回路,如图 1-29 所示,就出现了不允许出现的闭合回路②—③—④—⑤—⑥—⑦—②。

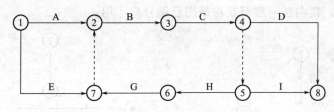

图 1-29　箭线循环

4）网络图中严禁出现双向箭头和无箭头的连线。图 1-30 所示即为错误的工作箭线画法，因为工作进行的方向不明确，因而不能达到网络图有向的要求。

(a) 双向箭头的连线　　　　　　　　　　　(b) 无箭头的连线

图 1-30　错误的箭线画法

5）双代号网络图中，严禁出现没有箭头节点或没有箭尾节点的箭线，如图 1-31 所示。

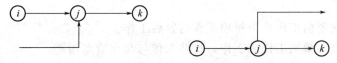

图 1-31　无箭尾和箭头节点的错误画法

6）双代号网络图中，一项工作只有唯一的一条箭线和相应的一对节点编号。严禁在箭线上引入或引出箭线，如图 1-32 所示。

图 1-32　在箭线上引入箭线、引出箭线错误的画法

7）当网络图的某些节点有多条外向箭线或有多条内向箭线时，可用母线法绘制，如图 1-33 所示。

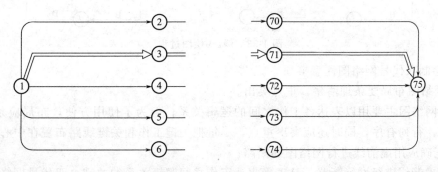

图 1-33　母线绘制法

8）绘制网络图时，尽可能在构图时避免交叉。当交叉不可避免、且交叉少时，采用过桥法，当箭线交叉过多则使用指向法，如图 1-34 所示。采用指向法时应注意节点编号指向的大小关系，保持箭尾节点的编号小于箭头节点编号。为了避免出现箭尾节点的编号大于箭

头节点的编号情况，指向法一般只在网络图已编号后才用。

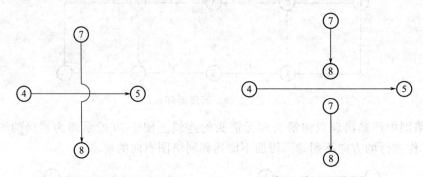

图 1-34　箭线交叉的表示方法

（2）双代号网络图的绘制方法

1）逻辑草稿法　先根据网络图的逻辑关系，绘制出网络图草图，再结合绘图规则进行调整布局，最后形成正式网络图。当已知每一项工作的紧前工作时，可按下述步骤绘制双代号网络图。

① 根据已有的紧前工作找出每项工作的紧后工作。

② 首先绘制没有紧前工作的工作，这些工作与起点节点相连。

③ 根据各项工作的紧后工作依次绘制其他各项工作。

④ 合并没有紧后工作的箭线，即为终点节点。

⑤ 确认无误，进行节点编号。

【例 1-4】　已知各工作之间的逻辑关系如表 1-8 所示，试绘制其双代号网络图。

表 1-8　工作逻辑关系表

工作	A	B	C	D
紧前工作	—	—	A、B	B

解　绘制结果如图 1-35 所示。

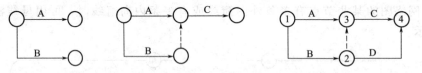

图 1-35　例 1-4 绘图过程

2）绘制双代号网络图注意事项

① 网络图布局要条理清楚，重点突出。

虽然网络图主要用以表达各工作之间的逻辑关系，但为了使用方便，布局应条理清楚，层次分明，行列有序，同时还应突出重点，尽量把关键工作和关键线路布置在中心位置。

② 正确应用虚箭线进行网络图的断路。

应用虚箭线进行网络断路，是正确表达工作之间逻辑关系的关键。双代号网络图出现多余联系可采用以下两种方法进行断路：一种是在横向用虚箭线切断无逻辑关系的工作之间联系，称为横向断路法，这种方法主要用于无时间坐标的网络。另一种是在纵向用虚箭线切断无逻辑关系的工作之间的联系，称为纵向断路法，这种方法主要用于有时间坐标的网络图中。

③ 力求减少不必要的箭线和节点。

双代号网络图中，应在满足绘图规则和两个节点一根箭线代表一项工作的原则基础上，力求减少不必要的箭线和节点，使网络图图面简洁，减少时间参数的计算量。如图 1-36（a）所示，该图在施工顺序、流水关系及逻辑关系上均是合理的，但它过于烦琐。如果将不必要的节点和箭线去掉，网络图则更加明快、简单，同时并不改变原有的逻辑关系，如图 1-36（b）所示。

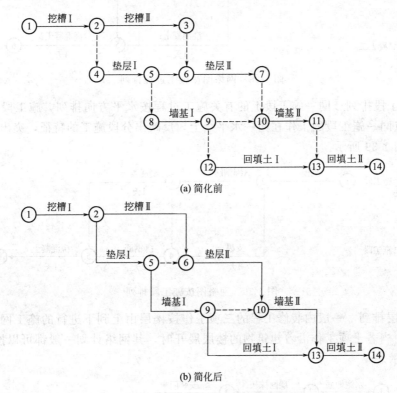

图 1-36　网络图的简化

（3）网络图的排列　网络图采用正确的排列方式，逻辑关系准确清晰，形象直观，便于计算与调整。主要排列方式如下。

1）混合排列　对于简单的网络图，可根据施工顺序和逻辑关系将各施工过程对称排列，其特点是构图美观、形象、大方。如图 1-37 所示。

2）按施工过程排列　根据施工顺序把各施工过程按垂直方向排列，施工段按水平方向

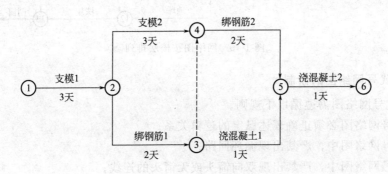

图 1-37　网络图的混合排列

排列，其特点是相同工种在同一水平线上，突出不同工种的工作情况。如图 1-38 所示。

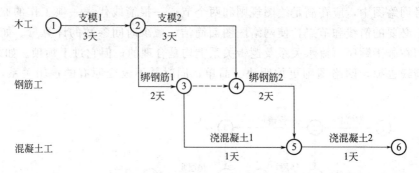

图 1-38 网络图按施工过程排列

3）按施工段排列 同一施工段上的有关施工过程按水平方向排列，施工段按垂直方向排列，其特点同一施工段的工作在同一水平线上，反映出分段施工的特征，突出工作面的利用情况。如图 1-39 所示。

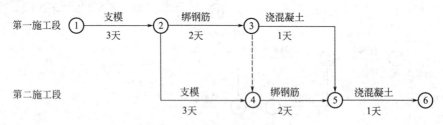

图 1-39 网络图按施工段排列

4）按楼层排列 一般内装修工程的三项工作按楼层由上到下进行的施工网络计划。在分段施工中，当若干项工作沿着建筑物的楼层展开时，其网络计划一般都可以按楼层排列，如图 1-40 所示。

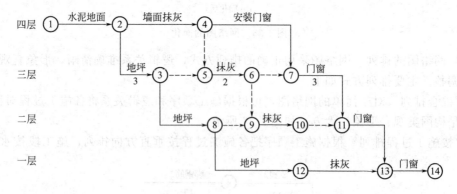

图 1-40 网络图按楼层排列

1.3.2.2 单代号网络图的绘制

绘制单代号网络图需遵循以下规则。

① 单代号网络图必须正确表述已定的逻辑关系；

② 单代号网络图中，严禁出现循环回路；

③ 单代号网络图中，严禁出现双向箭头或无箭头的连线；

④ 单代号网络图中，严禁出现没有箭尾节点的箭线和没有箭头节点的箭线；

⑤ 绘制网络图时，箭线不宜交叉，当交叉不可避免时，可采用过桥法和指向法绘制；

⑥ 单代号网络图只能有一个起点节点和一个终点节点；当网络图中有多项起点节点或多项终点节点时，应在网络图的两端分别设置一项虚工作，作为该网络图的起点节点和终点节点。

1.3.3 网络计划时间参数的计算

1.3.3.1 双代号网络计划时间参数的计算

根据工程对象各项工作的逻辑关系和绘图规则绘制网络图是一种定性的过程，只有进行时间参数的计算这样一个定量的过程，才使网络计划具有实际应用价值。

计算网络计划时间参数目的主要有三个：第一，确定关键线路和关键工作，便于施工中抓住重点，向关键线路要时间；第二，明确非关键工作及其在施工中时间上有多大的机动性，便于挖掘潜力，统筹全局，部署资源；第三，确定总工期，做到工程进度心中有数。

网络图时间参数的计算方法根据表达方式的不同分为：分析计算法、图上作业法、表上作业法和矩阵计算法。由于图上作业法直观、简便，因而大多采用。

（1）网络计划时间参数及其符号

1）工作持续时间 是指一项工作从开始到完成的时间，用 D_{i-j} 表示。

2）工期 是指完成一项任务所需要的时间，一般有以下三种工期。

① 计算工期：是指根据时间参数计算所得到的工期，用 T_c 表示。

② 要求工期：是指任务委托人提出的指令性工期，用 T_r 表示。

③ 计划工期：是指根据要求工期和计划工期所确定的作为实施目标的工期，用 T_p 表示。

当规定了要求工期时：$T_p \leqslant T_r$

当未规定要求工期时：$T_p = T_c$

3）网络计划中工作的时间参数及其计算程序 网络计划中的时间参数有六个：最早开始时间、最早完成时间、最迟完成时间、最迟开始时间、总时差、自由时差。

① 最早开始时间和最早完成时间。

最早开始时间是指各紧前工作全部完成后，本工作有可能开始的最早时刻。工作 $i-j$ 的最早开始时间用 ES_{i-j} 表示。

最早完成时间是指各紧前工作全部完成后，本工作有可能完成的最早时刻。工作 $i-j$ 的最早完成时间用 EF_{i-j} 表示。

这类时间参数的实质是提出了紧后工作与紧前工作的关系，即紧后工作若提前开始，也不能提前到其紧前工作未完成之前。就整个网络图而言，受到起点节点的控制。因此，其计算程序为：自起点节点开始，顺着箭线方向，用累加的方法计算到终点节点。

② 最迟完成时间和最迟开始时间。

最迟完成时间是指在不影响整个任务按期完成的前提下，工作必须完成的最迟时刻。工作 $i-j$ 的最迟完成时间用 LF_{i-j} 表示。

最迟开始时间是指在不影响整个任务按期完成的前提下，工作必须开始的最迟时刻。工作 $i-j$ 的最迟开始时间用 LS_{i-j} 表示。

这类时间参数的实质是提出紧前工作与紧后工作的关系，即紧前工作要推迟开始，不能影响其紧后工作的按期完成。就整个网络图而言，受到终点节点（即计算工期）的控制。因此，其计算程序为：自终点节点开始，逆着箭线方向，用累减的方法计算到起点节点。

③ 总时差和自由时差。

总时差是指在不影响总工期的前提下，本工作可以利用的机动时间。工作 $i-j$ 的总时差用 TF_{i-j} 表示。

自由时差是指在不影响其紧后工作最早开始时间的前提下，本工作可以利用的机动时间。工作 $i-j$ 的自由时差用 FF_{i-j} 表示。

4）网络计划中节点的时间参数及其计算程序

① 节点最早时间。

双代号网络计划中，以该节点为开始节点的各项工作的最早开始时间，称为节点最早时间。节点 i 的最早时间用 ET_i 表示。计算程序为：自起点节点开始，顺着箭线方向，用累加的方法计算到终点节点。

② 节点最迟时间。

双代号网络计划中，以该节点为完成节点的各项工作的最迟完成时间，称为节点的最迟时间，节点 i 的最迟时间用 LT_i 表示。其计算程序为：自终点节点开始，逆着箭线方向，用累减的方法计算到起点节点。

5）常用符号 设有线路 h—i—j—k，则：

D_{i-j}——工作 $i-j$ 的持续时间；

D_{h-i}——工作 $i-j$ 的紧前工作 $h-i$ 的持续时间；

D_{j-k}——工作 $i-j$ 紧后工作 $j-k$ 的持续时间；

ES_{i-j}——工作 $i-j$ 的最早开始时间；

EF_{i-j}——工作 $i-j$ 的最早完成时间；

LF_{i-j}——在总工期已经确定的情况下，工作 $i-j$ 的最迟完成时间；

LS_{i-j}——在总工期已经确定的情况下，工作 $i-j$ 的最迟开始时间；

ET_i——节点 i 的最早时间；

LT_i——节点 i 的最迟时间；

TF_{i-j}——工作 $i-j$ 的总时差；

FF_{i-j}——工作 $i-j$ 的自由时差。

（2）双代号网络计划时间参数的计算方法

1）工作计算法 所谓按工作计算法，就是以网络计划中的工作为对象，直接计算各项工作的时间参数。这些时间参数包括：工作的最早开始时间和最早完成时间、工作的最迟开始时间和最迟完成时间、工作的总时差和自由时差。此外，还应计算网络计划的计算工期。

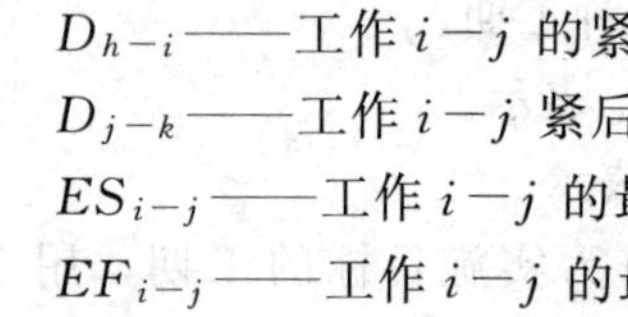

图 1-41 按工作计算法标注

为了简化计算，网络计划时间参数中的开始时间和完成时间都应以时间单位的终了时刻为标准。如第 3 天开始即是指第 3 天终了（下班）时刻开始，实际上是第 4 天上班时刻才开始；第 5 天完成即是指第 5 天终了（下班）时刻完成。按工作计算法计算时间参数应在确定了各项工作的持续时间之后进行。虚工作也必须视同工作进行计算，其持续时间为零。时间参数的计算结果应标注在箭线之上，如图 1-41 所示。

下面以某双代号网络计划（图 1-42）为例，说明其计算步骤。

① 计算各工作的最早开始时间和最早完成时间。

各项工作的最早完成时间等于其最早开始时间加上工作持续时间，即

$$EF_{i-j} = ES_{i-j} + D_{i-j}$$

$$(1-15)$$

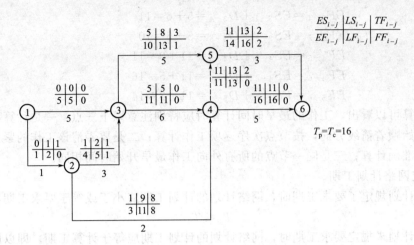

图 1-42 双代号网络图图上计算法

计算工作最早时间参数时，一般有以下三种情况。

a. 当工作以起点节点为开始节点时，其最早开始时间为零（或规定时间），即：

$$ES_{i-j}=0 \tag{1-16}$$

b. 当工作只有一项紧前工作时，该工作的最早开始时间应为其紧前工作的最早完成时间，即：

$$EF_{i-j}=EF_{h-i}=ES_{h-i}+D_{h-i} \tag{1-17}$$

c. 当工作有多个紧前工作时，该工作的最早开始时间应为其所有紧前工作最早完成时间最大值，即：

$$ES_{i-j}=\max\{EF_{h-i}\}=\max\{ES_{h-i}+D_{h-i}\} \tag{1-18}$$

如图 1-42 所示的网络计划中，各工作的最早开始时间和最早完成时间计算如下。

工作的最早开始时间：

$$ES_{1-2}=ES_{1-3}=0$$

$$ES_{2-3}=ES_{1-2}+D_{1-2}=0+1=1$$

$$ES_{2-4}=ES_{2-3}=1$$

$$ES_{3-4}=\max\begin{Bmatrix}ES_{1-3}+D_{1-3}\\ES_{2-3}+D_{2-3}\end{Bmatrix}=\max\begin{Bmatrix}0+5\\1+3\end{Bmatrix}=5$$

$$ES_{3-5}=ES_{3-4}=5$$

$$ES_{4-5}=\max\begin{Bmatrix}ES_{2-4}+D_{2-4}\\ES_{3-4}+D_{3-4}\end{Bmatrix}=\max\begin{Bmatrix}1+2\\5+6\end{Bmatrix}=11$$

$$ES_{4-6}=ES_{4-5}=11$$

$$ES_{5-6}=\max\begin{Bmatrix}ES_{3-5}+D_{3-5}\\ES_{4-5}+D_{4-5}\end{Bmatrix}=\max\begin{Bmatrix}5+5\\11+0\end{Bmatrix}=11$$

工作的最早完成时间：

$$EF_{1-2}=ES_{1-2}+D_{1-2}=0+1=1$$

$$EF_{1-3}=ES_{1-3}+D_{1-3}=0+5=5$$

$$EF_{2-3}=ES_{2-3}+D_{2-3}=1+3=4$$

$$EF_{2-4}=ES_{2-4}+D_{2-4}=1+2=3$$

$$EF_{3-4} = ES_{3-4} + D_{3-4} = 5 + 6 = 11$$

$$EF_{3-5} = ES_{3-5} + D_{3-5} = 5 + 5 = 10$$

$$EF_{4-5} = ES_{4-5} + D_{4-5} = 11 + 0 = 11$$

$$EF_{4-6} = ES_{4-6} + D_{4-6} = 11 + 5 = 16$$

$$EF_{5-6} = ES_{5-6} + D_{5-6} = 11 + 3 = 14$$

上述计算可以看出，工作的最早时间计算时应特别注意以下三点：一是计算程序，即从起点节点开始顺着箭线方向，按节点次序逐项工作计算；二是要弄清该工作的紧前工作是哪几项，以便准确计算；三是同一节点的所有外向工作最早开始时间相同。

② 确定网络计划工期。

当网络计划规定了要求工期时，网络计划的计划工期应小于或等于要求工期，即

$$T_p \leqslant T_r \tag{1-19}$$

当网络计划未规定要求工期时，网络计划的计划工期应等于计算工期，即以网络计划的终点节点为完成节点的各个工作的最早完成时间的最大值，如网络计划的终点节点的编号为 n，则计算工期 T_c 为：

$$T_p = T_c = \max\{EF_{i-n}\} \tag{1-20}$$

如图 1-42 所示，网络计划的计算工期为：

$$T_c = \max \begin{Bmatrix} EF_{4\text{-}6} \\ EF_{5\text{-}6} \end{Bmatrix} = \max \begin{Bmatrix} 16 \\ 14 \end{Bmatrix} = 16$$

③ 计算各工作的最迟完成和最迟开始时间。

各工作的最迟开始时间等于其最迟完成时间减去工作持续时间，即

$$LS_{i-j} = LF_{i-j} - D_{i-j} \tag{1-21}$$

计算工作最迟完成时间参数时，一般有以下三种情况：

a. 当工作的终点节点为完成节点时，其最迟完成时间为网络计划的计划工期，即

$$LF_{i-n} = T_p \tag{1-22}$$

b. 当工作只有一项紧后工作时，该工作的最迟完成时间应为其紧后工作的最迟开始时间，即：

$$LF_{i-j} = LS_{j-k} = LF_{j-k} - D_{j-k} \tag{1-23}$$

c. 当工作有多项紧后工作时，该工作的最迟完成时间应为其多项紧后工作最迟开始时间的最小值，即：

$$LF_{i-j} = \min\{LS_{j-k}\} = \min\{LF_{j-k} - D_{j-k}\} \tag{1-24}$$

当图 1-42 所示的网络计划中，各工作的最迟完成时间和最迟开始时间计算如下。

工作的最迟完成时间：

$$LF_{4-6} = T_c = 16$$

$$LF_{5-6} = LF_{4-6} = 16$$

$$LF_{3-5} = LF_{5-6} - D_{5-6} = 16 - 3 = 13$$

$$LF_{4-5} = LF_{3-5} = 13$$

$$LF_{2-4} = \min \begin{Bmatrix} LF_{4-5} - D_{4-5} \\ LF_{4-6} - D_{4-6} \end{Bmatrix} = \min \begin{Bmatrix} 13 - 0 \\ 16 - 5 \end{Bmatrix} = 11$$

$$LF_{3-4} = LF_{2-4} = 11$$

$$LF_{1-3} = \min \begin{Bmatrix} LF_{3-4} - D_{3-4} \\ LF_{3-5} - D_{3-5} \end{Bmatrix} = \min \begin{Bmatrix} 11 - 6 \\ 13 - 5 \end{Bmatrix} = 5$$

$$LF_{2-3}=LF_{1-3}=5$$

$$LF_{1-2}=\min\begin{Bmatrix}LF_{2-3}-D_{2-3}\\LF_{2-4}-D_{2-4}\end{Bmatrix}=\min\begin{Bmatrix}5-3\\11-2\end{Bmatrix}=2$$

工作的最迟开始时间：

$$LS_{4-6}=LF_{4-6}-D_{4-6}=16-5=11$$

$$LS_{5-6}=LF_{5-6}-D_{5-6}=16-3=13$$

$$LS_{3-5}=LF_{3-5}-D_{3-5}=13-5=8$$

$$LS_{4-5}=LF_{4-5}-D_{4-5}=13-0=13$$

$$LS_{2-4}=LF_{2-4}-D_{2-4}=11-2=9$$

$$LS_{3-4}=LF_{3-4}-D_{3-4}=11-6=5$$

$$LS_{1-3}=LF_{1-3}-D_{1-3}=5-5=0$$

$$LS_{2-3}=LF_{2-3}-D_{2-3}=5-3=2$$

$$LS_{1-2}=LF_{1-2}-D_{1-2}=2-1=1$$

上述计算可以看出，工作的最迟时间计算时应特别注意以下三点：一是计算程序，即从终点开始逆着箭线方向，按节点次序逐项工作计算；二是要弄清该工作紧后工作有哪几项，以便正确计算；三是同一节点的所有内向工作最迟完成时间相同。

④ 计算各工作的总时差。

如图 1-43 所示，在不影响总工期的前提下，一项工作可以利用的时间范围是从该工作最早开始时间到最迟完成时间，即工作从最早开始时间或最迟开始时间开始，均不会影响总工期。而工作实际需要的持续时间是 D_{i-j}，扣去 D_{i-j} 后，余下的一段时间就是工作可以利用的机动时间，即为总时差。所以总时差等于最迟开始时间减去最早开始时间，或最迟完成时间减去最早完成时间，即：

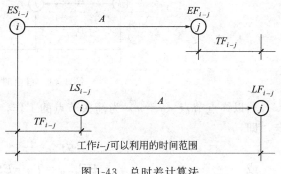

图 1-43　总时差计算法

$$TF_{i-j}=LS_{i-j}-ES_{i-j} \tag{1-25}$$

或

$$TF_{i-j}=LF_{i-j}-EF_{i-j} \tag{1-26}$$

如图 1-42 所示的网络图中，各工作的总时差计算如下：

$$TF_{1-2}=LS_{1-2}-ES_{1-2}=1-0=1$$

$$TF_{1-3}=LS_{1-3}-ES_{1-3}=0-0=0$$

$$TF_{2-3}=LS_{2-3}-ES_{2-3}=2-1=1$$

$$TF_{2-4}=LS_{2-4}-ES_{2-4}=9-1=8$$

$$TF_{3-4}=LS_{3-4}-ES_{3-4}=5-5=0$$

$$TF_{3-5}=LS_{3-5}-ES_{3-5}=8-5=3$$

$$TF_{4-5}=LS_{4-5}-ES_{4-5}=13-11=2$$

$$TF_{4-6}=LS_{4-6}-ES_{4-6}=11-11=0$$

$$TF_{5-6}=LS_{5-6}-ES_{5-6}=13-11=2$$

通过计算不难看出总时差有如下特性。

a. 凡是总时差为最小的工作就是关键工作；由关键工作连接构成的线路为关键线路；

关键线路上各工作时间之和即为总工期。

b. 当网络计划的计划工期等于计算工期时，凡总时差大于零的工作为非关键工作，凡是具有非关键工作的线路即为非关键线路。非关键线路与关键线路相交时的相关节点把非关键线路划分成若干个非关键线路段，各段有各段的总时差，相互没有关系。

c. 总时差的使用具有双重性，它既可以被该工作使用，但又属于某非关键线路所共有。当某项工作使用了全部或部分总时差时，则将引起通过该工作的线路上所有工作总时差重新分配。

⑤ 计算各工作的自由时差。

如图 1-44 所示，在不影响其紧后工作最早开始时间的前提下，一项工作可以利用的时间范围是从该工作最早开始时间至其紧后工作最早开始时间。而工作实际需要的持续时间是 D_{i-j}，那么扣去 D_{i-j} 后，尚有的一段时间就是自由时差。其计算如下。

当工作有紧后工作时，该工作的自由时差等于紧后工作的最早开始时间减本工作最早完成时间，即：

$$FF_{i-j} = ES_{j-k} - EF_{i-j} \tag{1-27}$$

或
$$FF_{i-j} = ES_{j-k} - ES_{i-j} - D_{i-j} \tag{1-28}$$

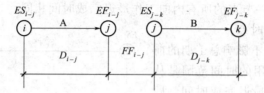

图 1-44　自由时差计算简图

当以终点节点（$j = n$）为箭头节点的工作，其自由时差应按网络计划的计划工期 T_p 确定，即：

$$FF_{i-n} = T_p - EF_{i-n} \tag{1-29}$$

或
$$FF_{i-n} = T_p - ES_{i-n} - D_{i-n} \tag{1-30}$$

如图 1-42 所示的网络图中，各工作的自由时差计算如下：

$$FF_{1-2} = ES_{2-3} - ES_{1-2} - D_{1-2} = 1 - 0 - 1 = 0$$
$$FF_{1-3} = ES_{3-4} - ES_{1-3} - D_{1-3} = 5 - 0 - 5 = 0$$
$$FF_{2-3} = ES_{3-4} - ES_{2-3} - D_{2-3} = 5 - 1 - 3 = 1$$
$$FF_{2-4} = ES_{4-5} - ES_{2-4} - D_{2-4} = 11 - 1 - 2 = 8$$
$$FF_{3-4} = ES_{4-5} - ES_{3-4} - D_{3-4} = 11 - 5 - 6 = 0$$
$$FF_{3-5} = ES_{5-6} - ES_{3-5} - D_{3-5} = 11 - 5 - 5 = 1$$
$$FF_{4-5} = ES_{5-6} - ES_{4-5} - D_{4-5} = 11 - 11 - 0 = 0$$
$$FF_{4-6} = T_p - ES_{4-6} - D_{4-6} = 16 - 11 - 5 = 0$$
$$FF_{5-6} = T_p - ES_{5-6} - D_{5-6} = 16 - 11 - 3 = 2$$

通过计算不难看出自由时差有如下特性。

a. 自由时差为某非关键工作独立使用的机动时间，利用自由时差，不会影响其紧后工作的最早开始时间。

b. 非关键工作的自由时差必小于或等于其总时差。

2）节点计算法　按节点计算法计算时间参数，其计算结果应标注在节点之上，如图 1-45 所示。

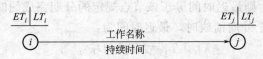

图 1-45　按节点计算法的标注

下面以图 1-46 为例，说明其计算步骤。

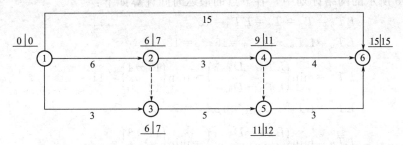

图 1-46　网络图节点时间计算

① 计算各节点最早时间。

节点的最早时间是以该节点为开始节点的工作的最早开始时间，其计算有以下三种情况。

a. 起点节点 i 如未规定最早时间，其值应等于零，即：

$$ET_i = 0 (i=1) \tag{1-31}$$

b. 当节点 j 只有一条内向箭线时，最早时间应为：

$$ET_j = ET_i + D_{i-j} \tag{1-32}$$

c. 当节点 j 有多条内向箭线时，其最早时间应为：

$$ET_j = \max\{ET_i + D_{i-j}\} \tag{1-33}$$

终点节点 n 的最早时间即为网络计划的计算工期，即：

$$T_c = ET_n \tag{1-34}$$

如图 1-46 所示的网络计划中，各节点最早时间计算如下。

$$ET_1 = 0$$
$$ET_2 = ET_1 + D_{1-2} = 0+6$$
$$ET_3 = \max\begin{Bmatrix} ET_2 + D_{2-3} \\ ET_1 + D_{1-3} \end{Bmatrix} = \max\begin{Bmatrix} 6+0 \\ 0+3 \end{Bmatrix} = 6$$
$$ET_4 = ET_2 + D_{2-4} = 6+3 = 9$$
$$ET_5 = \max\begin{Bmatrix} ET_4 + D_{4-5} \\ ET_3 + D_{3-5} \end{Bmatrix} = \max\begin{Bmatrix} 9+0 \\ 6+5 \end{Bmatrix} = 11$$
$$ET_6 = \max\begin{Bmatrix} ET_1 + D_{1-6} \\ ET_4 + D_{4-6} \\ ET_5 + D_{5-6} \end{Bmatrix} = \max\begin{Bmatrix} 0+15 \\ 9+4 \\ 11+3 \end{Bmatrix} = 15$$

② 计算各节点最迟时间。

节点最迟时间是以该节点为完成节点的工作的最迟完成时间，其计算有两种情况。

a. 终点节点的最迟时间应等于网络计划的计划工期，即：

$$LT_n = T_p \tag{1-35}$$

若分期完成的节点，则最迟时间等于该节点规定的分期完成的时间。

b. 当节点 i 只有一个外向箭线时，最迟时间为：

$$LT_i = LT_j - D_{i-j} \tag{1-36}$$

c. 当节点 i 有多条外向箭线时，其最迟时间为：

$$LT_i = \min\{LT_j - D_{i-j}\} \tag{1-37}$$

如图 1-46 所示的网络计划中，各节点的最迟时间计算如下：

$$LT_6 = T_p = T_c = ET_6 = 15$$

$$LT_5 = LT_6 - D_{5-6} = 15 - 3 = 12$$

$$LT_4 = \min\left\{\begin{array}{l} LT_6 - D_{4-6} \\ LT_5 - D_{4-5} \end{array}\right\} = \min\left\{\begin{array}{l} 15-4 \\ 12-0 \end{array}\right\} = 11$$

$$LT_3 = LT_5 - D_{3-5} = 12 - 5 = 7$$

$$LT_2 = \min\left\{\begin{array}{l} LT_4 - D_{2-4} \\ LT_3 - D_{2-3} \end{array}\right\} = \min\left\{\begin{array}{l} 11-3 \\ 7-0 \end{array}\right\} = 7$$

$$LT_1 = \min\left\{\begin{array}{l} LT_6 - D_{1-6} \\ LT_2 - D_{1-2} \\ LT_3 - D_{1-3} \end{array}\right\} = \min\left\{\begin{array}{l} 15-15 \\ 7-6 \\ 7-3 \end{array}\right\} = 0$$

3）根据节点时间参数计算工作时间参数

① 工作最早开始时间等于该工作的开始节点的最早时间：

$$ES_{i-j} = ET_i \tag{1-38}$$

② 工作的最早完成时间等于该工作的开始节点的最早时间加持续时间：

$$EF_{i-j} = ET_i + D_{i-j} \tag{1-39}$$

③ 工作最迟完成时间等于该工作的完成节点的最迟时间：

$$LF_{i-j} = LT_j \tag{1-40}$$

④ 工作最迟开始时间等于该工作的完成节点的最迟时间减持续时间：

$$LS_{i-j} = LT_j - D_{i-j} \tag{1-41}$$

⑤ 工作总时差等于该工作的完成节点最迟时间减该工作开始节点的最早时间再减持续时间：

$$TF_{i-j} = LT_j - ET_i - D_{i-j} \tag{1-42}$$

⑥ 工作自由时差等于该工作的完成节点最早时间减该工作开始节点的最早时间再减持续时间：

$$FF_{i-j} = ET_j - ET_i - D_{i-j} \tag{1-43}$$

如图 1-46 所示网络计划中，根据节点时间参数计算工作的六个时间参数如下。

a. 工作最早开始时间：

$$ES_{1-6} = ES_{1-2} = ES_{1-3} = ET_1 = 0$$

$$ES_{2-4} = ET_2 = 6$$

$$ES_{3-5} = ET_3 = 6$$

$$ES_{4-6} = ET_4 = 9$$

$$ES_{5-6} = ET_5 = 11$$

b. 工作最早完成时间：

$$EF_{1-6} = ET_1 + D_{1-6} = 0 + 15 = 15$$

$$EF_{1-2}=ET_1+D_{1-2}=0+6=6$$
$$EF_{1-3}=ET_1+D_{1-3}=0+3=3$$
$$EF_{2-4}=ET_2+D_{2-4}=6+3=9$$
$$EF_{3-5}=ET_3+D_{3-5}=6+5=11$$
$$EF_{4-6}=ET_4+D_{4-6}=9+4=13$$
$$EF_{5-6}=ET_5+D_{5-6}=11+3=14$$

c. 工作最迟完成时间：

$$LF_{1-6}=LT_6=15$$
$$LF_{1-2}=LT_2=7$$
$$LF_{1-3}=LT_3=7$$
$$LF_{2-4}=LT_4=11$$
$$LF_{3-5}=LT_5=12$$
$$LF_{4-6}=LT_6=15$$
$$LF_{5-6}=LT_6=15$$

d. 工作最迟开始时间：

$$LS_{1-6}=LT_6-D_{1-6}=15-15=0$$
$$LS_{1-2}=LT_2-D_{1-2}=7-6=1$$
$$LS_{1-3}=LT_3-D_{1-3}=7-3=4$$
$$LS_{2-4}=LT_4-D_{2-4}=11-3=8$$
$$LS_{3-5}=LT_5-D_{3-5}=12-5=7$$
$$LS_{4-6}=LT_6-D_{4-6}=15-4=11$$
$$LS_{5-6}=LT_6-D_{5-6}=15-3=12$$

e. 总时差：

$$TF_{1-6}=LT_6-ET_1-D_{1-6}=15-0-15=0$$
$$TF_{1-2}=LT_2-ET_1-D_{1-2}=7-0-6=1$$
$$TF_{1-3}=LT_3-ET_1-D_{1-3}=7-0-3=4$$
$$TF_{2-4}=LT_4-ET_2-D_{2-4}=11-6-3=2$$
$$TF_{3-5}=LT_5-ET_3-D_{3-5}=12-6-5=1$$
$$TF_{4-6}=LT_6-ET_4-D_{4-6}=15-9-4=2$$
$$TF_{5-6}=LT_6-ET_5-D_{5-6}=15-11-3=1$$

f. 自由时差：

$$FF_{1-6}=ET_6-ET_1-D_{1-6}=15-0-15=0$$
$$FF_{1-2}=ET_2-ET_1-D_{1-2}=6-0-6=0$$
$$FF_{1-3}=ET_3-ET_1-D_{1-3}=6-0-3=3$$
$$FF_{2-4}=ET_4-ET_2-D_{2-4}=9-6-3=0$$
$$FF_{3-5}=ET_5-ET_3-D_{3-5}=11-6-5=0$$
$$FF_{4-6}=ET_6-ET_4-D_{4-6}=15-9-4=2$$
$$FF_{5-6}=ET_6-ET_5-D_{5-6}=15-11-3=1$$

（3）关键工作和关键线路的确定

1）关键工作的确定　网络计划中机动时间最少的工作称为关键工作，因此，网络计划中工作总时差最小的工作也就是关键工作。在计划工期等于计算工期时，总时差为零的工作就是关键工作。当计划工期小于计算工期时，关键工作的总时差为负值，说明应研究更多措施以缩短计算工期。当计划工期大于计算工期时，关键工作的总时差为正值，说明计划已留有余地，进度控制就比较主动。

2）关键线路的确定方法

① 利用关键工作判断。

网络计划中，自始至终全部由关键工作（必要时经过一些虚工作）组成或线路上总的工作持续时间最长的线路应为关键线路。

② 利用标号法判断。

标号法是一种快速寻求网络计划计算工期和关键线路的方法。它利用节点计算法的基本原理，对网络计划中的每个节点进行标号，然后利用标号值确定网络计划的计算工期和关键线路。

③ 实例说明。

下面的图 1-47 所示网络计划为例，说明用标号法确定计算工期和关键线路的步骤。

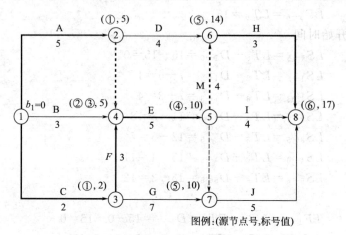

图 1-47　按标号法快速确定关键线路

① 确定节点标号值（a，b_j）。

a. 网络计划起点节点的标号值为零。本例中，节点①的标号值为零，即：$b_1 = 0$。

b. 其他节点的标号值等于以该节点为完成节点的各项工作的开始节点标号值加其持续时间所得之和的最大值，即：

$$b_j = \max\{b_i + D_{i-j}\} \qquad (1-44)$$

式中　b_j——工作 $i-j$ 的完成节点 j 的标号值；

　　　b_i——工作 $i-j$ 的开始节点 i 的标号值；

　　D_{i-j}——工作 $i-j$ 的持续时间。

节点的标号宜用双标号法，即用源节点（得出标号值的节点）a 作为第一标号，用标号值作为第二标号 b_j。

本例中各节点标号值如图 1-47 所示。

② 确定计算工期。

网络计划的计算工期就是终点节点的标号值。本例中，其计算工期为终点节点⑧的标号值为 17。

③ 确定关键线路。

自终点节点开始，逆着箭线跟踪源节点即可确定。本例中，从终点节点⑥开始跟踪源节点分别为⑧、⑥、⑤、④、②、①和⑧、⑥、⑤、④、③、①，即得关键线路①—②—④—⑤—⑥—⑧和①—③—④—⑤—⑥—⑧。

1.3.3.2　单代号网络计划时间参数的计算

（1）工作最早开始时间的计算应符合下列规定

① 工作 i 的最早开始时间 ES_i 应从网络图的起点节点开始，顺着箭线方向依次逐个计算。

② 起点节点的最早开始时间 ES_1 如无规定时，其值等于零，即

$$ES_1=0 \quad ES_i=\max\{ES_h+D_h\} \tag{1-45}$$

③ 其他工作的最早开始时间 ES_i 应为：

$$ES_i=\max\{ES_h+D_h\} \tag{1-46}$$

式中　ES_h——工作 i 的紧前工作 h 的最早开始时间；

D_h——工作 i 的紧前工作 h 的持续时间。

（2）工作 i 的最早完成时间 EF_i 的计算应符合下式规定

$$EF_i=ES_i+D_i \tag{1-47}$$

（3）网络计划计算工期 T_c 的计算应符合下式规定

$$T_c=EF_n \tag{1-48}$$

式中　EF_n——终点节点 n 的最早完成时间。

（4）网络计划的计划工期 T_p 应按下列情况分别确定

① 当已规定了要求工期 T_r 时

$$T_p \leqslant T_r \tag{1-49}$$

② 当未规定要求工期时

$$T_p=T_c \tag{1-50}$$

（5）相邻两项工作 i 和 j 之间的时间间隔 $LAG_{i,j}$ 的计算应符合下式规定

$$LAG_{i,j}=ES_j-EF_i \tag{1-51}$$

式中　ES_j——工作 j 的最早开始时间。

（6）工作总时差的计算应符合下列规定

① 工作 i 的总时差 TF_i 应从网络图的终点节点开始，逆着箭线方向依次逐项计算。当部分工作分期完成时，有关工作的总时差必须从分期完成的节点开始逆向逐项计算。

② 终点节点所代表的工作 n 的总时差 TF_n 值为零，即：

$$TF_n=0 \tag{1-52}$$

分期完成的工作的总时差值为零。

③ 其他工作的总时差 TF_i 的计算应符合下式规定：

$$TF_i=\min\{LAG_{i,j}+TF_j\} \tag{1-53}$$

式中　TF_j——工作 i 的紧后工作 j 的总时差。

当已知各项工作的最迟完成时间 LF_i 或最迟开始时间 LS_i 时，工作的总时差 TF_i 计算也应符合下列规定：

$$TF_i=LS_i-ES_i \tag{1-54}$$

或 $$TF_i=LF_i-EF_i \tag{1-55}$$

（7）工作 i 的自由时差 FF_i 的计算应符合下列规定

$$FF_i = \min\{LAG_{i,j}\} \qquad (1\text{-}56)$$

$$FF_i = \min\{ES_j - EF_i\} \qquad (1\text{-}57)$$

或符合下式规定：

$$FF_i = \min\{ES_j - ES_i - D_i\} \qquad (1\text{-}58)$$

（8）工作最迟完成时间的计算应符合下列规定

① 工作 i 的最迟完成时间 LF_i 应从网络图的终点节点开始，逆着箭线方向依次逐项计算。当部分工作分期完成时，有关工作的最迟完成时间应从分期完成的节点开始逆向逐项计算。

② 终点节点所代表的工作 n 的最迟完成时间 LF_n 应按网络计划的计划工期 T_p 确定，即

$$LF_n = T_p \qquad (1\text{-}59)$$

分期完成那项工作的最迟完成时间应等于分期完成的时刻。

③ 其他工作 i 的最迟完成时间 LF_i 应为

$$LF_i = \min\{LF_j - D_j\} \qquad (1\text{-}60)$$

式中　LF_j——工作 i 的紧后工作 j 的最迟完成时间；

　　　 D_j——工作 i 的紧后工作 j 的持续时间。

（9）工作 i 的最迟开始时间 LS_i 的计算应符合下列规定

$$LS_i = LF_i - D_i \qquad (1\text{-}61)$$

【例 1-5】　试计算如图 1-48 所示单代号网络计划的时间参数。

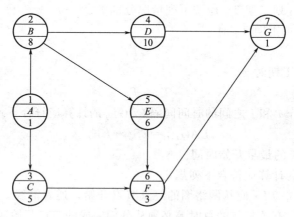

图 1-48　单代号网络计划

解　计算结果如图 1-49 所示。现对其计算方法说明如下。

① 工作最早开始时间的计算。

工作的最早开始时间从网络图的起点节点开始，顺着箭线方向自左至右，依次逐个计算。因起点节点的最早开始时间未作规定，故

$$ES_1 = 0$$

其后续工作的最早开始时间是其各紧前工作的最早开始时间与其持续时间之和，并取其最大值，其计算公式为：

$$ES_i = \max\{ES_h + D_h\}$$

由此得到：$ES_2 = ES_1 + D_1 = 0 + 1 = 1$

　　　　　$ES_3 = ES_1 + D_1 = 0 + 1 = 1$

$$ES_4 = ES_2 + D_2 = 1 + 8 = 9$$

$$ES_5 = ES_2 + D_2 = 1 + 8 = 9$$

$$ES_6 = \max\{ES_3 + D_3, ES_5 + D_5\} = \max\{1 + 5, 9 + 6\} = 15$$

$$ES_7 = \max\{ES_4 + D_4, ES_6 + D_6\} = \max\{9 + 10, 15 + 3\} = 19$$

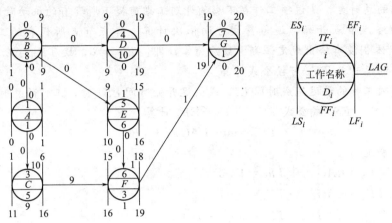

图 1-49　单代号网络计划时间参数的计算结果

② 工作最早完成时间的计算。

每项工作的最早完成时间是该工作的最早开始时间与其持续时间之和，其计算公式为：

$$EF_i = ES_i + D_i$$

因此可得：$EF_1 = ES_1 + D_1 = 0 + 1 = 1$

$$EF_2 = ES_2 + D_2 = 1 + 8 = 9$$

$$EF_3 = ES_3 + D_3 = 1 + 5 = 6$$

$$EF_4 = ES_4 + D_4 = 9 + 10 = 19$$

$$EF_5 = ES_5 + D_5 = 9 + 6 = 15$$

$$EF_6 = ES_6 + D_6 = 15 + 3 = 18$$

$$EF_7 = ES_7 + D_7 = 19 + 1 = 20$$

③ 网络计划的计算工期。

网络计划的计算工期 T_c 按公式 $T_c = EF_n$ 计算。

由此得到：$T_c = EF_7 = 20$

④ 网络计划计划工期的确定。

由于本计划没有要求工期，故 $T_p = T_c = 20$

⑤ 相邻两项工作之间时间间隔的计算。

相邻两项工作的时间间隔，是后项工作的最早开始时间与前项工作的最早完成时间的差值，它表示相邻两项工作之间有一段时间间歇，相邻两项工作 i 与 j 之间的时间间隔 $LAG_{i,j}$ 按公式 $LAG_{i,j} = ES_j - EF_i$ 计算。

因此可得到：$LAG_{1,2} = ES_2 - EF_1 = 1 - 1 = 0$

$$LAG_{1,3} = ES_3 - EF_1 = 1 - 1 = 0$$

$$LAG_{2,4} = ES_4 - EF_2 = 9 - 9 = 0$$

$$LAG_{2,5} = ES_5 - EF_2 = 9 - 9 = 0$$

$$LAG_{3,6} = ES_6 - EF_3 = 15 - 6 = 9$$

$$LAG_{5,6}=ES_6-EF_5=15-15=0$$
$$LAG_{4,7}=ES_7-EF_4=19-19=0$$
$$LAG_{6,7}=ES_7-EF_6=19-18=1$$

⑥ 工作总时差的计算。

每项工作的总时差，是该项工作在不影响计划工期前提下所具有的机动时间。它的计算应从网络图的终点节点开始，逆着箭线方向依次计算。终点节点所代表的工作的总时差 TF_n 值，由于本例没有给出规定工期，故应为零，即：$TF_n=0$，故 $TF_7=0$。

其他工作的总时差 TF_i 可按公式计算。

当已知各项工作的最迟完成时间 LF_i 或最迟开始时间 LS_i 时，工作的总时差 TF_i 也可按公式 $TF_i=LS_i-ES_i$ 或公式 $TF_i=LF_i-EF_i$ 计算。

按公式：
$$TF_i=\min\{LAG_{i,j}+TF_j\}$$

计算的结果是

$$TF_6=LAG_{6,7}+TF_7=1+0=1$$
$$TF_5=LAG_{5,6}+TF_6=0+1=1$$
$$TF_4=LAG_{4,7}+TF_7=0+0=0$$
$$TF_3=LAG_{3,6}+TF_6=9+1=10$$
$$TF_2=\min\{LAG_{2,4}+TF_4,\ LAG_{2,5}+TF_5\}=\min\{0+0,\ 0+1\}=0$$
$$TF_1=\min\{LAG_{1,2}+TF_2,\ LAG_{1,3}+TF_3\}=\min\{0+0,\ 0+10\}=0$$

⑦ 工作自由时差的计算。

工作 i 的自由时差 FF_i 由公式 $FF=\min\{LAG_{i,j}\}$

可算得：$FF_7=0$

$$FF_6=LAG_{6,7}=1$$
$$FF_5=LAG_{5,6}=0$$
$$FF_4=LAG_{4,7}=0$$
$$FF_3=LAG_{3,6}=9$$
$$FF_2=\min\{LAG_{2,4},\ LAG_{2,5}\}=\min\{0,\ 0\}=0$$
$$FF_1=\min\{LAG_{1,2},\ LAG_{1,3}\}=\min\{0,\ 0\}=0$$

⑧ 工作最迟完成时间的计算。

工作 i 的最迟完成时间 LF_i 应从网络图的终点节点开始，逆着箭线方向依次逐项计算。终点节点 n 所代表的工作的最迟完成时间 LF_n，应按公式 $LF_n=T_p$ 计算：
$$LF_7=T_p=20$$

其他工作 i 的最迟完成时间 LF_i 按公式：$LF_i=\min\{LF_j-D_j\}$

计算得到
$$LF_6=LF_7-D_7=20-1=19$$
$$LF_5=LF_6-D_6=19-3=16$$
$$LF_4=LF_7-D_7=20-1=19$$
$$LF_3=LF_6-D_6=19-3=16$$
$$LF_2=\min\{LF_4-D_4,\ LF_5-D_5\}=\min\{19-10,\ 16-6\}=9$$
$$LF_1=\min\{LF_2-D_2,\ LF_3-D_3\}=\min\{9-8,\ 16-5\}=1$$

⑨ 工作最迟开始时间的计算。

工作 i 的最迟开始时间 LS_i 按公式 $LS_i=LF_i-D_i$ 进行计算。

因此可得：
$$LS_7=LF_7-D_7=20-1=19$$

$$LS_6 = LF_6 - D_6 = 19 - 3 = 16$$
$$LS_5 = LF_5 - D_5 = 16 - 6 = 10$$
$$LS_4 = LF_4 - D_4 = 19 - 10 = 9$$
$$LS_3 = LF_3 - D_3 = 16 - 5 = 11$$
$$LS_2 = LF_2 - D_2 = 9 - 8 = 1$$
$$LS_1 = LF_1 - D_1 = 1 - 1 = 0$$

（10）关键工作和关键线路的确定

1）关键工作的确定　网络计划中机动时间最少的工作称为关键工作，因此，网络计划中工作总时差最小的工作也就是关键工作。在计划工期等于计算工期时，总时差为零的工作就是关键工作。当计划工期小于计算工期时，关键工作的总时差为负值，说明应研究更多措施以缩短计算工期。当计划工期大于计算工期时，关键工作的总时差为正值，说明计划已留有余地，进度控制就比较主动。

2）关键线路的确定　网络计划中自始至终全由关键工作组成的线路称为关键线路。在肯定型网络计划中是指线路上工作总持续时间最长的线路。关键线路在网络图中宜用粗线、双线或彩色线标注。

单代号网络计划中将相邻两项关键工作之间的间隔时间为 0 的关键工作连接起来而形成的自起点节点到终点节点的通路就是关键线路。因此，例 1-5 中的关键线路是①—②—④—⑦。

1.3.3.3 双代号时标网络计划

双代号时标网络计划是综合应用横道图的时间坐标和网络计划的原理，是在横道图基础上引入网络计划中各工作之间逻辑关系的表达方法。如图 1-50 所示的双代号网络计划，若改画为时标网络计划，如图 1-51 所示。采用时标网络计划，既解决了横道计划中各项工作不明确，时间指标无法计算的缺点，又解决了双代号网络计划时间不直观，不能明确看出各工作开始和完成的时间等问题。它的特点如下。

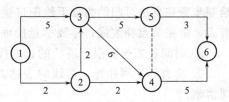

图 1-50　双代号网络计划

① 时标网络计划中，箭线的长短与时间有关。

② 可直接显示各工作的时间参数和关键线路，而不必计算。

③ 由于受到时间坐标的限制，所以时标网络计划不会产生闭合回路。

④ 可以直接在时标网络图的下方绘出资源动态曲线，便于分析，平衡调度。

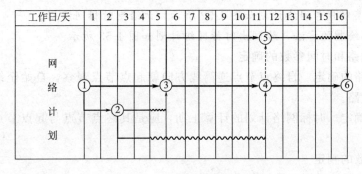

图 1-51　双代号时标网络计划

⑤ 由于箭线的长度和位置受时间坐标的限制，因而调整和修改不太方便。

（1）时标网络计划的一般规定

① 双代号时标网络计划必须以水平时间坐标为尺度表示工作时间。时标的时间单位应根据需要在编制网络计划之前确定，可为时、天、周、月或季。

② 时标网络计划应以实箭线表示工作，以虚箭线表示虚工作，以波形线表示工作的自由时差。

③ 时标网络计划中所有符号在时间坐标上的水平投影位置，都必须与其时间参数相对应。节点中心必须对准相应的时标位置。虚工作必须以垂直方向的虚箭线表示，有自由时差加波形线表示。

（2）时标网络计划的绘制方法　时标网络计划一般按工作的最早开始时间绘制。其绘制方法有间接绘制法和直接绘制法。

1）间接绘制法　是先计算网络计划的时间参数，再根据时间参数在时间坐标上进行绘制的方法。其绘制步骤和方法如下。

① 先绘制双代号网络图，计算节点的最早时间参数，确定关键工作及关键线路。

② 根据需要确定时间单位并绘制时标横轴。

③ 根据节点的最早时间确定各节点的位置。

④ 依次在各节点间绘出箭线及时差。绘制时宜先画关键工作、关键线路，再画非关键工作。如箭线长度不足以达到工作的完成节点时，用波形线补足，箭头画在波形线与节点连接处。

⑤用虚箭线连接各有关节点，将有关的工作连接起来。

2）直接绘制法　是不计算网络计划时间参数，直接在时间坐标上进行绘制的方法。其绘制步骤和方法可归纳为如下绘图口诀："时间长短坐标限，曲直斜平利相连；箭线到齐画节点，画完节点补波线；零线尽量拉垂直，否则安排有缺陷。"

① 时间长短坐标限。箭线的长度代表着具体的施工时间，受到时间坐标的制约。

② 曲直斜平利相连。箭线的表达方式可以是直线、折线、斜线等，但布图应合理，直观清晰。

③ 箭线到齐画节点。工作的开始节点必须在该工作的全部紧前工作都画出后，定位在这些紧前工作最晚完成的时间刻度上。

④ 画完节点补波线。某些工作的箭线长度不足以达到其完成节点时，用波形线补足。

⑤ 零线尽量拉垂直。虚工作持续时间为零，应尽可能让其为垂直线。

⑥ 否则安排有缺陷。若出现虚工作占据时间的情况，其原因是工作面停歇或施工作业队组工作不连续。

【例 1-6】　某双代号网络计划如图 1-52 所示，试绘制时标网络图。

解　按直接绘制的方法，绘制出时标网络计划如图 1-53 所示。

（3）关键线路和时间参数的确定

1）关键线路的确定　自终点节点逆箭线方向朝起点节点观察，自始至终不出现波形线的线路为关键线路。

2）工期的确定　时标网络计划的计算工期，应是其终点节点与起点节点所在位置的时标值之差。

3）时间参数的判定

① 工作最早开始时间和最早完成时间的判定。

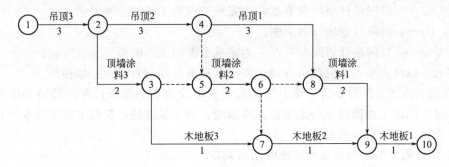

图 1-52　双代号网络计划

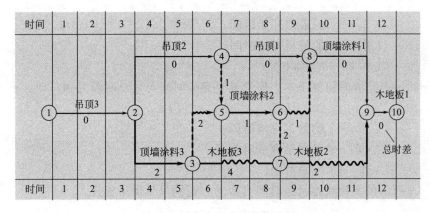

图 1-53　双代号时标网络计划

工作箭线左端节点中心所对应的时标值为该工作的最早开始时间。当工作箭线中不存在波形线时，其右端节点中心所对应的时标值为该工作的最早完成时间；当工作箭线中存在波形线时，工作箭线实线部分右端点所对应的时标值为该工作的最早完成时间。

② 工作总时差的判定。

工作总时差的判定应从网络计划的终点节点开始，逆着箭线方向依次进行。

a. 以终点节点为完成节点的工作，其总时差应等于计划工期与本工作最早完成时间之差，即：

$$TF_{i-n}=T_p-EF_{i-n} \tag{1-62}$$

式中　TF_{i-n}——以网络计划终点节点 n 为完成节点的工作的总时差；

　　　T_p——网络计划的计划工期。

b. 其他工作的总时差等于其紧后工作的总时差加本工作与该紧后工作之间的时间间隔所得之和的最小值，即：

$$TF_{i-j}=\min\{TF_{j-k}+LAG_{i-j,j-k}\} \tag{1-63}$$

式中　TF_{i-j}——工作 $i-j$ 的总时差；

　　　TF_{j-k}——工作 $i-j$ 的紧后工作 $j-k$（非虚工作）的总时差；

　　$LAG_{i-j,j-k}$——工作 $i-j$ 和工作 $j-k$ 之间的时间间隔。

③ 工作自由时差的判定。

a. 以终点节点为完成节点的工作，其自由时差等于计划工期与本工作最早完成时间之差，即：

$$FF_{i-n}=T_p-EF_{i-n} \tag{1-64}$$

式中 FF_{i-n}——以网络计划终点节点 n 为完成节点的工作的总时差；

T_p——网络计划的计划工期；

EF_{i-n}——以网络计划终点节点 n 为完成节点的工作的最早完成时间。

事实上，以终点节点为完成节点的工作，其自由时差与总时差必然相等。

b. 其他工作的自由时差就是该工作箭线中波形线的水平投影长度。但当工作之后只紧接虚工作时，则该工作箭线上一定不存在波形线，而其紧接的虚箭线中波形线水平投影长度的最短者为该工作的自由时差。

④ 工作最迟开始时间和最迟完成时间的判定。

a. 工作的最迟开始时间等于本工作的最早开始时间与其总时差之和，即：

$$LS_{i-j}=ES_{i-j}+TF_{i-j} \tag{1-65}$$

式中 LS_{i-j}——工作 $i-j$ 的最迟开始时间；

ES_{i-j}——工作 $i-j$ 的最早开始时间；

TF_{i-j}——工作 $i-j$ 的总时差。

b. 工作的最迟完成时间等于本工作的最早完成时间与其总时差之和，即：

$$LF_{i-j}=EF_{i-j}+TF_{i-j} \tag{1-66}$$

式中 LF_{i-j}——工作 $i-j$ 的最迟完成时间；

EF_{i-j}——工作 $i-j$ 的最早完成时间；

TF_{i-j}——工作 $i-j$ 的总时差。

如图 1-53 所示的关键线路及各时间参数的判定结果见图中标注。

1.3.3.4 网络计划的优化

网络计划的优化是指在编制阶段，在一定约束条件下，按既定目标，对网络计划进行不断调整，直到寻找出满意结果为止的过程。

网络计划优化的目标一般包括工期目标、费用目标和资源目标。根据既定目标网络计划优化的内容分为工期优化、费用优化和资源优化三个方面。

1. 工期优化

(1) 工期优化的概念 工期优化就是通过压缩计算工期，以达到既定工期目标，或在一定约束条件下，使工期最短的过程。

工期优化一般是通过压缩关键线路的持续时间来满足工期要求的。在优化过程中要注意不能将关键线路压缩成非关键线路，当出现多条关键线路时，必须将各条关键线路的持续时间压缩为同一数值。

(2) 工期优化的步骤与方法

① 找出关键线路，求出计算工期。

② 按要求工期计算应缩短的时间。

③ 根据下列诸因素选择应优先缩短持续时间的关键工作：

a. 缩短持续时间对工程质量和施工安全影响不大的工作；

b. 有充足储备资源的工作；

c. 缩短持续时间所需增加的费用最少的工作。

④ 将应优先缩短的工作缩短至最短持续时间，并找出关键线路，若被压缩的工作变成了非关键工作，则应将其持续时间适当延长至刚好恢复为关键工作。

⑤ 重复上述过程直至满足工期要求或工期无法再缩短为止。

当采用上述步骤和方法后，工期仍不能缩短至要求工期则应采用加快施工的技术、组织措施来调整原施工方案，重新编制进度计划。如果属于工期要求不合理，无法满足时，应重新确定要求的工期目标。

2. 费用优化

（1）费用优化的概念　一项工程的总费用包括直接费用和间接费用。在一定范围内，直接费用随工期的延长而减少，而间接费用则随工期的延长而增加，总费用最低点所对应的工期（T_p）就是费用优化所要追求的最优工期。如图 1-54 所示。

（2）费用优化的步骤和方法

① 计算正常作业条件下工程网络计划的工期、关键线路和总直接费、总间接费及总费用。

② 计算各项工作的直接费率。

③ 在关键线路上，选择直接费率（或组合直接费率）最小并且不超过工程间接费率的工作作为被压缩对象。

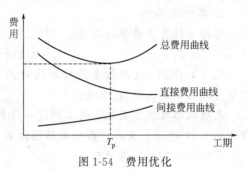

图 1-54　费用优化

④ 将被压缩对象压缩至最短，当被压缩对象为一组工作时，将该组工作压缩至同一数值，并找出关键线路，如果被压缩对象变成了非关键工作，则需适当延长其持续时间，使其刚好恢复为关键工作为止。

⑤ 重新计算和确定网络计划的工期、关键线路和总直接费、总间接费、总费用。

⑥ 重复上述第③至第⑤步骤，直至找不到直接费率或组合直接费率不超过工程间接费率的压缩对象为止。此时即求出总费用最低的最优工期。

⑦ 绘制出优化后的网络计划。在每项工作上注明优化的持续时间和相应的直接费用。

（3）优化示例

【例 1-7】　已知某工程网络计划如图 1-55 所示。

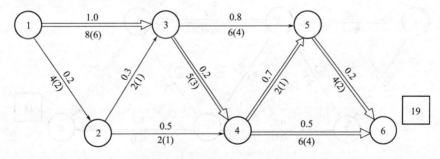

图 1-55　初始网络计划的工期、关键线路、直接费率

图 1-55 中箭线下方括号外为正常持续时间，括号内为最短持续时间；箭线上方括号外为正常持续时间的直接费用，括号内为最短持续时间的直接费用。工程间接费率为 0.8 千元/天，试对其进行费用优化。

解　1. 计算和确定正常作业条件下的网络计划工期、关键线路和总直接费、总间接费、总费用

① 工期为 19 天，关键线路图 1-55 中双箭线所示。

② 总直接费 26.2 千元；

总间接费：0.8×19＝15.2（千元）；

总费用：26.2+15.2=41.4（千元）。

2. 计算各项工作的直接费率

$$e_{1-2}=\frac{C_{1-2}^{C}-C_{1-2}^{N}}{D_{1-2}^{N}-D_{1-2}^{C}}=\frac{3.4-3.0}{4-2}=0.2（千元/天）$$

$$e_{1-3}=1.0（千元/天）$$

$$e_{2-3}=0.3（千元/天）$$

$$e_{3-4}=0.2（千元/天）$$

3. 第一次压缩

选择直接费率最低的工作③—④。

$$e_{3-4}=0.2千元/天<0.8千元/天$$

先将工作③—④压缩至最短持续时间3天，找出关键线路，则此时关键线路为图1-56中双箭线所示，工期为18天。

关键线路发生了变化，将工作③—④的持续时间由3天延长至4天，使其恢复为关键工作如图1-57所示。至此，第一次压缩结束。

第一次压缩后网络计划：

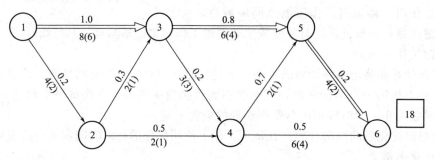

图 1-56 第一次压缩后网络计划

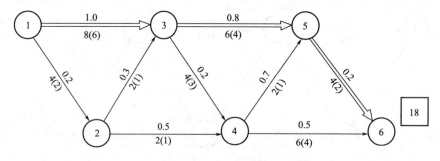

图 1-57 将工作③—④的持续时间由 3 天延长至 4 天

第一次压缩后总直接费、总间接费、总费用：

总直接费：26.2+1×0.2=26.4（千元）；

总间接费：0.8×18=14.4（千元）；

总费用：26.4+14.4=40.8（千元）。

4. 第二次压缩

同时压缩工作③—④和工作⑤—⑥的组合直接费率最小（0.2+0.2=0.4千元/天<0.8千元/天），将其作为被压缩对象，同时压缩1天。第二次压缩后的网络计划如图1-58所示。

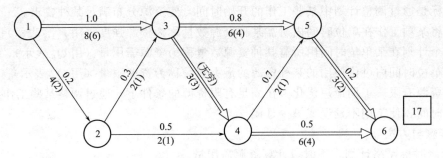

图 1-58 第二次压缩后网络计划

第二次压缩后，工期为 17 天；

总直接费：$26.4+(0.2+0.2)\times1=26.8$（千元）；

总间接费：$0.8\times17=13.6$（千元）；

总费用：$26.8+13.6=40.4$（千元）。

5. 第三次压缩

同时压缩工作④—⑥和工作⑤—⑥。

组合直接费率（$0.5+0.2=0.7$ 千元/天<0.8 千元/天），同时压缩 1 天。

第三次压缩的网络计划如图 1-59 所示。

总直接费：$26.8+0.7\times1=27.5$（千元）；

总间接费：$0.8\times16=12.8$（千元）；

总费用：$27.5+12.8=40.3$（千元）。

优化过程见表 1-9。

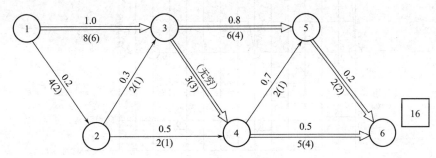

图 1-59 优化后网络计划

表 1-9 优化过程表

压缩次数	压缩对象	直接费率或组合直接费率	费率差/（千元/天）	缩短时间/天	工期/天	总费用/千元
(1)	(2)	(3)	(4)	(5)	(6)	(7)
0	—	—	—	—	19	41.4
1	③—④	0.2	−0.6	1	18	40.8
2	③—④ ⑤—⑥	0.4	−0.4	1	17	40.4
3	④—⑤ ⑤—⑥	0.7	−0.1	1	16	40.3
4	①—③	1.0	+0.2	—	—	—

3. 资源优化   计划执行中，所需的人力、材料、机械设备和资金等统称为资源。资源

优化的目标是通过调整计划中某些工作的开始时间，使资源分布满足某种要求。

通常将某项工作在单位时间内所需某种资源数量称为资源强度（用 r_{i-j} 表示）；

将整个计划在某单位时间内所需某种资源数量称为资源需用量（用 Q_t 表示）；

将在单位时间内可供使用的某种资源的最大数量称为资源限量（用 Q_a 表示）。

（1）资源有限—工期最短优化　在满足有限资源的条件下，通过调整某些工作的投入作业的开始时间，使工期不延误或最少延误。

① 步骤与方法

a. 绘制时标网络计划，逐时段计算资源需用量。

b. 逐时段检查资源需用量是否超过资源限量，若超过进入第3步，否则检查下一时段。

c. 对于超过的时段，按总时差从小到大累计该时段中的各项工作的资源强度，累计到不超过资源限量的最大值，其余的工作推移到下一时段（在各项工作不允许间断作业的假定条件下，在前一时段已经开始的工作应优先累计）。

d. 重复上述步骤，直至所有时段的资源需用量均不超过资源限量为止。

② 优化示例

【例1-8】　已知网络计划如图1-55所示。

图中箭线上方数据为资源强度，下方数据为持续时间。若资源限量为12，试对其进行资源有限—工期最短优化。

解　（1）绘制时标网络计划，计算每天资源需用量。如图1-60所示。

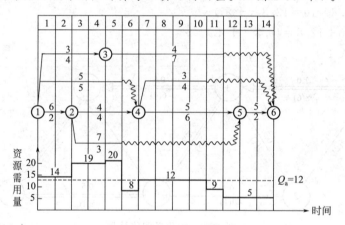

图1-60　时标网络计划与资源曲线图

（2）逐时段将资源需用量与资源限量对比，①—②，②—④，④—⑤三个时段的资源需用量均超过资源限量，需要调整。

（3）调整①—②时段，将该时段同时进行的工作按总时差从小到大对资源强度进行累计，累计到不超过资源限量（资源限量 Q_a 为12）的最大值，即为 $6+5=11<12$，将工作①—③推移至下一时段。
调整结果如图1-61所示。

（4）②—⑤时段的资源需用量仍超过资源限量，需要调整。

资源强度累计：$5+4+3=12$，将工作②—⑤推移至下一时段。调整结果如图1-62所示。

（5）⑤—⑥，⑥—⑧时段仍超出资源限量要求，需要调整。

该网络计划的资源有限—工期最短优化的最后结果如图1-63所示。

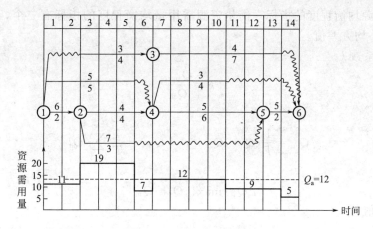

图 1-61 调整后的结果

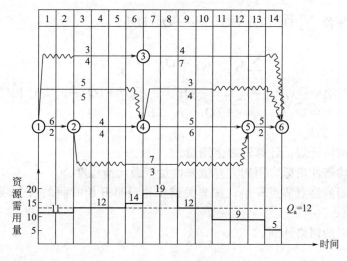

图 1-62 调整结果

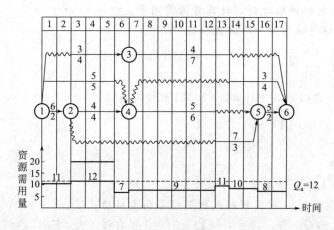

图 1-63 最后结果

(2) 工期固定—资源均衡优化 在工期不变的条件下，尽量使资源需用量均衡既有利于工程施工组织与管理，又有利于降低工程施工费用。

1) 衡量资源均衡程度的指标　衡量资源需用量均衡程度的指标有三个，分别为不均衡系数、极差值、均方差值。

① 不均衡系数 k。

$$k = \frac{Q_{\max}}{Q_m}$$

其中：

$$Q_m = \frac{1}{T}(Q_1 + Q_2 + \cdots + Q_T) = \frac{1}{T}\sum_{t=1}^{T} Q_t$$

② 极差值。

$$\Delta Q = \max\{|Q_t - Q_m|\}$$

③ 均方差值。

$$\sigma^2 = \frac{1}{T}\sum_{t=1}^{T} Q_t^2 - Q_m^2$$

若 σ^2 最小，须使 $\sum\limits_{t=1}^{T} Q_t^2 = Q_1^2 + Q_2^2 + \cdots + Q_T^2$ 最小。

$$\sum_{t=1}^{T} Q_t^2 = Q_1^2 + Q_2^2 + \cdots + Q_T^2$$

$$\Delta = [(Q_{j+1} + r_{k-1})^2 - Q_{j+1}^2] - [Q_i^2 - (Q_i - r_{k-1})^2]$$
$$= 2r_{k-1}[Q_{j+1} + (Q_i - r_{k-1})]$$

2) 优化步骤与方法

① 绘制时标网络计划，计算资源需用量。

② 计算资源均衡性指标，用均方差值来衡量资源均衡程度。

③ 从网络计划的终点节点开始，按非关键工作最早开始时间的后先顺序进行调整（关键工作不得调整）。

④ 绘制调整后的网络计划。

3) 优化示例

【例 1-9】　以图 1-55 所示的网络计划为例，说明工期固定-资源均衡优化的步骤和方法。

解　（1）绘制时标网络计划，计算资源需用量。

（2）计算资源均衡性指标——均方差值。

$$Q_m = \frac{1}{T}\sum_{t=1}^{T} Q_t$$

$$= \frac{1}{14} \times (14 \times 2 + 19 \times 2 + 20 \times 1 + 8 \times 1 + 12 \times 4 + 9 \times 1 + 5 \times 3) = 11.86$$

$$\sigma_0^2 = 165.00 - 11.86^2 = 24.34$$

（3）优化调整

1) 第一次调整

① 调整以终节点⑥为结束节点的工作。

首先调整工作④—⑥，利用判别式判别能否向右移动。

$$Q_{11} + (Q_7 - r_{4-6}) = 9 - (12 - 3) = 0 \text{ 可右移 1 天，} ES_{4-6} = 7$$

$$Q_{12} + (Q_8 - r_{4-6}) = 5 - (12 - 3) = -4 < 0 \text{ 可右移 2 天，} ES_{4-6} = 8$$

$$Q_{13} + (Q_9 - r_{4-6}) = 5 - (12 - 3) = -4 < 0 \text{ 可右移 3 天，} ES_{4-6} = 9$$

$$Q_{14} + (Q_{10} - r_{4-6}) = 5 - (12 - 3) = -4 < 0 \text{ 可右移 4 天，} ES_{4-6} = 10$$

至此工作④—⑥调整完毕（此图略），在此基础上考虑调整工作③—⑥。

$$Q_{14}+(Q_{10}-r_{4-6})=5-(12-3)=-4<0 \text{ 可右移 1 天，} ES_{3-6}=5$$

$$Q_{13}+(Q_6-r_{3-6})=8-(8-4)=4>0 \text{ 不能右移 2 天}$$

$$Q_{14}+(Q_7-r_{3-6})=8-(9-4)=3>0 \text{ 不能右移 3 天}$$

因此工作③—⑥只能向右移动 1 天。

工作④—⑥和工作③—⑥调整完毕后的网络计划如图 1-64 所示。

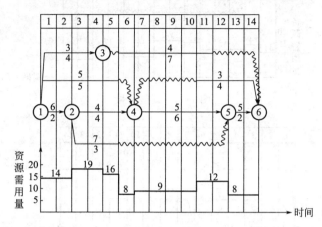

图 1-64　调整结果

② 调整以节点⑤为结束节点的工作。

根据图 1-64，只有工作②—⑤可考虑调整。

$$Q_6+(Q_3-r_{2-5})=8-(19-7)=-4<0 \text{ 可右移 1 天，} ES_{2-5}=3$$

$$Q_7+(Q_4-r_{2-5})=9-(19-7)=-3<0 \text{ 可右移 2 天，} ES_{2-5}=4$$

$$Q_8+(Q_5-r_{2-5})=9-(16-7)=0 \text{ 可右移 3 天，} ES_{2-5}=5$$

$$Q_9+(Q_6-r_{2-5})=9-(15-7)=1>0 \text{ 不能右移 4 天}$$

$$Q_{10}+(Q_7-r_{2-5})=9-(16-7)=0 \text{ 不能右移 5 天}$$

$$Q_{11}+(Q_8-r_{2-5})=12-(15-7)=4>0 \text{ 不能右移 6 天}$$

$$Q_{12}+(Q_9-r_{2-5})=12-(16-7)=3>0 \text{ 不能右移 7 天}$$

因此工作②—⑤只能向右移动 3 天。

③ 调整以节点④为结束节点的工作。

只能考虑调整工作①—④，通过计算不能调整。

④ 调整以节点③为结束节点的工作。

只有工作①—③可考虑调整。

$$Q_5+(Q_1-r_{1-3})=9-(14-3)=-2<0 \text{ 可右移 1 天，} ES_{1-3}=1$$

至此，第一次调整完毕。调整后的网络计划如图 1-65 所示。

2）第二次调整　在图 1-65 基础上，再次自右向左调整。

① 调整以终节点⑥为结束节点的工作。

只有工作③—⑥可考虑调整。

$$Q_{13}+(Q_6-r_{3-6})=8-(15-4)=-3<0 \text{ 可右移 1 天}$$

$$Q_{14}+(Q_7-r_{3-6})=8-(16-4)=-4<0 \text{ 可右移 2 天}$$

工作③—⑥再次右移后的网络计划如图 1-66 所示。

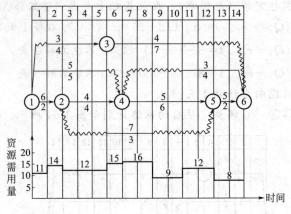

图 1-65　调整结果

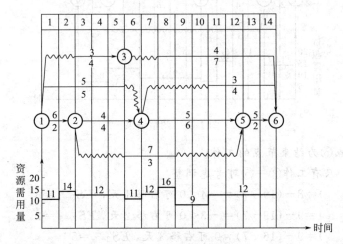

图 1-66　最终结果

② 分别调整以节点⑤，④，③，②为结束节点的非关键工作，均不能再右移。

至此优化结束，图 1-66 即为工期固定—资源均衡优化的最终结果。

（4）计算优化后的资源均衡性指标。

$$\sigma^2=\frac{1}{14}\times(11^2\times1+14^2\times1+12^2\times3+11^2\times1+12^2\times1+16^2\times1+9^2\times2+12^2\times4)-11.82^2$$

$$=2.77<\sigma_0^2=24.34$$

σ^2 降低百分率：

$$\frac{24.34-2.77}{24.34}\times100\%=88.62\%$$

2 如何快速编制单位工程施工组织设计

要想快速编制单位工程施工组织设计，那么就要先熟悉单位工程施工组织设计的编制程序，编制程序是指单位工程施工组织设计各个组成部分形成的先后次序以及相互之间的制约关系的处理。如图 2-1 所示。

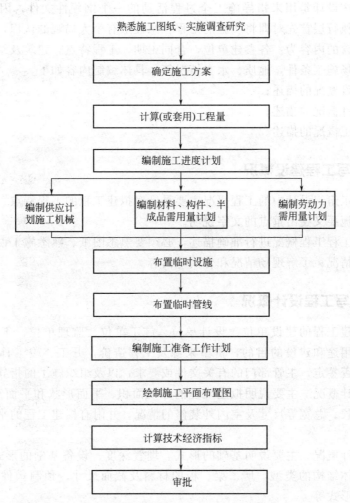

图 2-1　单位工程施工组织设计的编制程序

其次要熟悉单位工程施工组织设计的编制依据。

① 主管部门的批示文件及建设单位的要求。

② 施工图纸及设计单位对施工的要求。

③ 施工企业年度生产计划对该工程项目的安排和规定的有关指标。

④ 资源配备情况。

⑤ 建设单位可能提供的条件和水、电供应情况。

⑥ 施工现场条件和勘察资料。

⑦ 预算文件和国家规范等资料，工程的预算文件等提供了工程量和预算成本。

同时，根据单位工程施工组织设计的内容，将其分为如何编写单位工程工程概况、如何编写单位工程施工部署及施工方案、如何绘制单位工程施工进度计划、如何绘制单位工程施工平面图、如何制定单位工程主要的施工措施等五个任务，并围绕这五个任务一一给读者详细讲解，为大家学习提供帮助。

2.1 如何编写单位工程工程概况

建筑施工组织设计是用来指导施工全过程活动的一个纲领性文件，因此，通过工程概况，让管理层和执行层首先对即将实施的工程在感性上有个大局观的认识，并达成共识。在编制时一般应包含的内容为：各参建单位，合同工期，工程特点，建筑及结构设计（各分部工程）要求，现场施工条件，地质、水文情况等。具体编制内容如下。

(1) 工程建设概况的描述；

(2) 工程设计概况的描述；

(3) 工程施工概况的描述。

2.1.1 如何编写工程建设概况

单位工程施工组织设计中的工程概况主要是针对拟建工程的工程特点、地点特征及施工条件等进行简明扼要又突出重点的文字说明。

要想对单位工程工程概况进行准确描述，必须要熟悉图纸、熟悉施工说明；了解建设单位、施工单位的情况；了解现场情况和合同等内容。

2.1.2 如何编写工程设计概况

主要说明拟建工程的建设单位、设计单位、施工单位、监理单位，工程名称及地理位置，工程性质、用途和建设的目的，资金来源及工程造价，开工、竣工日期，施工图纸情况，施工合同是否签定，主管部门的有关文件或要求，以及组织施工的指导思想等。

(1) 建筑设计概况 主要说明拟建工程的建筑面积、平面形状和平面组合情况，层数、层高、总高、总长、总宽等尺寸及室内外装修的情况，并附有拟建工程的平面、立面、剖面简图。

(2) 结构设计概况 主要说明基础的形式、埋置深度、设备基础的形式，桩基的类型、根数及深度，主体结构的类型，墙、梁、板的材料及截面尺寸，预制构件的类型及安装位置，楼梯构造及形式等。

(3) 设备安装设计概况 主要说明拟建工程的建筑采暖、卫生与煤气工程、建筑电气安装工程、通风和空调工程、电梯安装等设计要求。

2.1.3 如何编写工程施工概况

(1) 施工特点 主要说明拟建工程施工特点和施工中的关键问题、难点所在，以便突出重点、抓住关键，使施工顺利进行，提高施工单位的经济效益和管理水平。不同类型的建筑、不同地点、不同条件和不同施工队伍的施工，施工特点各不相同。

（2）地点特征 主要说明拟建工程的地形、地貌、地质、水文、气温、冬雨期时间、年主导风向、风力和抗震设防烈度要求等。

（3）施工条件 主要说明"三通一平"的情况，当地的交通运输条件，材料生产及供应情况，施工现场及周围环境情况，预制构件生产及供应情况，施工单位机械、设备、劳动力的落实情况，内部承包方式、劳动组织形式及施工管理水平，现场临时设施、供水、供电问题的解决。

对于结构类型简单、规模不大的建筑工程，也可采用表格的形式更加一目了然地对工程概况进行说明。

2.1.4 编写单位工程工程概况示例

根据已知新建部件变电室图纸（附录1.1）、工程合同（附录1.3）编制工程概况。

2.1.4.1 先编写总体情况（表2-1）

表2-1 总体情况

工程名称	新建部件变电室
建筑地点	新建南厂污水处理站北侧
建设单位	×××有限公司
设计单位	×××建筑设计研究院有限公司
监理单位	×××监理有限公司
定额工期	90天（全国统一建筑安装工程工期定额）
合同工期	73天（2008年3月2日～2008年05月13日）
计划工期	72天（2008年3月2日～2008年05月12日）
质量目标	合格
工程特点	使用功能为变电室，一层，建筑面积91.71m²，建筑高度为6.8m

注：表中合同工期根据合同（附录1.3），计划工期是通过进度计划计算所得。

2.1.4.2 编制工程设计概况

（1）建筑设计概况

工程材料及做法见表2-2。

表2-2 工程材料及做法

部位及名称		工程材料及做法
墙体	内外砖墙	±0.000以下用MU10黏土实心砖M5水泥砂浆砌筑，其余用MU10KP1多孔砖M5混合砂浆砌筑，砌体砌筑施工质量控制等级为B级
	电缆沟	M5水泥砂浆砌筑标准砖地沟
室外工程	散水	混凝土散水宽600；20厚1：2水泥砂浆抹面，压实抹光；60厚C15混凝土；素土夯实向外坡4%；砖砌室外台阶
	外墙面	乳胶漆墙面：刷外墙用乳胶漆，6厚1：2.5水泥砂浆压实抹光，水刷带出小麻面，12厚1：3水泥砂浆打底，颜色见附录1.1建施03中立面图所示
	屋面	刚性防水屋面：40厚C20细石混凝土内配φ4@150双向钢筋，粉平压光，洒细砂一层，再干铺纸胎油毡一层，20厚1：3水泥砂浆找平层，现浇钢筋混凝土屋面板
	外门窗	成品金属防盗门，80系列塑钢窗（5厚白玻）

部位及名称		工程材料及做法
室内工程	地面	水泥地面:80厚C20混凝土随捣随抹,表面洒1:1水泥黄砂压实抹光,100厚碎石夯实,素土夯实
		卵石地面:250厚粒径50～80卵石,80厚C20混凝土,素土夯实
	内墙面	乳胶漆墙面:刷白色乳胶漆,5厚1:0.3:3水泥石灰膏砂浆粉面压实抹光,12厚1:1:6水泥石灰膏砂浆打底
	平顶	板底乳胶漆顶:刷白色乳胶漆,6厚1:0.3:3水泥石灰膏砂浆粉面,6厚1:0.3:3水泥石灰膏砂浆打底扫毛,刷素水泥浆一道(掺水重5%建筑胶),现浇板
其他		1. 雨水管为 ϕ100PVC 2. 油漆做法——防锈漆一度,刮腻子,海蓝色调和漆二度 3. 所用涂料应在施工前现场做样后由建设单位及建筑师审定 4. 安装分部工程材料及做法(略)

(2) 结构设计概况（见表 2-3）

① 耐久等级按二级设计,结构设计使用年限为 50 年。

② 屋面现浇板混凝土 C20,板厚 120mm。

③ 受力钢筋混凝土保护层厚度（见表 2-4）。

④ 水、电、动力设计:略,具体详见有关设计图纸。

表 2-3　结构设计概况

基础垫层	混凝土强度等级	砖或砌块品种及强度等级	砂浆品种
基础	C20	MU10 黏土实心砖	M5 水泥砂浆
上部结构	C20	MU10KP1 多孔砖	M5 混合砂浆
电缆沟	预制盖板 C20	MU10 黏土实心砖	M5 水泥砂浆

表 2-4　受力钢筋混凝土保护层厚度

混凝土结构构件	板	梁	柱
保护层厚度/mm	20	30	30

2.1.4.3　描述现场施工条件

① 本工程位于新建南厂污水处理站东侧,施工区域相对独立空旷(电缆沟盖板可现场预制),现场"三通一平"工作已由建设单位完成;施工用水、用电均可从施工现场附近引出;其正南面与厂区道路相接,可运入建筑施工材料。

② 根据勘察设计室提供的厂区工程地质勘察报告书,本工程地基按承载力特征值 f_{ak} = 150kPa 设计,基础开挖至设计标高须验槽以调整设计参数。

③ 有关气象、气候条件参阅××市有关资料。

2.1.4.4　本工程施工时要套用的图集

见表 2-5 所示。

表 2-5　本工程施工时要套用的图集（附录 1 图纸）

序号	图集名称	设计图纸中标注位置
1	苏 J9501-4/12	建施 01:4-4 剖面地坑防水层做法
2	J652	建施 01:M-1 做法

序号	图集名称	设计图纸中标注位置
3	03G322-1	建施01：M-2、M-3、C-1做法
4	苏 G02—2004	建施01：施工设计总说明中抗震节点构造
5	苏 J9503-1/20，3/20	建施02：屋面平面图①、④、Ⓐ、Ⓑ轴
6	J652-C2-3015	建施02：2-2 图

2.2 如何编制单位工程施工部署及施工方案

在确定施工方案时，首先要知道如何进行施工部署，所谓施工部署即明确本工程的质量、进度目标和安全指标，项目部现场组织机构设置、主要管理人员安排、施工现场与生产、技术准备情况，任务的具体划分，施工组织计划等。其次才是对施工方案的确定。其步骤如下。

（1）主要按照施工阶段的顺序进行，包括：定位放线、基础、主体、屋面、装饰装修分部工程，列出其中重要的分项工程，如土方开挖与回填、模板、钢筋、混凝土、砖砌体、抹灰等，将这些分项工程的具体规范要求结合质量验收标准较详细地罗列明确，以便于指导施工。

（2）编制时，要注意把工程所有的分部工程（基础、主体、建筑装饰装修、屋面、给排水、电气等）全部涵盖进去，不要有遗漏。一般大型工程，或超过两层的工程也需要编制脚手架搭设方案，临时用电方案。

2.2.1 如何编制单位工程施工部署及示例

2.2.1.1 如何编制单位工程的施工部署

施工部署是对整个工程项目进行的统筹规划和全面安排，并解决影响全局的重大问题，拟定指导全局施工的战略规划。施工部署的内容和侧重点，根据建设项目的性质、规模和客观条件不同而各异。一般包括以下内容。

（1）确定施工任务的组织分工　建立现场统一的领导组织机构及职能部门，确定综合的和专业的施工队伍，划分施工过程，确定各施工单位分期分批的主导施工项目和穿插施工项目。

（2）确定工程项目的开展程序　对单位工程及分部工程的开、竣工时间和施工队伍及相互间衔接的有关问题进行具体的明确安排。

2.2.1.2 单位工程的施工部署编制示例

根据已知新建部件变电室图纸（参见附录1.1）。

（1）企业方针、质量、安全指标

1）质量目标　精心组织，严格控制，确保质量。

2）安全指标　强化管理，安全第一，以人为本，确保施工全过程无任何安全事故。

3）环境目标　严格管理，保护环境，确保施工过程"水、气、声、渣"排放达标。

4）工期目标　详细计划，合理流水，加快施工节奏，确保按期向建设单位交付满意工程。

（2）施工准备

1）项目部组织机构（图 2-2）

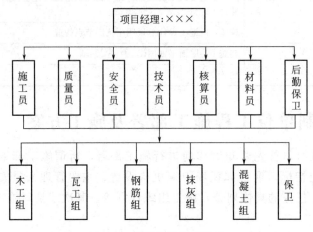

图 2-2　项目部组织机构图

2）主要管理人员部署（表 2-6）

表 2-6　主要管理人员部署

序号	项目职务	姓名	技术职称及执业证号
1	项目经理	×××	×××
2	项目工程师	×××	×××
3	专职质量员	×××	苏建质 D×××
4	施工员	×××	苏建施字×××号
5	材料员	×××	苏××建材字第×××号
6	安全员	×××	苏建安 C(×××)×××
7	造价员	×××	苏××D×××
8	取样员	×××	××取×××号

3）技术准备

① 熟悉和审查施工图纸。

a. 收拿到图纸后，仔细检查施工图纸是否完整和齐全，施工图纸设计内容是否符合工程施工规范。

b. 各技术人员抓紧熟悉图纸，检查施工图纸及各组成部分间有无矛盾和错误，如建筑图与其相关的结构图尺寸、标高、说明等方面是否一致等。

c. 通过图纸自审、互审和会审形成图纸会审纪要，掌握拟建工程的特性及应重点注意的问题，给工程的全面施工创造条件。

② 各项资料的调查分析。开工前，派有关管理人员对该地区周边的技术经济条件等进行调查分析，如三大材的价格、材料进场来源、交通资源、建筑协作单位的施工能力等。

③ 预算员做好施工预算及分部工程工料分析。主要构配件平均供应及加工计划，提出加工订货数量、规格及需用日期。

④ 按施工现场实际情况、以往施工经验及合同批准的施工组织设计，制定各部门的工程技术措施、技术方案，组织技术交底工作。

　　4）施工现场及生产准备

在工程正式开工前，完成施工现场的全场性前期准备工作，施工现场准备工作包括以下内容。

　　① 施工现场临时围墙的施工。

　　② 大型临时设施的建造。包括材料堆放区、施工通道，主楼通道、周转材料堆放，门卫，钢筋堆放，钢筋工棚，公共厕所。

　　③ 临时施工道路的浇筑，临时用水用电管网的布置和敷设。

　　④ 复核及保护好建设方提供的永久性坐标和高程，按照既定的永久性坐标定好施工现场的测量控制网。

　　⑤ 有计划组织机构及材料、机械设备的进场，布置或堆放于指定地点。

　　（3）任务划分　施工时根据专业划分任务，土建、防水、部分装饰等工程分别由公司所属各专业队伍承担，在公司、项目部的统一管理下，以土建为主导，各专业之间做到相互协调、密切配合。

　　（4）施工组织计划　根据本工程特点，将本工程划为两个施工段。通过加强计划、合理组织，提高劳动效率，加快施工进度。

2.2.2　如何编制单位工程施工方案及示例

2.2.2.1　如何编制单位工程的施工方案

　　选择合理的施工方案是单位工程施工组织设计的核心。它包括工程开展的先后顺序和施工流水的安排和组织，施工段的划分，施工方法和施工机械的选择，特殊部位施工技术措施，施工质量和安全保证措施等。这些都必须在熟悉施工图纸，明确工程特点和施工任务，充分研究施工条件，正确进行技术经济比较的基础上做出决定。施工方案的合理与否直接影响到工程的施工成本、工期、质量和安全效果，因此必须予以重视。

　　（1）熟悉图纸、确定施工程序

　　1）熟悉设计资料和施工条件　熟悉审核施工图纸是领会设计意图，明确工程内容，分析工程特点必不可少的重要环节，一般应着重注意以下几方面。

　　① 核对设计计算的假定和采用的处理方法是否符合实际情况；施工时是否具有足够的稳定性，对保证安全施工有无影响。

　　② 核对设计是否符合施工条件。如需要采取特殊施工方法和特殊技术时，技术上以及设备条件上能否达到要求。

　　③ 核对结合生产工艺和使用上的特点，对建筑安装施工有哪些技术要求，施工能否满足设计规定的质量标准。

　　④ 核对有无特殊材料要求，品种、规格数量能否解决。

　　⑤ 审查是否有特殊结构、构件或材料试验，能否解决。

　　⑥ 核对图纸说明有无矛盾、是否齐全、规定是否明确。

　　⑦ 核对主要尺寸、位置、标高有无错误。

　　⑧ 核对土建和设备安装图纸有无矛盾；施工时如何交叉衔接。

　　⑨ 通过熟悉图纸明确场外制备工程项目。

　　⑩ 通过熟悉图纸确定与单位工程施工有关的准备工作项目。

　　在有关施工人员认真阅读图纸、充分准备的基础上，召开设计、建设、施工（包括协作施工）、监理和科研（必要时）单位参加的"图纸会审"会议。设计人员向施工单位做技术交底，讲清设计意图和对施工的主要要求。有关施工人员应对施工图纸及工程有关的问题提出质询，通过各方认真讨论后，逐一做出决定并详细记录。对于图纸会审中所提出的问题和合理建议，如需变更设计或作补充设计时，应办理设计变更签证手续。未经设计单位同意，施工单位不得随意修改设计。

明确施工任务之后，还必须充分研究施工条件和有关工程资料，如施工现场"三通一平"条件；劳动力和主要建筑材料、构件、加工品的供应条件；施工机械和模具的供应条件；施工现场地质、水文补充勘察资料；现行施工技术规范以及施工组织设计和上级主管部门对该单位工程施工所做的有关规定和指示等。只有这样，才能制定出一个符合客观实际情况、施工可行、技术先进和经济合理的施工方案。

2）确定施工程序 施工程序是指单位工程中各分部工程或施工阶段施工的先后次序及其制约关系。工程施工除受自然条件和物质条件等的制约，同时它在不同阶段的不同施工过程必须按照其客观存在的、不可违背的先后次序渐进地向前开展，它们之间既相互联系又不可替代，更不容许前后倒置或跳跃施工。在工程施工中，必须遵守先地下、后地上，先主体、后围护，先结构、后装饰，先土建、后设备的一般原则，结合具体工程的建筑结构特征、施工条件和建设要求，合理确定建筑物各楼层、各单元（跨）的施工顺序、施工段的划分，各主要施工过程的流水方向等。

（2）确定施工流程 施工流程是指单位工程在平面或空间上施工的部位及其展开方向。施工流程主要解决单个建筑物（构筑物）在空间上的按合理顺序施工的问题。对单层建筑应分区分段确定平面上的施工起点与流向；多层建筑除要考虑平面上的起点与流向外，还要考虑竖向上的起点与流向。施工流程涉及一系列施工活动的开展和进程，是施工组织中不可或缺的一环。

确定单位工程的施工流程时，应考虑以下几个方面。

1）建筑物的生产工艺流程或使用要求。如生产性建筑物中生产工艺流程上需先期投入使用的，需先施工。

2）建设单位对生产和使用的要求。

3）平面上各部分施工的繁简程度，如地下工程的深浅及地质复杂程度、设备安装工程的技术复杂程度等、工期较长的分部分项工程优先施工。

4）房屋高低层和高低跨，应从高低层或从高低跨并列处开始施工。例如，在高低层并列的多层建筑物中，应先施工层数多的区段；在高低跨并列的单层工业厂房结构安装时，应从高低跨并列处开始吊装。

5）施工现场条件和施工方案。施工现场场地大小、道路布置和施工方案所采用的施工方法和施工机械也是确定施工流程的主要因素。例如，土方工程施工时，边开挖边余土外运，则施工起点应定在远离道路的一端，由远及近地展开施工。

6）施工组织的分层分段。划分施工层、施工段的部位（如变形缝）也是决定施工流程应考虑的因素。

7）分部工程或施工阶段的特点及其相互关系。例如，基础工程选择的施工机械不同，其平面的施工流程则各异；主体结构工程在平面上的施工流程则无要求，从哪侧开始均可，但竖向施工一般应自下而上施工；装饰工程竖向的施工流程则比较复杂，室外装饰一般采用自上而下的施工流程，室内装饰分别有自上而下、自下而上、自中而下再自上而中三种施工流程。具体如下。

① 室内装饰工程自上而下的施工流程是指主体工程及屋面防水层完工后，从顶层往底层依次逐层向下进行。其施工流程又可分为水平向下和垂直向下两种，通常采用水平向下的施工流程，如图 2-3 所示。采用自上而下的优点是：可以使房屋主体结构完成后，有足够的沉降和收缩期，沉降变化趋向稳定，这样可保证屋面防水工程质量，不易产生屋面渗漏，也能保证室内装修质量，可以减少或避免各工作操作互相交叉，便于组织施工，有利于施工安全，而且也很方便楼层清理。其缺点是：不能与主体及屋面工程施工搭接，故总工期相应较长。

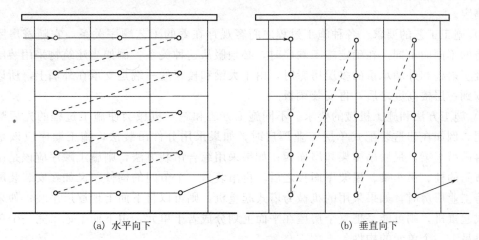

(a) 水平向下   (b) 垂直向下

图 2-3　自上而下的施工方向

② 室内装修自下而上的施工流程是指主体结构施工到三层及三层以上时（有两层楼板，以确保底层施工安全），室内装饰从底层开始逐层向上进行，一般与主体结构平行搭接施工。其施工流向又可分为水平向上和垂直向上两种，通常采用水平向上的施工流向，如图 2-4 所示。为了防止雨水或施工用水从上层楼板渗漏，而影响装修质量，应先做好上层楼板的面层，再进行本层顶棚、墙面、楼、地面的饰面施工。该方案的优点是：可以与主体结构平行搭接施工，从而缩短工期。其缺点是：同时施工的工序多、人员多、工序间交叉作业多，要采取必要的安全措施；材料供应集中，施工机具负担重，现场施工组织和管理比较复杂。因此，只有当工期紧迫时，才会考虑本方案。

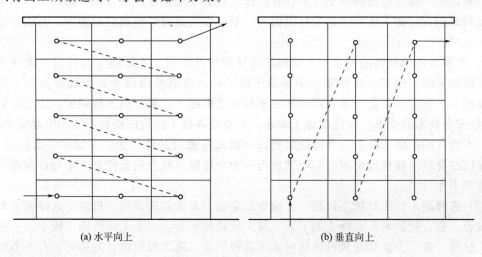

(a) 水平向上   (b) 垂直向上

图 2-4　自下而上的施工方向

③ 室内装饰工程自中而下再自上而中的施工流程，是指主体结构进行到中部后，室内装饰从中部开始向下进行，再从顶层向中部施工。它集前两者优点，适用于中、高层建筑的室内装饰工程施工。

分部工程或施工阶段关系密切时，一旦前面的施工流程确定后，就决定了后续施工过程的施工流程。例如，单层工业厂房的土方工程的施工流程就决定了柱基础施工过程、柱吊装施工过程的施工流程。

(3) 确定施工顺序　施工顺序是指分项工程或工序间施工的先后次序。根据以下六个方面来确定。

1) 施工工艺的要求　各种施工过程之间客观存在着的工艺顺序关系，它随着房屋结构和构造的不同而不同。在确定施工顺序时，必须服从这种关系。例如当建筑物采用装配式钢筋混凝土内柱和外墙承重的多层房屋时，由于大梁和楼板的一端是支承在外墙上，所以应先把墙砌到一层楼高度之后，再安装梁板。

2) 施工方法和施工机械的要求　不同施工方法和施工机械会使施工过程的先后顺序有所不同。例如在建造装配式单层工业厂房时，如果采用分件吊装法，施工顺序应该是先吊柱，再吊吊车梁，最后吊屋架和屋面板；如果采用综合吊装方法，则施工顺序应该是吊装完一个节间的柱、吊车梁、屋架屋面板之后，再吊装另一个节间的构件。又如在安装装配式多层多跨工业厂房时，如果采用的机械为塔式起重机，则可以自下而上地逐层吊装；如果采用桅杆式起重机，则可能是把整个房屋在平面上划分成若干单元，由下而上地吊完一个单元构件，再吊下一个单元的构件。

3) 施工组织的要求　除施工工艺、机械设备等的要求外，施工组织也会引起施工过程先后顺序的不同。例如，地下室的混凝土地坪，可以在地下室的上层楼板铺设以前施工，也可以在上层楼板铺设以后施工。但从施工组织的角度来看，前一方案比较合理，因为它便于利用安装楼板的起重机向地下室运送混凝土。又如在建造某些重型车间时，由于这种车间内通常都有较大较深的设备基础，如先建造厂房，然后再建造设备基础，在设备基础挖土时可能破坏厂房的柱基础，在这种情况下，必须先进行设备基础的施工，然后再进行厂房柱基础的施工，或者两者同时施工。

4) 施工质量的要求　施工过程的先后顺序会直接影响到工程质量。例如，基础的回填土，特别是从一侧进行的回填土，必须在砌体达到必要的强度以后才能开始，否则砌体的质量会受到影响。又如工业厂房的卷材屋面，一般应在天窗嵌好玻璃之后铺设，否则，卷材容易受到损坏。

5) 工程所在地气候的要求　不同地区的气候特点不同，安排施工过程应考虑到气候特点对工程的影响。例如，在华东、中南地区施工时，应当考虑雨季施工的特点。土方、砌墙、屋面等工程应当尽量安排在雨季和冬季到来之前施工，而室内工程则可以适当推后。

6) 安全技术的要求　合理的施工顺序，必须使各施工过程的搭接不至于引起安全事故。例如，不能在同一施工段上一面铺屋面板，一面又在进行其他作业。又如多层房屋施工时，只有在已经有层间楼板或坚固的临时铺板把一个个楼层分隔开的条件下，才允许同时在各个楼层展开工作。

(4) 选择施工方法和施工机械　正确地拟定施工方法和选择施工机械是选择施工方案的核心内容，它直接影响工程施工的工期、施工质量和安全，以及工程的施工成本。一个工程的施工过程、施工方法和建筑机械均可采用多种形式。施工组织设计就是要在若干个可行方案中选取适合客观实际的较先进合理又最经济的施工方案。

1) 确定施工方法的重点　施工方法的选择，对常规做法和工人熟悉的项目，则不必详细拟定，可只提具体要求。但对影响整个单位工程的分部分项工程，如工程量大、施工技术复杂或采用新技术、新工艺及对工程质量起关键作用的分部分项工程应着重考虑。

2) 主要分部工程施工方法要点　在施工组织设计中明确施工方法主要是指经过决策选择采纳的施工方法，比如降水采用轻型井点降水还是井点降水，护坡采用护坡桩还是桩锚组合护坡或喷锚护坡，墙柱模板采用木模板还是钢模板，是整体式大模板还是组拼式模板，模板的支撑体系如何选用，电梯井筒、雨篷阳台、门窗洞口、预留洞模板采用何种形式，钢筋连接形式如何，钢筋加工方式、钢筋保护层厚度要求及控制措施，混凝土浇筑方式，商品混凝土的试配，拆模强度控制要求、养护方法、试块的制作管理方法等。这些施工方法应该与工程实际紧密结合，能够指导施工。

① 土方工程。

a. 确定基坑、基槽、土方开挖方法、工作面宽度、放坡坡度、土壁支撑形式，所需人工、机械的数量。

b. 余土外运方法，所需机械的型号和数量。

c. 地下、地表水的排水方式，排水沟、集水井、井点的布置，所需设备的型号和数量。

② 基础工程。

a. 桩基础施工中应根据桩型及工期，选择所需机具型号和数量。

b. 浅基础施工中应根据垫层、承台、基础的施工要点，选择所需机械的型号和数量。

c. 地下室施工中应根据防水要求，留置、处理施工缝，大体积混凝土的浇筑要点、模板及支撑要求选择所需机具型号和数量。

③ 砌筑工程。

a. 砌筑工程中根据砌体的砌筑方式、砌筑方法及质量要求，进行弹线、立皮数杆、标高控制和轴线引测。

b. 选择砌筑工程中所需机具型号和数量。

④ 钢筋混凝土工程。

a. 确定模板类型及支模方法，进行模板支撑设计。

b. 确定钢筋的加工、绑扎、焊接方法，选择所需机具型号和数量。

c. 确定混凝土的搅拌、运输、浇注、振捣、养护、施工缝的留置和处理，选择所需机具型号和数量。

d. 确定预应力钢筋混凝土的施工方法，选择所需机具型号和数量。

⑤ 结构吊装工程。

a. 确定构件的预制、运输及堆放要求，选择所需机具型号和数量。

b. 确定构件的吊装方法，选择所需机具型号和数量。

⑥ 屋面工程。

a. 确定屋面工程防水层的做法、施工方法、选择所需机具型号和数量。

b. 确定屋面工程施工中所用材料及运输方式。

⑦ 装修工程。

a. 室内外装修工艺的确定。

b. 确定工艺流程和流水施工的安排。

c. 装修材料的场内运输，减少二次搬运的措施。

⑧ 现场垂直运输、水平运输及脚手架等搭设。

a. 确定垂直运输及水平运输方式、布置位置、开行路线，选择垂直运输及水平运输机具型号和数量。

b. 根据不同建筑类型，确定脚手架所用材料、搭设方法及安全网的挂设方法。

⑨ 特殊项目。

a. 对四新项目，高耸、大跨、重型构件，水下、深基础、软弱地基及冬期施工项目均应单独编制。单独编制的内容包括：工程平、立、剖面示意图、工程量、施工方法、工艺流程、劳动组织、施工进度、技术要求与质量、安全措施、材料、构件、机具设备需要量。

b. 大型土方工程、桩基工程、构件吊装等，均需确定单项施工方法与技术组织措施。

3）施工机械的选择　选择施工方法必然涉及施工机械的选择。工程施工中机械的使用直接影响到工程施工效率、质量及成本，机械化施工还是改变建筑工业生产落后面貌，实现建筑工业化的基础，因此施工机械的选择是施工方法选择的中心环节，在选择是时应注意以下几点。

① 首先选择主导工程的施工机械，如地下工程的土方机械，主体结构工程的垂直、水平运输机械，结构吊装工程的起重机械等。

② 各种辅助机械或运输工具应与主导机械的生产能力协调配套，以充分发挥主导机械效率。如土方工程在采用汽车运土时，汽车的载重量应为挖土机斗容量的整数倍，汽车的数量应保证挖土机连续工作。

③ 在同一工地上，应力求建筑机械的种类和型号尽可能少一些，以利于机械管理。

④ 机械选择应考虑充分发挥施工单位现有机械的能力，当本单位的机械能力不能满足工程需要时，则应购置或租赁所需新型机械或多用机械。

2.2.2.2　单位工程的施工方案编制示例

根据已知新建部件变电室图纸（参见附录 1.1）、施工现场条件、规范、标准、操作规程等编制。

根据本工程特点和施工条件，划分为四个施工阶段，即基础、主体阶段、屋面阶段及装修阶段。施工起点流向程序：遵循先地下后地上、先主体后围护、先结构后装潢、先土建后设备安装的原则进行施工。

（1）定位放线

1）本工程定位放线根据建设单位提供的定位放线图和已知坐标控制点进行定位。建筑物四周设置轴线控制桩，水泥捂牢。

2）现场水准点由永久水准点引入，共设置三个水准点（通视须良好），水准点设置在固定建筑物上。

3）工程定位后，距基坑 1.5m 设置轴线桩，经建设单位和规划部门验收合格后方可施工。

4）基础施工阶段标高测量方法：在土方开挖期间，对于标高的测定，采用专人负责，在接近基底时，将标高点引到基坑内，作为基础施工阶段垫层浇筑、支基础模板的依据。

5）上部结构标高测法：±0.000 以上的标高测法，主要是用钢尺向上竖直测量，在四周共设四处引测点，以便于相互校验。其施测要点如下。

① 起始标高线用水准仪根据水准点引测，必须保证精度；

② 由 ±0.00 水平线向上量高差时，钢尺必须是合格品；

③ 观测时，采用等距离法。

（2）基础工程

施工顺序：建筑定位→放线→开挖→（基坑支护）→垫层→墙基→GZ 及 DQL→回填土。

1）土方工程

① 土方开挖。

a. 放坡系数 1：0.33。土方开挖阶段须考虑雨天对基础施工的影响。施工中防止地基暴露时间长及地面水流入槽内，影响边坡塌方及地基持力层。

b. 分两个施工段，采用人工开挖。在土方开挖过程中严格控制，不超深（预留 20cm 人工精修）、不欠挖。在槽外侧围以土堤并开挖水沟，防止地面水流入。基槽开挖完成后，按规定进行钎探，使基底标高和土质满足设计要求，做到及时验槽浇筑垫层混凝土。

② 土方回填。

a. 回填土前应将基础两边基槽内和房心的垃圾、杂物清净，同时清出松散物，回填由基础底面开始。

b. 回填土采用土质良好、无有机杂质的黏土，控制好回填土的含水量，以免产生"橡皮土"现象。

c. 土方回填时，两边同时分层回填，用蛙式打夯机分层压实（土块粒径不大于 5cm，每层厚度不大于 200mm），每层都按规定取样做干密度试验，以确保其密实度达到设计或施工质量验收规范的要求。

土方分项工程质量控制程序见附录 4 中附表 4.1。

2）模板工程（垫层、构造柱、地圈梁）

基础模板采用定型组合木模板（垫层采用组合钢模板），模板对缝严密，无漏浆，支撑应牢固，无松动、位移、跑模现象。

3）钢筋工程（构造柱、地圈梁）

① 本工程所用钢筋均由项目部技术员开出规格。必须经复核无误后方可加工制作。

② 所有进场钢筋必须有出厂合格证且经复试合格后方可使用。

③ 进场钢筋要合理计划，存放期不宜过长，且应架空有序堆放，防止锈蚀。

④ 技术人员开出规格及班组施工绑扎时，必须注意满足规范及图纸中对接头位置、搭接及锚固长度等质量要求。

⑤ 构造柱伸入基础的插盘其下部应固定牢。

⑥ 钢筋绑扎时，钢筋保护层应采用 1：2 水泥砂浆（或 C20 细石混凝土）预制块支垫，严禁使用石子支垫钢筋。

⑦ 钢筋绑扎成型后，安排专人负责，做好成品保护。

⑧ 钢筋隐蔽前必须经建设单位、质检部门、监理单位等检查验收，合格后方可浇筑混凝土。

4）混凝土工程

① 混凝土由商品混凝土搅拌站供应，须有出厂合格证和复试合格报告（水泥、砂、碎石、外加剂等）。

② 混凝土宜分层连续浇筑完成，每浇筑完，表面原浆抹平。

③ 用插入式振捣器应快插慢拔，插入点应均匀排列，逐点移动，顺序进行，不得遗漏，做到振捣密实，移动间距不大于振捣棒作用半径的 1.5 倍，振捣上一层时，应插入下层 5cm，以消除两层间的接缝。

④ 构造柱插筋要加以固定，保证插筋位置的正确，防止浇捣混凝土时发生位移。

⑤ 混凝土浇筑完毕，外露表面应适时覆盖洒水养护。

5）砖基础工程

① 砖进场前应有出厂合格证，并经复试合格后方可进场交付使用。

② 所用砖必须提前 1～2 天浇水湿润，确保砌筑质量。

③ 砌筑砂浆采用重量配合比，计量要准确，试块按规定留置，隔夜砂浆不得使用。

④ 砌筑时采用"三一"砌砖法，组砌形式宜一顺一丁，要求双面挂线砌筑。

⑤ 临时间断处应砌成斜槎，不得留直槎。

⑥ 构造柱处宜砌筑成马牙槎，先退后进。退出尺寸为 6cm，墙内应预埋 2φ6@500 拉结筋，长度应符合规范要求。

⑦ 水平灰缝及竖向灰缝的宽度应控制在 10mm 左右，最小不得小于 8mm，最大不得超过 12mm，水平灰缝的砂浆饱满度不得小于 80%。

⑧ 砖基础中的洞口，于砌筑时正确留出或预埋，洞宽度超过 300mm 时设置过梁。

⑨ 砌基础时，应检查和注意基槽土质变化情况，有无崩裂现象；堆放材料应离坑边 1m 以上。

⑩ 基础施工完毕，经有关部门验收合格后，应及时回填。回填土应在基础两侧同时进行并分层夯实。

（3）主体工程

施工顺序：轴线、标高传递→砌筑墙体（矩形柱、构造柱)→屋面现浇板混凝土施工。

1）砌体工程

① 施工工艺及措施。

砖墙的砌筑工艺：抄平、放线→立皮数杆→铺灰砌砖→修缝、清理等。

a. 抄平、放线：为保证建筑物平面尺寸正确及各层标高的正确，砌筑前应认真抄平、放线，标高引至 DQL 侧边上，先放出墙轴线，再根据轴线放出砌墙轮廓及门洞口位置。

b. 砌体施工中做到无皮数杆不施工，皮数杆间距为 15～20m，转角处均应设置，砌砖前应先对皮数杆进行预检。

c. 墙体砌筑时严格按照施工操作规程及设计要求施工，做好技术交底，砌体用砖提前浇水湿润，严禁干砖上墙，以确保砌筑及粉刷质量。

d. 砌筑砂浆采用重量配合比，计量准确，试块按规定留置。砂浆应随伴随用，水泥混合砂浆须在拌成 4h 内使用完毕，隔夜砂浆不得使用。

e. 木砖的尺寸符合要求，数量足够，并做防腐处理。

f. 构造柱处墙体砌成凸凹槎，槎深为 60mm，高度为 5 皮砖，从底部先退后进，并按规范要求设置拉结筋。

g. 砖砌体的转角处和交接处尽量同时砌筑，如在转角处砌筑确有困难时考虑留斜槎，斜槎底长不小于高度的 2/3，槎子须平直通顺；隔墙与墙交接处留斜槎确有困难时可留直槎，且为阳槎，并加设拉结筋，拉结筋的数量为每 120mm 厚墙加根 φ6 钢筋，间距沿墙高不超过 500mm，埋入深度从墙的留槎处算起大于 500mm，外露长度大于 500mm，末端成 90°弯钩。接槎时，将接槎处的表面清理干净，浇水湿润，并填实砂浆，保证灰缝顺直。

h. 在操作过程中，要认真进行自检，如出现偏差，应随时纠正，严禁事后砸墙。

② 成品保护。

a. 砂浆稠度应适宜，砌墙时应防止砂浆溅脏墙面。

b. 墙体拉结钢筋、抗震构造柱钢筋及各种预埋件、水电管线等，均应注意保护，不得任意拆改或损坏。

c. 基础墙两侧的回填土，应同时进行，防止回填土将墙挤歪、挤裂。

d. 屋面现浇板未施工，若可能遇大风时，应采取临时支撑等措施，以保证施工中的稳定性。

e. 构造柱支模过程中应单独考虑支架、支撑，保证稳定，不得利用砖墙顶支加固而引起墙体移动、开裂等。

f. 雨天施工收工时，应覆盖砌体表面。

砌体分项工程质量控制程序见附录 4 中的附表 4.6。

2）模板工程

① 本工程采用九夹板，现浇板用直径 48mm 普通钢管支撑的方案。对油质类等影响结构或妨碍装饰工程施工的隔离剂不得采用，钢筋及混凝土接搓处及时清理，不使隔离剂沾污。

② 在模板工程中，模板应支撑牢固，并严格控制标高、轴线位置、截面几何尺寸，达到准确无误，消除爆模、轴线位移等质量问题。

③ 柱模安装顺序：搭设安装架子→木模拼装→安装上下端柱箍→检查对角线、垂直度和位置→中间各柱箍安装→全面检查校正→群体固定。

④ 梁板模板的支撑体系：间距 1m，横楞间距 500mm，水平杆间距 1.8m。

⑤ 当梁长 $L>4m$ 时，按梁跨度的 1‰～3‰起拱。

⑥ 现浇板施工时注意到模板的平整度、梁板交接处接缝的严密性。

⑦ 底模板拆除。

a. 除了非承重侧模应以能保证混凝土表面及棱角不受损坏时（大于 $1.2N/mm^2$）方可拆除外，承重模板按《混凝土结构工程施工质量验收规范》（GB 50204—2015）的有关规定执行并留设拆模试块。

b. 模板拆除的顺序和方法：按照模板设计的规定进行，遵循先支后拆、后支先拆、先非承重部位和后承重部位以及自上而下的原则，拆模时，严禁用大锤和撬棍硬砸硬撬。拆除的模板等配件，严禁抛扔，要有人接应传递，按指定地点堆放。并做到及时清理、维修和涂刷好隔离剂，以备待用。

模板分项工程质量控制程序见附录 4 中附表 4.2。

3）钢筋工程

① 所有进场钢筋均有出厂质量证明和试验报告单，并按批分类架空堆放整齐，避免锈蚀和油污，应有覆盖防雨水措施。

② 本工程所用全部钢筋均由现场加工制作，工地技术员校核下料尺寸、规格后，方可加工。Ⅰ级钢筋末端均应做 180°弯钩。Ⅱ级钢筋做 90°、135°弯钩时，其弯曲直径 D 不小于钢筋直径 d 的 4 倍。箍筋均做 135°弯钩，平直部分为钢筋直径的 10 倍。

③ 进场钢筋合理计划，随用随进，不合格钢筋决不进场。

④ 钢筋的绑扎应符合下列规定。

a. 钢筋的交叉点都应绑扎牢。

b. 板钢筋网，除靠近外围两行钢筋的相交点全部扎牢外，中间部分的相交点可相隔交错扎牢，但必须保证受力钢筋不位移。双向受力的钢筋须将所有相交点全部扎牢。

c. 梁和柱的箍筋，除设计有特殊要求外，应与受力钢筋保持垂直；箍筋弯钩叠合处，应沿受力钢筋方向错开放置。此外，梁的箍筋弯钩应尽量放在受压处。

d. 现浇板钢筋绑扎成型后，浇筑混凝土时，应在木马凳上铺木跳板运输混凝土，以免压偏负弯矩筋。板负筋、悬臂构件钢筋严禁上筋下踏。

e. 梁中水平钢筋接头采用闪光对焊，按规定制作试件，试件经试验合格后正式施焊于结构。

f. 混凝土浇筑前必须组织有关人员对所有钢筋进行检查，严格把关，并报请甲方、监理工程师验收确认，同时及时办理隐蔽工程验收手续。

钢筋绑扎和焊接分项工程质量控制程序分别见附录 4 中的附表 4.3、附表 4.4。

4）混凝土工程

① 混凝土采用商品混凝土搅拌站机械搅拌并运至工程现场、机械振捣的方法施工，柱采用插入式振捣振实，现浇梁板采用插入式振捣棒结合平板振捣器振实，使混凝土达到无蜂窝、麻面、漏筋等现象。

② 混凝土运输：采用提升井架，水平运输用人力灰斗车。因为混凝土已运至在现场，运输距离短，不会产生离析，但是混凝土应避免在运输过程中存放时间太长，水平运输架设专用通道，严禁车子和人走在钢筋、模板或新浇混凝土上。

③ 混凝土浇筑。

a. 浇筑混凝土前，对模板及支架、钢筋和预埋件进行检查；对模板内的杂物和钢筋上的油污等清理干净；对模板的缝隙和孔洞予以堵严；对木模板浇水湿润，并无积水。要求木工、钢筋工在混凝土施工过程中跟班检查，随时处理浇筑过程中出现的支架松动、模板变形、钢筋位移等问题。

b. 在浇筑构造柱混凝土时，先在底部填以 50mm 厚与混凝土内砂浆成分相同的水泥砂浆作引浆；浇筑过程中发现有离析现象，及时进行二次搅拌。

c. 混凝土施工缝的留置在浇筑前确定，并留置在结构受剪力较小且便于施工的部位，主梁、悬挑梁不留施工缝，次梁梯板设在跨中 1/3 区内，且为垂直缝。现浇板连续浇筑不留施工缝。施工缝按规范要求处理。

d. 混凝土应分层浇灌，分层振捣，用插入式振捣器每层厚度以 40～50cm 为宜，用平板振捣器时每层厚度以小于 20cm 为宜，振捣点应落点有序，振捣充分又不过振，严防漏振或蜂窝麻面。

④ 混凝土养护：混凝土浇筑后及时进行"一养三防"（即浇水养护、防冻、防雨、防暴晒），新浇混凝土上面及刚拆模混凝土应用麻袋覆盖或包裹养护，以提高混凝土强度，混凝土养护设专人，分班定时养护，现场设养护水池，停水时采用潜水泵抽水养护，养护时间不小于 14d。新浇混凝土在强度未达到规范要求（1.2MPa）前不得在其上踩踏和施工。

混凝土分项工程质量控制程序见附录 4 中附表 4.5。

（4）屋面工程

施工顺序为：钢筋混凝土屋面板表面清扫干净→20 厚 1：3 水泥砂浆找平层→洒细砂一层，再干铺纸胎油毡一层→40 厚 C20 细石混凝土内配 φ4@150 双向钢筋，粉平压光。

1）找平层

工艺流程：清理基层→找标高、弹线分格→做灰饼、嵌分格条→素水泥浆→铺设找平层→刮平抹压→养护→检查验收。

① 做灰饼、嵌分格条：用水泥砂浆做成间距 1.5m 的冲筋，厚度与找平层相同。分格条用刨光的楔形木条上口宽 25mm，下口宽 20mm。

② 铺设找平层前基层适当洒水湿润，于铺浆前 1h 在混凝土构件面刷素水泥浆一道，使找平层与基层牢固结合。

③ 铺设找平层。

a. 严格按规定配合比计量搅拌，随伴随用，并在 3h 内用完。

b. 不留施工缝，砂浆的稠度控制在 7cm 左右。

④ 刮平抹压。

a. 先用木抹子在表面搓压提浆，并检查平整度。

b. 当开始初凝（即人踏上去有脚印但不下陷）时，用钢抹子压第二遍，不得漏压，把凹坑、死角、砂眼抹平。

c. 在水泥终凝前进行第三次压实收光，以减少收缩裂缝。终凝前要轻轻取出分格木条。

⑤ 养护：找平层施工完成后 12h 左右覆盖和洒水养护，严禁上人，养护期 7 天。

2）干铺纸胎油毡层

① 注意细砂洒铺时的均匀性，砂的含水率应符合要求。

② 油毡层卷入女儿墙的长度、油毡搭接长度均须满足规范要求。

3）刚防层

工艺流程：分格弹线→设置分格缝木条→绑扎钢筋→铺下层混凝土→铺上层混凝土→平仓→振捣→滚压→光面→二次压光→三次压光→起分格条→嵌修分格缝→养护→嵌填密封材料。

① 分格缝分格面积 36m²，6m×6m 设置。

② 绑扎钢筋：钢筋网片进行绑扎，绑扎钢筋端头做成弯钩搭接长度>30d，绑扎钢筋的铁丝弯至主筋下；钢筋网片的位置处于刚防层的中部偏上，但保护层厚度控制在 10mm 以外；钢筋在分格缝处断开。

③ C20 细石混凝土：采用商品混凝土搅拌站供应的混凝土；一个分格缝内的混凝土必须一次浇筑完成，不得留置施工缝；铺设混凝土时边铺边提钢筋网片，使其处于中部偏上的位置；采用平板振捣器振捣，捣实后用铁滚筒十字交叉地来回滚压 5～6 遍，直到混凝土表面泛浆为止；混凝土振捣、滚压泛浆后，用木抹子按设计要求的厚度刮平压实，使表面平整，在浇捣过程中，随时用 2m 直尺检查、刮平；混凝土初凝、收水后，用铁抹子进行第二次压光，剔除露出的活动石子，同时取出分格条，及时用 1：2 水泥砂浆修补好缺口，使分格缝平直；终凝前，用铁抹子进行第三次收光，收光时不得在表面洒水、撒水泥或水泥浆；终凝后，在浇筑后 12h 采用浇水养护，养护时间 14d，养护期间严禁上人踩踏。

④ 嵌修分格缝：在混凝土干燥并达到设计强度后，用油膏对分格缝进行嵌修；采用热灌法嵌修的方法，嵌修应仔细，做到不漏填，不多填，均匀饱满。

屋面防水工程质量控制程序见附录 4 中的附表 4.8。

（5）装饰工程

1）内外墙装饰工程：内外装修顺序自上而下进行，外墙抹灰与面层外墙两道工序连续进行，以便合理利用外架。装修阶段，垂直运输采用井字架，运输砂浆等装饰材料，室内水平运输采用手推车。

2）室内粉刷

① 室内抹灰先顶棚后墙面，墙面抹灰前洒水湿润，顶棚抹底前先在墙顶弹线（以墙上+50线为准，113cm 计算），按弹的线拉水平线贴饼，再抹灰，以保证其平整度。

室内一般抹灰分项工程质量控制程序见附录 4 中的附表 4.7。

② 内装修主要施工工序为：放线→立门窗口→贴饼子→冲筋→门窗口护角→门窗口塞缝→顶棚抹灰→内墙面抹灰→地面→安装门窗扇→批刷涂料。

③ 所在内墙的门、窗均做 1：2 水泥砂浆门窗套，内墙阳角做 1：2 水泥砂浆护角，高 1.8m。

3）涂料施工

① 基层要求：基层表面必须坚固和无酥松、脱皮、起壳、粉化等现象；基层表面的泥土、灰尘、油污等杂物脏迹也必须清洗干净，粉化物必须铲除；基层必须干燥，含水率不得大于 10％，基层要平整，但不能太光滑，孔洞和不必要的沟槽应进行补修，基层表面的垂直度、平整度、强度符合施工质量要求。

② 批嵌腻子：对处理好的基层表面，用腻子批嵌两遍，使整个墙面平整光洁。第一遍用稠腻子嵌缝洞，第二遍用材性相溶腻子找平大面，然后用 0～2 号砂纸打磨，清除表面浮灰。

③ 涂刷：涂刷前，将不需涂刷的部位，用塑料布完全遮挡好，以免破坏或弄污，然后检查涂料色彩，同一墙面应用同一批号的涂料，如几桶涂料中涂料有差别，应将涂料倒入大桶中搅拌均匀，再用刷涂方法进行施工；刷涂时使用排笔，先刷门窗口，然后竖向、横向涂刷的接头、流平性要好。每遍涂料不宜施涂过厚，涂层应均匀，颜色应一致。

4）外墙装饰

工艺流程：外墙板竖横缝处理→墙面清理粉尘、污垢→浇水湿润墙面→吊垂直找方抹灰饼充筋找规矩→抹底灰→粘分格条（先弹线）→抹面层水泥砂浆→刷外墙涂料。

① 基层处理：将墙面上残余砂浆、污垢、灰尘等，清理干净，并用水浇灌，将砖缝中的尘土冲掉，并将墙面湿润。

② 吊垂直、套方、找规矩，按墙上已弹的基准，分别在洞口、垛、墙面等处吊垂直、套方、抹灰饼，并按灰饼充筋。

③ 抹底层砂浆，应分层分遍与所抹筋齐平，并用大尺杆刮平找直，木抹子挫毛。

④ 底层砂浆抹好后，第二天即可抹面层砂浆，首先应将墙面泅涮湿，按图纸尺寸弹分格线，然后依次粘分格条、滴水线、抹面层砂浆。

⑤ 对抹灰工序的安排是先从上往下打底，底灰抹完后，架子再上去，再从上往下抹面层砂浆，应注意先检查底层灰是否有空裂现象，如有空裂现象应剔凿反修后再做面层；无论内外粉底层冲筋贴饼处，在底层做完经检查合格后，剔掉筋、饼，用与底灰同样标号砂浆抹灰，以防抹灰面空裂。

5）油漆工程

工艺流程：基层处理→刮腻子→刷第一遍油漆（除锈漆）→刮腻子→磨砂纸→第二遍油漆→磨砂纸→刷最后一遍调和漆（海蓝色）。

① 基层处理：清扫、除锈、磨砂纸。首先将基层表面上浮土、灰浆等打扫干净。基层表面的砂眼、凹坑、缺棱、拼缝等处，用腻子刮抹平整重量配合比为石膏粉 20、熟桐油 5、油性腻子或醇酸腻子 10、底漆 7，水适量。腻子要调成不软、不硬、不出蜂窝，挑丝不倒为宜，待腻子干透后，用 1 号砂纸打磨，磨完砂纸后用湿布将表面上的粉末擦干净。

② 刮腻子：用刮板在基层表面上满刮一遍腻子（配合比同上），要求刮得薄，收得干净，均匀平整无飞刺。等腻子干透后，用 1 号砂纸打磨，注意保护棱角，要求达到表面光滑、线角平直、整齐一致。

③ 刷第一遍油漆：经过搅拌后过箩，秋季宜加适量催干剂。油的稠度以达到盖底、不流淌、不显刷痕为宜，厚薄要均匀一致，刷纹必须通顺。

④ 抹腻子：待油漆干透后，对于底腻子收缩或残缺处，再用腻子补抹一次，要求与做法同前。

⑤ 磨砂纸：待腻子干透后，用 1 号砂纸打磨，要求同前。磨好后用湿布将磨下的粉末擦净。

⑥ 刷第二遍油漆：同前。

⑦ 磨砂纸用 1 号砂纸轻磨一遍，方法同前，但注意不要把底漆磨穿，要保护棱角。磨好砂纸应打扫干净，用湿布将磨下的粉末擦干净。

⑧ 最后一遍漆：刷油方法同前。但由于调和漆黏度较大，涂刷时要多刷多理，刷油要饱满、不流不坠、光亮均匀、色泽一致。

6）散水施工方法

提前预制沥青砂浆条，条的厚度为 20mm，高度同散水厚、长度同散水宽。施工中按图纸要求，在散水变形缝的位置拉线，外边线仍用木板支模，靠墙身及分格线位置均固定沥青砂浆条。浇灌散水混凝土时，随打随抹，适时养护，待混凝土强度达 1.2MPa 后，用钢制烙子烫熨沥青条，要求缝隙深浅一致，交角平顺，采用这种方法即保证了工程质量，杜绝了木条起不干净、碰坏混凝土边角以及污染墙面等问题，又缩短了施工周期，能取得较好的经济效益，有利于文明施工。

7）地面工程

① 水泥地面：素土夯实→碎石夯实→C20 混凝土；基土：机械夯实，先夯外围，后夯中间，不得漏夯。夯实后压实系数不得低于 0.9；碎石垫层：摊铺应均匀，表面空隙以粒径 5～25mm 的细石子填补，级配良好；采用平板振动器压实，压实前洒水时控制含水率 15％～20％，振动器往复振动至表面平整砂石不再松动为止，碾压至少三遍；混凝土面层：采用商品混凝土，平板振动器振捣，不设施工缝，要做到面层与基层的结合牢固、无空鼓、表面洁净，无裂纹、脱皮、麻面和起砂等现象。

② 卵石地面：素土夯实→C20 混凝土→粒径 50～80mm 卵石；铺设卵石：铺设厚度要均匀，不得有杂质。

（6）门窗工程

1）门窗现场堆放应注意垫平，防止变形。

2）金属门。

① 油漆同油漆工程。

② M-1 制作时注意门下口与地面间的缝隙，满足施工验收规范要求。

③ 塑钢窗的施工按标准图窗框的外尺寸宽和高都比窗口小于 50mm 进行施工，安装前先检查洞口尺寸和位置，以满足窗框安装对窗口尺寸要求。外墙装饰完成，室内墙面抹完底灰后，开始安装窗框。窗膀护角水泥砂浆分两次抹完，第一次抹 8mm，抹完后框外缝隙为 17mm，待砂浆有一定强度后，安装窗框。先用木楔和检测工具调整窗的位置、水平度、垂直度，当三者都满足要求后，将窗框用木楔临时固定，再安装连接板正式固定。固定后，抹第二次水泥砂浆，厚为 10mm，将连接板盖住，此次抹完，框与抹灰面的缝隙为 7mm 左右，但填密封膏的槽口宽度应小于 5mm，以节约密封膏。待第二次砂浆达到一定强度将木楔拔出，并在窗框周围填矿棉或玻璃毡条。窗的位置偏差：上下各层窗的相对垂直错位小于 20mm，每层的框底标高与基准线的高差小于 5mm，每扇窗的水平度与垂直度满足验收规

范要求。

2.3　如何绘制单位工程施工进度计划及示例

编制施工进度计划，首先要把工程施工过程进行划分，也就是要清楚工程施工时的先后顺序，列出各个分部工程及分部工程中的分项工程，原则上只要列出占据关键线路上的分项工程即可；其次先要编制各个分部工程施工进度计划，然后进行整合即为整个工程的进度计划。在编制分部工程施工进度计划时要做到以下几点。

① 在工程预算书中找出与分项工程相对应的工程量。
② 计算劳动量，得出分项工程具体的施工天数。
③ 根据工程作业条件、工程量，确定施工段。
④ 计算流水节拍和流水步距。
⑤ 计算分部工程工期。
⑥ 绘制分部工程施工进度计划横道图和网络计划图。

2.3.1　如何绘制单位工程施工进度计划

2.3.1.1　单位工程施工进度计划的作用及分类

（1）单位工程施工进度计划的作用　单位工程施工进度计划是施工组织设计的重要内容，它的主要作用是：确定各分部分项工程的施工时间及其相互之间的衔接、穿插、平行搭接、协作配合等关系；确定所需的劳动力、机械、材料等资源量；指导现场的施工安排，确保施工任务的如期完成。

（2）单位工程施工进度计划的分类　单位工程施工进度计划根据工程规模的大小、结构的复杂难易程度、工期长短、资源供应情况等因素考虑，根据其作用，一般可分为控制性和指导性进度计划两类。控制性进度计划按分部工程来划分施工过程，控制各分部工程的施工时间及其相互搭接配合关系。它主要适用于工程结构较复杂，规模较大、工期较长而需跨年度施工的工程（如宾馆体育场、火车站候车大楼等大型公共建筑），还适用虽然工程规模不大或结构不复杂但各种资源（劳动力、机械、材料等）不落实的情况，以及由于建筑结构等可能变化的情况。指导性进度计划按分项工程或施工工序来划分施工过程，具体确定各施工过程的施工时间及其相互搭接、配合关系。它适用于任务具体而明确、施工条件基本落实、各项资源供应正常、施工工期不太长的工程。

2.3.1.2　单位工程施工进度计划的编制依据

① 经过审批的建筑总平面图及单位工程全套施工图以及地质、地形图、工艺设置图、设备及其基础图、采用的标准图等图纸及技术资料。
② 施工组织总设计对本单位工程的有关规定。
③ 施工工期要求及开、竣工日期。
④ 施工条件、劳动力、材料、构件及机械的供应条件、分包单位的情况等。
⑤ 确定的重要分部分项工程的施工方案，包括确定施工顺序、划分施工段、确定施工起点流向、施工方法、质量及安全措施等。
⑥ 劳动定额及机械台班定额。
⑦ 其他有关要求和资料，如工程合同等。

2.3.1.3 施工进度计划的表示方法

通常用横道图和网络图两种方式表示。横道图表示见表 2-7。

表 2-7 横道图

序号	分部分项工程名称	工程量		时间定额	劳动量		需用机械		每天工作班次	每班工人数	工作天数	施工进度						
		单位	数量		工种	数量/工日	机械名称	台班数				日			日			日
												10	20	30	10	20	30	10

2.3.1.4 单位工程施工进度计划的编制步骤及方法

（1）划分施工过程 在确定施工过程时，应注意以下几个问题。

① 施工过程划分的粗细程度，主要根据单位工程施工进度计划的客观作用。

② 施工过程的划分要结合所选择的施工方案。

③ 注意适当简化施工进度计划内容，避免工程项目划分过细、重点不突出。

④ 水暖电卫工程和设备安装工程通常由专业工作队伍负责施工。

⑤ 所有施工过程应大致按施工顺序先后排列，所采用的施工项目名称可参考现行定额手册上的项目名称。分部分项工程一览表见表 2-8。

表 2-8 分部分项工程一览表

项次	分部分项工程名称	项次	分部分项工程名称
一	地下室工程	5	壁板吊装
1	挖土	6	……
2	混凝土垫层		
3	地下室顶板		
4	回填土		
二	大模板主体结构工程		

（2）计算工程量 当确定了施工过程之后，应计算每个施工过程的工程量。工程量应根据施工图纸、工程量计算规则及相应的施工方法进行计算。实际就是按工程的几何形状进行计算。计算时应注意以下几个问题。

1）注意工程量的计量单位 每个施工过程的工程量的计量单位应与采用的施工定额的计量单位相一致。如模板工程以 m^2 为计量单位；绑扎钢筋以 t 为单位计算；混凝土以 m^3 为计量单位等。这样，在计算劳动量、材料消耗量及机械台班量时就可直接套用施工定额，不再进行换算。

2）注意采用的施工方法 计算工程量时，应与采用的施工方法相一致，以便计算的工程量与施工的实际情况相符合。例如：挖土时是否放坡，是否加工作面，坡度和工作面尺寸是多少；开挖方式是单独开挖、条形开挖，还是整片开挖等，不同的开挖方式，土方量相差是很大的。

3）正确取用预算文件中的工程量 如果编制单位工程施工进度计划时，已编制出预算文件（施工图预算或施工预算），则工程量可从预算文件中抄出并汇总。但是，施工进度计划中某些施工过程与预算文件的内容不同或有出入（如计量单位、计算规则、采用的定额等），则应根据施工实际情况加以修改、调整或重新计算。

（3）套用施工定额　确定了施工过程及其工程量之后，即可套用施工定额（当地实际采用的劳动定额及机械台班定额），以确定劳动量和机械台班量。

在套用国家或当地颁发的定额时，必须注意结合本单位工人的技术等级、实际操作水平，施工机械情况和施工现场条件等因素，确定定额的实际水平，使计算出来的劳动量、机械台班量符合实际需要。

有些采用新技术、新材料、新工艺或特殊施工方法的施工过程，定额中尚未编入，这时可参考类似施工过程的定额、经验资料，按实际情况确定。

（4）计算劳动量及机械台班量　根据工程量及确定采用的施工定额，即可进行劳动量及机械台班量的计算。

① 当某一施工过程是由两个或两个以上不同分项工程合并而成时，其总劳动量应按下式计算：

$$P_总 = \sum_{i=1}^{n} P_i = P_1 + P_2 + \cdots + P_n \tag{2-1}$$

② 当某一施工过程是由同一工种、但不同做法、不同材料的若干个分项工程合并组成时，应先按式(2-2)计算其综合产量定额，再求其劳动量。

$$\overline{S} = \frac{\sum\limits_{i=1}^{n} Q_i}{\sum\limits_{i=1}^{n} P_i} = \frac{Q_1 + Q_2 + \cdots + Q_n}{P_1 + P_2 + \cdots + P_n} = \frac{Q_1 + Q_2 + \cdots + Q_n}{\dfrac{Q_1}{S_1} + \dfrac{Q_2}{S_2} + \cdots + \dfrac{Q_n}{S_n}} \tag{2-2}$$

$$\overline{H} = \frac{1}{S}$$

式中　　　　$\overline{S}$——某施工过程的综合产量定额，m^3/工日、m^2/工日、m/工日、t/工日等；

$\overline{H}$——某施工过程的综合时间定额，工日/m^3、工日/m^2、工日/m、工日/t 等；

$\sum\limits_{i=1}^{n} Q_i$——总工程量，$m^3$、$m^2$、m、t 等；

$\sum\limits_{i=1}^{n} P_i$——总劳动量，工日；

Q_1、Q_2、$\cdots$、Q_n——同一施工过程的各分项工程的工程量；

S_1、S_2、$\cdots$、S_n——与 Q_1、Q_2、$\cdots$、Q_n 相对应的产量定额。

（5）计算确定施工过程的延续时间　施工过程持续时间的确定方法见第 1 章。

（6）初排施工进度（以横道图为例）　上述各项计算内容确定之后，即可编制施工进度计划的初步方案。一般的编制方法如下。

1）根据施工经验直接安排的方法　这种方法是根据经验资料及有关计算，直接在进度表上画出进度线。其一般步骤是：先安排主导施工过程的施工进度，然后再安排其余施工过程，它应尽可能配合主导施工过程并最大限度地搭接，形成施工进度计划的初步方案。总的原则应使每个施工过程尽可能早地投入施工。

2）按工艺组合组织流水的施工方法　这种方法就是先按各施工过程（即工艺组合流水）初排流水进度线，然后将各工艺组合最大限度地搭接起来。

（7）检查与调整施工进度计划　施工进度计划初步方案编出后，应根据与业主和有关部门的要求、合同规定及施工条件等，先检查各施工过程之间的施工顺序是否合理、工期是否满足要求、劳动力等资源消耗是否均衡，然后再进行调整，直至满足要求，正式形成施工进度计划。总的要求是在合理的工期下尽可能地使施工过程连续施工，这样便于资源的合理安排。

2.3.2　单位工程施工进度计划绘制示例

2.3.2.1　划分施工过程

对该工程施工过程进行如下划分，见表2-9。

表2-9　施工过程划分

序号	分部分项工程名称	序号	分部分项工程名称
一	基础分部	三	屋面分部
1	平整场地	12	水泥砂浆找平层
2	开挖土方	13	油毡防水层
3	基础垫层	14	刚性防水层
4	砌筑砖基础	四	装饰装修分部
5	地圈梁及墩基础	15	地面工程
6	回填土	16	外墙抹灰
二	主体分部	17	天棚抹灰
7	砌筑砖墙	18	内墙抹灰
8	搭设脚手架	19	门窗安装
9	支现浇屋面模板	20	外墙涂刷
10	绑扎屋面板钢筋	21	内墙涂刷
11	屋面板混凝土浇筑	22	室外散水、台阶

2.3.2.2　工程进度计划的确定

根据施工图纸、建设施工合同、工程造价结算书等资料，分别计算各分项工程的工程数量、劳动量及工作延续天数，由此编制各分部分项工程施工进度，最终得到整个工程的施工进度计划。

① 计算（工程量计算书，见附录1中的附表1.2工程量计算书）。

② 统计。

③ 绘制工程施工进度计划横道图和网络图。

（1）基础分部工程施工进度计划确定

1）计算进度表中各分项工程的工程数量、劳动量，每个施工过程的流水节拍　表中工程数量均取自工程预算书（由施工单位工程造价员编制，见附录）中数据，产量定额取自2004年《江苏省建筑与装饰工程计价表》，后面简称计价表（注：施工单位亦可采用本单位的施工定额参数计算，本处为方便计算直接套用计价表中数据），劳动量计划数＝工程数量/产量定额，每天工作班数取1，工作延续天数＝劳动量采用数/（每天工作班数×每班工作人数）。

2）基础工程量见附录1中的附表1.2工程量计算书。

3）计算

劳动量计算如下。

① 平整场地 190.43m²（工程预算书中数据）。

② 基础人工挖土。

基础砖墙处人工挖土，55.47m³（工程预算书中数据）×0.45 工日/m³（计价表 1-23 子目）=24.9615 工日

电缆沟及墩基础处人工挖土，26.97m³（工程预算书中数据）×0.45 工日/m³（计价表 1-23 子目）=12.1365 工日

$$\sum = 37.10\ \text{工日，劳动量采用数} = 36\ \text{工日}$$

③ 基础垫层施工包括：对垫层处原土打底夯（视土质情况，当采用机械开挖土方时一般预留 30cm 土层为人工精修）→支模板→混凝土浇筑。因此，垫层施工时劳动量计划数为：

砖基础垫层：[65.26m²（工程预算书中数据）÷10m²]×0.12 工日（计价表 1-100 子目）+（9m²÷10m²）×2.91 工日（计价表 20-2 子目）+9m³×0.46 工日/m³（计价表 5-285 子目）=0.783+2.619+4.14=7.542 工日

电缆沟垫层：[48.14m²（工程预算书中数据）÷10m²]×0.12 工日+（5.31m²÷10m²×4.18 工日（计价表 20-1 子目）+5.31m³×0.75 工日/m³（计价表 2-122 子目）=0.578+2.22+3.982=6.78 工日

$$\sum = 14.33\ \text{工日，劳动量采用数} = 16\ \text{工日}$$

④ 计算砖基础劳动量计划数时要考虑基础矩形柱和基础构造柱。

基础矩形柱混凝土=0.24×0.52×（1-0.25-0.24）×4=0.2546m³，其劳动量计划数=钢筋绑扎 0.2546m³×0.038t/m³（计价表"附录 1 混凝土及钢筋混凝土构件模板、钢筋含量表"矩形柱断面周长 1.6m 以内）×12.71 工日/t（计价表 4-1 子目）+支模板（0.2546×13.33m²÷10m²）×4.03 工日（计价表 20-25 子目）+混凝土浇筑 0.2546m³×1.17 工日/m³（计价表 5-295 子目）=0.123+1.3677+0.2979=1.7886 工日

基础构造柱混凝土=0.15m³，其劳动量计划数=钢筋绑扎 0.15m³×0.038t/m³（计价表"附录 1 混凝土及钢筋混凝土构件模板、钢筋含量表"构造柱）×12.71 工日/t（计价表 4-1 子目）+支模板（0.15×11.1m²÷10m²）×5.02 工日（计价表 20-30 子目）+混凝土浇筑 0.15m³×1.99 工日/m³（计价表 5-298 子目）=0.0724+0.8358+0.2985=1.2067 工日

砌筑砖基础劳动量计划数=9.46m³×1.14 工日/m³（计价表 3-1 子目）=10.7844 工日

砌筑砖电缆沟劳动量计划数=3.19m³×1.15 工日/m³（计价表 3-46 子目）=3.6685 工日

$$\sum = 17.45\ \text{工日，劳动量采用数} = 20\ \text{工日}$$

⑤ 钢筋混凝土地圈梁及墩基础。

钢筋混凝土地圈梁包括：钢筋绑扎→支模板→混凝土浇筑。因此，地圈梁施工时：

劳动量计划数=3.01m³×0.017t/m³（计价表"附录 1 混凝土及钢筋混凝土构件模板、钢筋含量表"圈梁）×12.71 工日/t（计价表 4-1 子目）+（3.01×8.33m²÷10m²）×3.07 工日（计价表 20-40 子目）+3.01m³×1.17 工日/m³（计价表 5-302 子目）=0.65+7.697+3.522=11.869 工日

电缆沟处圈梁及墩基础施工时劳动量计划数=钢筋绑扎 0.53m³×0.047t/m³（计价表"附录 1 混凝土及钢筋混凝土构件模板、钢筋含量表"异形梁）×12.71 工日/t（计价表 4-1 子目）+支模板[（0.53×10.7m²÷10m²）×5.11 工日（计价表 20-38 子目）+（9.91×2.23m²÷10m²）×2.00 工日（计价表 20-13 子目）]+混凝土浇筑[0.53m³×0.9 工日/m³（计价表 5-301 子目）+9.91m³×0.46 工日/m³（计价表 5-293 子目）]=0.317+2.898+4.42+0.477+4.559=12.671 工日

$$\Sigma = 24.54 \text{ 工日，劳动量采用数} = 28 \text{ 工日}$$

⑥ 基础夯填回填土。

砖基处夯填回填土，33.6m³（工程预算书中数据）×0.28 工日/m³（计价表 1-104 子目）＝9.408 工日

电缆沟及墩基础处夯填回填土，5.77m³（工程预算书中数据）×0.28 工日/m³（计价表 1-104 子目）＝1.6156 工日

$$\Sigma = 11.02 \text{ 工日，劳动量采用数} = 12 \text{ 工日}$$

将以上施工过程组织全等节拍流水施工：

① 施工段 $m = 2$

② 流水节拍计算：流水节拍 $t = T/m = 4/2 = 2$（d）

平整场地：一班制，一班 3 人，$T_1 = 12/(1 \times 3) = 4$（d）

基础人工挖土：一班制，一班 9 人，$T_2 = 36/(1 \times 9) = 4$（d）

基础垫层：一班制，一班 4 人，$T_3 = 16/(1 \times 4) = 4$（d）

砌筑砖基础：一班制，一班 5 人，$T_4 = 20/(1 \times 5) = 4$（d）

地圈梁及混凝土墩基础：一班制，一班 4 人，$T_5 = 28/(1 \times 7) = 4$（d）

基础夯填回填土：一班制，一班 3 人，$T_6 = 12/(1 \times 3) = 4$（d）

③ 流水步距：$K_{1-2} = K_{2-3} = K_{3-4} = K_{4-5} = K_{5-6} = t = 2$（d）

计算基础分部工程工期：$T = (m + N - 1)K_0 - \Sigma C + \Sigma Z$

工作队数 N ＝施工过程＝6

插入时间之和 $\Sigma C = 0$

间歇时间之和 $\Sigma Z = Z_{3-4} + Z_{5-6} = 3$（d），其中：

$Z_{3-4} = 1d$（考虑砌筑前混凝土强度的保养时间）

$Z_{5-6} = 2d$（考虑回填土方前 DQL 混凝土强度的保养时间）

本基础分部工程工期 $T = (2 + 6 - 1) \times 2 + 3 = 17$（d）

4）基础分部工程施工进度计划横道图（暂未画出地沟盖板进度，其为非关键线路）如图 2-5 所示。

序号	分部分项工程名称	工程量		产量定额	劳动量		需用机械		工作延续天数	每天工作班数	每班工作人数	施工进度/d																	
		单位	数量		计划数	采用数	名称	台班数				1	2	3	4	5	6	7	8	9	10	11	12	13	14	15	16	17		
1	平整场地	m²	190.43	17.54	11	12			4	1	3																			
2	基础人工挖土	m³	82.44	2.22	37	36			4	1	9																			
3	基础垫层				15	16			4	1	4																			
4	砌筑砖基础				18	20			4	1	5																			
5	钢筋混凝土地圈梁及墩基础				25	28			4	1	7																			
6	基础夯填回填土	m³	39.37	3.57	12	12			4	1	3																			

图 2-5 基础分部工程施工进度计划横道图

5) 基础分部工程施工进度计划网络图（粗线表示关键线路） 如图 2-6 所示。

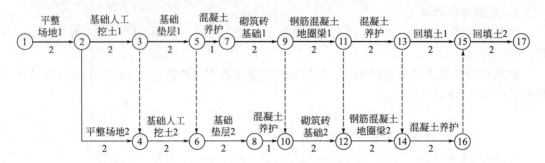

图 2-6 基础分部工程施工进度计划网络图

注：1. 根据《混凝土结构工程施工质量验收规范》（GB 50204—2015）7.4.7 第 5 条 "混凝土强度达到 1.2N/mm² 前，不得在其上踩踏或安装模板及支架" 的规定，砌筑砖基础须在基础垫层混凝土养护一天后进行。

2. 基础回填土前必须考虑地圈梁模板的拆除与混凝土的强度这两个问题，因此，地圈梁混凝土浇筑后 2 天进行回填土。

（2）主体分部工程施工进度计划确定

1）计算劳动量（工程量见附录 1 中附表 1.2 工程量计算书）

① 计算砖墙砌筑劳动量计划数时要考虑矩形柱、GZ、圈梁、现浇过梁、现浇雨篷及洞口。

D-1 四周现浇小型构件的计算如下。

矩形柱混凝土 = 2.16 - 0.2546 = 1.9054（m³），其劳动量计划数 = 钢筋绑扎 1.9054m³×0.038t/m³（计价表 "附录 1 混凝土及钢筋混凝土构件模板、钢筋含量表" 矩形柱断面周长 1.6m 以内）×12.71 工日/t（计价表 4-1 子目）+ 支模板（1.9054×13.33m²÷10m²）×4.03 工日（计价表 20-25 子目）+ 混凝土浇筑 1.9054m³×1.17 工日/m³（计价表 5-295 子目）= 0.9203 + 10.2358 + 2.2293 = 13.3854 工日

构造柱混凝土 = 2.92 - 0.15 = 2.77（m³），其劳动量计划数 = 钢筋绑扎 2.77m³×0.038t/m³（计价表 "附录 1 混凝土及钢筋混凝土构件模板、钢筋含量表" 构造柱）×12.71 工日/t（计价表 4-1 子目）+ 支模板（2.77×11.1m²÷10m²）×5.02 工日（计价表 20-30 子目）+ 混凝土浇筑 2.77m³×1.99 工日/m³（计价表 5-298 子目）= 1.3379 + 15.435 + 5.5123 = 22.2852 工日

圈梁混凝土 = 2.26m³，其劳动量计划数 = 钢筋绑扎 2.26m³×0.017t/m³（计价表 "附录 1 混凝土及钢筋混凝土构件模板、钢筋含量表" 圈梁）×12.71 工日/t（计价表 4-1 子目）+ 支模板（2.26×8.33m²÷10m²）×3.07 工日（计价表 20-40 子目）+ 混凝土浇筑 2.26m³×1.17 工日/m³（计价表 5-302 子目）= 0.4883 + 5.7795 + 2.6442 = 8.912 工日

现浇过梁混凝土 = 0.92m³，其劳动量计划数 = 钢筋绑扎 0.92m³×0.032t/m³（计价表 "附录 1 混凝土及钢筋混凝土构件模板、钢筋含量表" 过梁）×12.71 工日/t（计价表 4-1 子目）+ 支模板（0.92×12m²÷10m²）×3.49 工日（计价表 20-43 子目）+ 混凝土浇筑 0.92m³×1.55 工日/m³（计价表 5-303 子目）= 0.3742 + 3.853 + 1.426 = 5.6532 工日

现浇雨篷混凝土 = 1.2m²，其劳动量计划数 = 钢筋绑扎 1.2m³×0.034t/m³（计价表 "附录 1 混凝土及钢筋混凝土构件模板、钢筋含量表" 复式雨篷）×12.71 工日/t（计价表 4-1 子目）+ 支模板（1.2m²÷10m²）×5.54 工日（计价表 20-74 子目）+ 混凝土浇筑 1.2m³×1.38 工日/m³（计价表 5-322 子目）= 0.5186 + 0.6648 + 1.656 = 2.8394 工日

洞口 D-1 四周现浇小型构件混凝土 0.24m³，其劳动量计划数 = 钢筋绑扎 0.24m³×

0.024t/m³（计价表"附录 1 混凝土及钢筋混凝土构件模板、钢筋含量表"小型构件）×12.71 工日/t（计价表 4-1 子目）＋支模板（0.24×18m²÷10m²）×3.68 工日（计价表 20-85 子目）＋混凝土浇筑 0.24m³×1.41 工日/m³（计价表 5-332 子目）＝0.0732＋1.5898＋0.3384＝2.0014 工日

砖墙砌筑劳动量计划数＝（外墙 47.59m³＋内墙 15.16m³）×1.13 工日/m³（计价表 3-22 子目）＝70.9075 工日

$$\sum=125.9841 \text{ 工日，劳动量采用数}=128 \text{ 工日}$$

② 脚手架搭设包括：a. 外墙砌筑脚手架；b. 内墙及现浇屋面浇筑脚手架。

外墙砌筑脚手架，面积＝（14.24＋6.44）×2×5.8＝239.888m²，其劳动量计划数＝（239.888m²÷10m²）×0.824 工日（计价表 19-3 子目）＝19.767 工日

内墙及现浇屋面浇筑脚手架，面积＝（3.8×2＋6.4－0.24－0.24×2）×（6.2－0.24）×（6.1－0.12）＝473.31（m²），其劳动量计划数＝（473.31m²÷10m²）×1.264 工日（计价表 19-8 子目）＝59.826 工日

$$\sum=79.593 \text{ 工日，劳动量采用数}=80 \text{ 工日}$$

③ 现浇屋面支模板劳动量计划数＝（11.63×8.07m²÷10m²）×2.65 工日（计价表 20-59 子目）＝24.8713 工日，劳动量采用数＝24 工日

④ 现浇屋面钢筋绑扎劳动量计划数＝（11.63m³×0.1t/m³（计价表"附录 1.1 混凝土及钢筋混凝土构件模板、钢筋含量表"有梁板 200mm 以内）×6.39 工日/t（计价表 4-2 子目）＋11.63m³×0.043t/m³×12.71 工日/t（计价表 4-1 子目）＝13.7877 工日，劳动量采用数＝16 工日

⑤ 现浇屋面混凝土浇筑劳动量计划数＝11.63m³×0.68 工日/m³（计价表 5-314 子目）＝7.9084 工日，劳动量采用数＝8 工日

⑥ 现浇屋面混凝土养护时间 14 天，一般 14 天（以拆模试块报告为准）后可以拆屋面底板模板，进行室内粉刷。

2）计算主体分部工程工期

① 施工段 $m=2$

② 流水节拍计算：流水节拍 $t=T/m$

砖墙砌筑：一班制，一班 16 人，$T=128/(1\times16)=8$（d），$t_1=4$（d）

脚手架搭设：一班制，一班 10 人，$T=80/(1\times10)=8$（d），$t_2=4$（d）

现浇屋面支模板：一班制，一班 6 人，$T=24/(1\times6)=4$（d），$t_3=2$（d）

现浇屋面钢筋绑扎：一班制，一班 4 人，$T=16/(1\times4)=4$（d），$t_4=2$（d）

现浇屋面混凝土浇筑：不设施工段，一班 8 人，$t_5=T_5/(1\times8)=1$（d）

现浇屋面混凝土养护时间：$T_6=14$（d）。

③ 计算进度表中各施工过程间的流水步距：采用取大差法（除施工过程 5、6 外均采用两个施工段）$K_{1-2}=0$，$K_{2-3}=8d$，$K_{3-4}=2d$，$K_{4-5}=4d$，$K_{5-6}=1d$

④ 主体分部工程工期：$T=\sum K_i-\sum C+\sum Z+\sum t_i^{zh}=15+14=29$（d）

$\sum K_i$（表示流水步距之和）$=K_{1-2}+K_{2-3}+K_{3-4}+K_{4-5}+K_{5-6}=15$（d）

$\sum C$（表示插入时间之和）$=0$

$\sum Z$（表示间隙时间之和）$=0$

$\sum t_i^{zh}$（表示最后一个施工过程在第 i 个施工段上的流水节拍）$=14$（d）

3）主体工程施工进度计划横道图　如图 2-7 所示。

序号	分部分项工程名称	工程量 单位	工程量 数量	产量定额	劳动量 计划数	劳动量 采用数	需用机械 名称	需用机械 台班数	工作延续天数	每天工作班数	每班工作人数	施工进度/d
1	砌筑砖墙	m³	62.75	0.885								1~16（见横道图）
	钢筋绑扎	kg	557.03	78.67								
	支模板 矩形柱、GZ、圈梁、现浇过梁、现浇雨篷及洞口D-1四周现浇小型构件	m²	25.4	2.481								
			30.75	1.992								
			18.83	3.257								
			11.04	2.865								
			1.2	1.805	126	128			8	1	16	
			4.32	2.717								
	混凝土浇筑	m³	1.91	0.857								
			2.77	0.503								
			2.26	0.857								
			0.92	0.645								
			1.2	0.725								
2	脚手架搭设	m²	239.89	12.136	80	80			8	1	10	
3	现浇屋面支模板	m²	473.31	7.911	25	24			4	1	6	
4	现浇屋面钢筋绑扎	m²	93.85	3.774	14	16			4	1	4	
		kg	1663.09	156.5								
				78.68								
5	现浇屋面混凝土浇筑	m³	11.63	1.471	8	8			1	1	8	
6	现浇屋面混凝土养护								14	1	1	

图 2-7 主体工程施工进度计划横道图

4）主体工程施工进度计划网络图　　如图 2-8 所示。

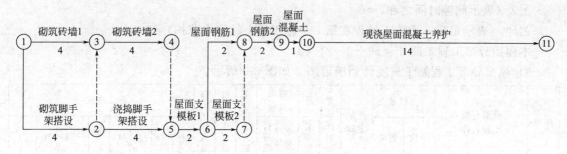

图 2-8　主体工程施工进度计划网络图

注：1. 脚手架的搭设采用满堂脚手架，主要是考虑砌筑墙体的高度和屋面模板支撑。

2. 本工程脚手架体系分砌筑脚手架和屋面结平浇捣脚手架；砌筑墙体的第二个施工段前砌筑脚手架应搭设完（砌筑墙体的高度决定了脚手架搭设到位才能进行高处墙体的砌筑）；屋面模板安装前浇捣脚手架搭设和墙体砌筑均应完成。

3. 本工程使用商品混凝土。根据《江苏省建筑安装工程施工技术操作规程—混凝土结构工程》（DGJ 32/J30—2006），第三篇混凝土工程，"6 操作工艺"中"6.9 混凝土养护"第 302 页表 7.10.1.4 的规定，商品混凝土一般均掺入粉煤灰，因此，屋面混凝土的养护时间为 14d。

（3）屋面分部工程施工进度计划确定

1）计算劳动量（工程量见附录 1 中附表 1.2 工程量计算书）

水泥砂浆找平层劳动量计划数 ＝（82.01m² ÷ 10m²）× 0.7 日（计价表 12-15 子目）＝ 5.7407 工日，劳动量采用数 ＝ 6 工日

油毡防水层，面积 ＝ 82.01 ＋（3.8 × 2 ＋ 6.4 － 0.24 ＋ 6.2 － 0.24）× 0.25 ＝ 86.94（m²），劳动量计划数 ＝（86.94m² ÷ 10m²）× 0.1 工日（计价表 9-B16 子目）＝ 0.8694 工日，劳动量采用数 ＝ 1 工日

刚性防水层劳动量计划数 ＝ 82.01m² ÷ 10m² × 0.011t/m³（计价表"附录 1 混凝土及钢筋混凝土构件模板、钢筋含量表"刚性屋面）× 12.71 工日/t（计价表 4-1 子目）＋（82.01m² ÷ 10m²）× 1.74 工日（计价表 9-73 子目）＝ 1.1466 ＋ 14.2697 ＝ 15.4163 工日，劳动量采用数 ＝ 16 工日

刚防层混凝土养护 14 天

屋面分部工程验收：蓄水 2 天［根据《屋面工程质量验收规范》（GB 50207—2012）"10 分部工程验收"中 10.0.5 条规定，不应少于 24h 蓄水时间。］

2）计算屋面分部工程工期

① 施工段 $m = 1$

② 流水节拍计算：流水节拍 $t = T/m$

水泥砂浆找平层：一班制，一班 3 人，$t_1 = T_1 = 6/(1 × 3) = 2$（d）

油毡防水层：一班制，一班 1 人，$t_2 = T_2 = 1/(1 × 1) = 1$（d）

刚性防水层：一班制，一班 8 人，$t_3 = T_3 = 16/(1 × 8) = 2$（d）

刚性防水层混凝土养护：$t = 14$（d）

屋面验收：$t = 2$（d）

③ 计算进度表中各施工过程间的流水步距：采用取大差法

$K_{1-2} = 2d$，$K_{2-3} = 1d$，$K_{3-4} = 2d$，$K_{4-5} = 14d$

④ 计算屋面分部工程工期：$T = \sum K_i + \sum Z + \sum t_i^{zh}$

$\sum K_i$ （表示流水步距之和）$=K_{1-2}+K_{2-3}+K_{3-4}+K_{4-5}=19$（d）

$\sum Z$（表示间隙时间之和）$=0$

$\sum t_i^{zh}$（表示最后一个施工过程在第 i 个施工段上的流水节拍）$=2$（d）

本屋面分部工程工期 $T=19+2=21$（d）

3）屋面分部工程施工进度计划横道图 如图 2-9 所示。

序号	分部分项工程名称	工程量		产量定额	劳动量		需用机械		工作延续天数	每天工作班数	每班工作人数	施工进度/d							
		单位	数量		计划数	采用数	名称	台班数				1	2	3	4	5	6~19	20	21
1	水泥砂浆找平层	m²	82.01	14.286	6	6			2	1	3	▬▬							
2	油毡防水层	m²	86.94	100	1	1			1	1	1			▬					
3	刚性防水层	kg	90.21	78.68	15	16			2	1	8				▬▬				
		m²	82.01	5.747															
4	刚防层混凝土养护								14	1							▬▬		
5	蓄水验收								2	1								▬▬	

图 2-9　屋面分部工程施工进度计划横道图

4）屋面工程施工进度计划网络图 如图 2-10 所示。

图 2-10　屋面工程施工进度计划网络图

（4）装饰装修分部工程施工进度计划确定

1）计算劳动量（工程量见附录 1 中附表 1.2 工程量计算书）

① 地面垫层包括原土打底夯、碎石干铺垫层、卵石地面下和水泥地面下 80 厚 C20 混凝土：原土打底夯劳动量计划数 $=48.82m^2/10m^2×0.1$ 工日（计价表 1-99 子目）$=0.4882$ 工日

碎石干铺垫层劳动量计划数 $=2.01m^3×0.56$ 工日/m^3（计价表 12-9 子目）$=1.1256$ 工日

卵石地面下和水泥地面下 80 厚 C20 混凝土劳动量计划数 $=3.91m^3×0.75$ 工日/m^3（计价表 12-13 子目）$=2.9325$ 工日

$\sum=4.5463$ 工日，劳动量采用数 $=6$ 工日

② 地面面层包括水泥地面和卵石地面。

水泥地面面层为 1:1 水泥砂浆，其劳动量计划数 $=20.13m^2÷10m^2×0.66$ 工日/m^3（计价表 12-26 子目）$=1.3286$ 工日

卵石地面面层为卵石，其劳动量计划数 $=28.69m^2×0.06$ 工日/$m^3=1.7214$ 工日

$\Sigma = 3.05$ 工日，劳动量采用数 $= 4$ 工日

③ 外墙抹灰包括砖外墙、墙裙、阳台、雨篷、窗台、压顶、混凝土装饰线条抹水泥砂浆。

外墙、墙裙抹水泥砂浆劳动量计划数 $= 299.04m^2 \div 10m^2 \times 1.75$ 工日（计价表 13-11 子目）$= 52.332$ 工日

阳台、雨篷抹水泥砂浆劳动量计划数 $= 1.2m^2 \div 10m^2 \times 8.19$ 工日（计价表 13-20 子目）$= 0.9828$ 工日

窗套、窗台、压顶抹水泥砂浆劳动量计划数 $= 33.77m^2 \div 10m^2 \times 6.83$ 工日（计价表 13-21 子目）$= 23.0649$ 工日

混凝土装饰线条抹水泥砂浆劳动量计划数 $= 2.91m^2 \div 10m^2 \times 7.35$ 工日（计价表 13-25 子目）$= 2.1389$ 工日

$\Sigma = 78.5186$ 工日，劳动量采用数 $= 78$ 工日

④ 天棚抹灰劳动量计划数 $= 83.83m^2 \div 10m^2 \times 1.51$ 工日（计价表 14-115 子目）$= 12.6583$ 工日，劳动量采用数 $= 12$ 工日

⑤ 内墙抹灰劳动量计划数 $= 328.99m^2 \div 10m^2 \times 1.43$ 工日（计价表 13-31 子目）$= 47.0456$ 工日，劳动量采用数 $= 48$ 工日

⑥ 门窗扇安装。

钢门扇安装劳动量计划数 $= 19.8m^2 / 10m^2 \times 1.53$ 工日（计价表 8-10 子目）$= 3.0294$ 工日

塑钢窗扇安装劳动量计划数 $= 5.85m^2 \div 10m^2 \times 4.61$ 工日（计价表 15-11 子目）$= 2.6969$ 工日

$\Sigma = 5.7263$ 工日，劳动量采用数 $= 6$ 工日

⑦ 外墙面涂料劳动量计划数 $= 271.89m^2 \div 10m^2 \times 1.93$ 工日（计价表 16-316 子目）$= 52.4748$ 工日，劳动量采用数 $= 54$ 工日

⑧ 内墙面涂料劳动量计划数 $= (333.19 + 83.83)m^2 \div 10m^2 \times 1.03$ 工日（计价表 16-308 子目）$= 42.9531$ 工日，劳动量采用数 $= 42$ 工日

⑨ 室外散水及台阶。

室外散水劳动量计划数 $= 25.3m^2 / 10m^2 \times 2.45$ 工日（计价表 12-172 子目）$= 6.1985$ 工日

室外台阶劳动量计划数 $= 0.96m^2 \div 10m^2 \times 2.81$ 工日（计价表 12-25 子目）$= 0.2698$ 工日

$\Sigma = 6.4683$ 工日，劳动量采用数 $= 8$ 工日

2）计算装饰装修分部工程工期

① 流水节拍计算：流水节拍 $t = T/m$

地面垫层：一班制，一班 3 人，$m = 1$，$t_1 = T_1 = 6/(1 \times 3) = 2$（d）

地面面层：一班制，一班 1 人，$m = 1$，$t_2 = T_2 = 4/(1 \times 2) = 2$（d）

外墙抹灰：一班制，一班 13 人，$T_3 = 78/(1 \times 13) = 6$（d），$M = 2$，$t_3 = 3$（d）

天棚抹灰：一班制，一班 6 人，$m = 1$，$t_4 = T_4 = 12/(1 \times 6) = 2$（d）

内墙抹灰：一班制，一班 8 人，$T_5 = 48/(1 \times 8) = 6$（d），$m = 2$，$t_5 = 3$（d）

门窗扇安装：一班制，一班 3 人，$T_6 = 6/(1 \times 3) = 2$（d），$m = 2$，$t_6 = 1$（d）

外墙面涂料：一班制，一班 9 人，$T_7 = 54/(1 \times 9) = 6$（d），$m = 2$，$t_7 = 3$（d）

内墙面涂料：一班制，一班7人，$T_8 = 42/(1 \times 7) = 6$（d），$m = 2$，$t_8 = 3$（d）

室外散水及台阶：一班制，一班4人，$m = 1$，$t_9 = T_9 = 8/(1 \times 4) = 2$（d）

② 计算进度表中各施工过程间的流水步距：采用取大差法

$K_{1-2} = 2d$，$K_{2-3} = 2d$，$K_{3-4} = 3d$，$K_{4-5} = 2d$，

$K_{5-6} = 3d$，$K_{6-7} = 1d$，$K_{7-8} = 3d$，$K_{8-9} = 6d$

③ 计算装饰装修分部工程工期：$T = \sum K_i - \sum C + \sum Z + \sum t_i^{zh}$

$\sum K_i$（表示流水步距之和）$= K_{1-2} + K_{2-3} + K_{3-4} + K_{4-5} + K_{5-6} + K_{6-7} + K_{7-8} + K_{8-9} = 22$（d）

$\sum C$（表示插入时间之和）$= 2d$（施工过程3与4之间可插入2天）

$\sum Z$（表示间隙时间之和）$= 0$

$\sum t_i^{zh}$（表示最后一个施工过程在第 i 个施工段上的流水节拍）$= 2d$

本装饰装修分部工程工期 $T = 22 - 2 + 2 = 22$（d）

3）装饰装修分部工程施工进度计划横道图　如图 2-11 所示。

4）装饰装修工程施工进度计划网络图　如图 2-12 所示。

（5）单位工程施工进度计划确定　当把分部工程的施工进度计划编制出来后，只要将基础工程、主体工程、装修工程三部分施工进度计划进行合理搭接，并在基础工程和主体工程之间，加上脚手架的工序；在主体工程与装修工程之间，以屋面工程作为过渡连接；最后将室外工程和其他扫尾工程考虑进去，就完成了一个单位工程的施工进度计划。施工总进度计划横道图见图 2-13，施工总进度计划网络图见图 2-14。

（6）资源需要量计划

1）劳动力需要量计划　见表 2-10。

表 2-10　劳动力需要量计划

序号	工种	所需工日	需要时间/工日						
			3月			4月			5月
			上旬	中旬	下旬	上旬	中旬	下旬	上旬
1	普工	87	50	11		8	11	4	3
2	木工	68	5	12	51				
3	钢筋工	23		2	15	4		2	
4	混凝土工	48	8	4	11	8	3	14	
5	瓦工	100		32	53		7	1	7
6	抹灰工	138						138	
7	架子工	80			80				
8	油漆工	87						18	69

根据施工方案、施工进度和施工预算，依次确定专业工种、进场时间、劳动量和工人数，然后汇集成表格形式，作为现场劳动力调配的依据。

劳动力综合需要量计划是确定暂设工程规模和组织劳动力进场的依据。编制时首先根据工种工程量汇总表中分别列出的各个建筑物专业工种的工程量，查相应定额，便可得到各个建筑物几个主要工种的劳动量，再根据总进度计划表中各单位工程工种的持续时间，即可得到某单位工程在某段时间里的平均劳动力数。同样方法可计算出各个建筑物的各主要工种在各个时期的平均工人数。将总进度计划表纵坐标方向上各单位工程同工种的人数叠加在一起并连成一条曲线，即为某工种的劳动力动态曲线图和计划表。

序号	分部分项工程名称		工程量 单位	工程量 数量	产量定额	劳动量 计划数	劳动量 采用数	需用机械 名称	需用机械 台班数	工作延续天数	每天工作班数	每班工作人数
1	地面垫层	原土打底夯	m²	48.82	100							
		碎石干铺垫层	m³	2.01	1.786	5	6			2	1	3
		卵石、水泥地面下80厚C20混凝土	m³	3.91	1.333							
2	地面面层	水泥地面面层	m²	20.13	15.152							
		卵石地面面层	m²	28.69	16.667	3	4			2	1	2
3	外墙抹灰	外墙、墙裙抹灰	m²	299.04	5.714	78	78					
		阳台、雨篷抹灰	m²	1.2	1.221					6	1	13
		窗套、窗台、压顶抹灰	m³	33.77	1.464							
		混凝土装饰线条抹灰	m²	2.91	1.361							
4	天棚抹灰		m²	83.83	6.623	13	12			2	1	6
5	内墙抹灰		m²	328.99	6.993	47	48			6	1	8
6	钢门窗安装		m²	19.8	6.536	6	6			2	1	3
	塑钢窗扇安装		m²	5.85	2.169							
7	外墙面涂料		m²	271.89	8.382	52	54			6	1	9
8	内墙面涂料		m²	417.02	9.709	43	42			6	1	7
9	室外散水		m²	25.3	4.082	7	8			2	1	4
	室外台阶		m²	0.96	3.559							

施工进度/d：1 2 3 4 5 6 7 8 9 10 11 12 13 14 15 16 17 18 19 20 21 22

图 2-11 装饰装修分部工程施工进度计划横道图

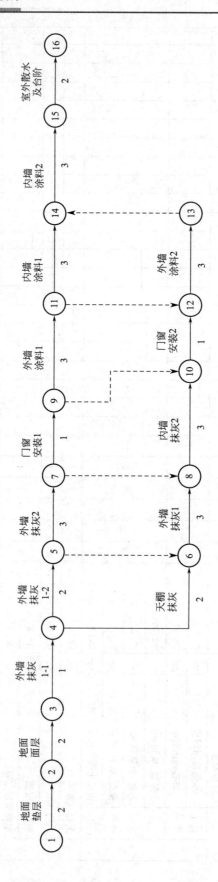

图 2-12 装饰装修工程施工进度计划网络图

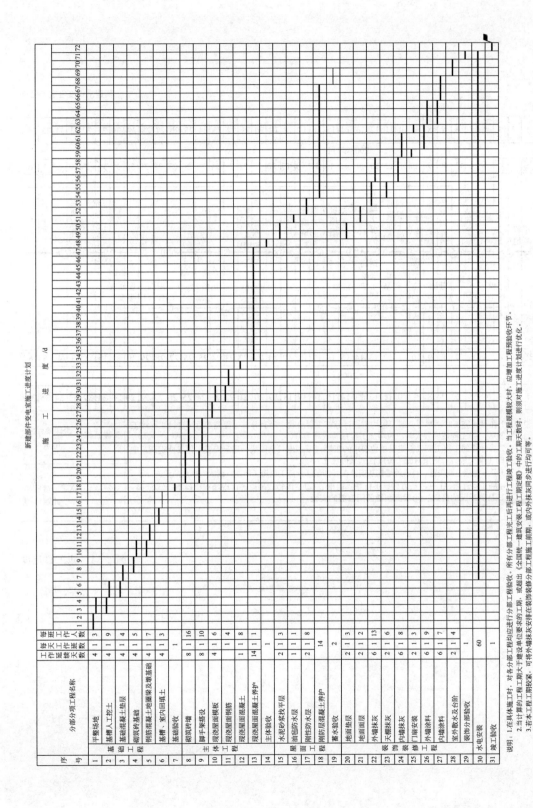

图 2-13 施工总进度计划横道图

新建部件变电室工程施

工程标尺	1	2	3	4	5	6	7	8	9	10	11	12	13	14	15	16	17	18	19	20	21	22	23	24	25	26	27	28	29	30	31	32	33	34	35	36
月历											2008年3月																									
日历	3/2	3	4	5	6	7	8	9	10	11	12	13	14	15	16	17	18	19	20	21	22	23	24	25	26	27	28	29	30	31	4/1	2	3	4	5	6

施工进度网络计划图（上部）：平整场地1、基础人工挖土1、基础垫层1、混凝土养护1、砌筑砖基础1、钢筋混凝土地圈梁1、混凝土养护、基础夯填回填土1、基础夯填回填土2、基础验收、砌筑砖墙1、砌筑砖墙2、屋面钢筋、屋面钢筋2、屋面混凝土

施工进度网络计划图（下部）：平整场地2、基础人工挖土2、基础垫层2、混凝土养护、砌筑砖基础2、钢筋混凝土地圈梁2、混凝土养护、砌筑脚手架搭设、浇捣脚手架搭设、屋面支模板1、屋面支模板2

日历	3/2	3	4	5	6	7	8	9	10	11	12	13	14	15	16	17	18	19	20	21	22	23	24	25	26	27	28	29	30	31	4/1	2	3	4	5	6
月历											2008年3月																									
工程标尺	1	2	3	4	5	6	7	8	9	10	11	12	13	14	15	16	17	18	19	20	21	22	23	24	25	26	27	28	29	30	31	32	33	34	35	36

说明：1.在具体施工时，对各分部工程均应进行分部工程验收。所有分部工程完工后再进行工程竣工验收。当工程规模较大时，应增加工程预验收环节。 2.当计算的工程工期大于建设单位要求的工期，或超出《全国统一建筑安装工程工期定额》中的工期天数时，则须对施工进度计划进行优化。 3.若本工程工期较紧，可将外墙抹灰安排在装饰装修分部工程施工前期，或内外抹灰同步进行等。 4.施工中注意：①开挖土方后须进行基础验槽；②主体验收前须进行现场实物检测；③浇捣、抹灰脚手架的搭拆；④墙面刮糙前门窗框的安装。	工程名称	新建部件变电室
	文件名称	施工进度网络计划

图 2-14　施工总进度

工进度计划网络图

37	38	39	40	41	42	43	44	45	46	47	48	49	50	51	52	53	54	55	56	57	58	59	60	61	62	63	64	65	66	67	68	69	70	71	72
			2008年4月																					2008年5月											

| 7 | 8 | 9 | 10 | 11 | 12 | 13 | 14 | 15 | 16 | 17 | 18 | 19 | 20 | 21 | 22 | 23 | 24 | 25 | 26 | 27 | 28 | 29 | 30 | 5/1 | 2 | 3 | 4 | 5 | 6 | 7 | 8 | 9 | 10 | 11 | 12 |

7	8	9	10	11	12	13	14	15	16	17	18	19	20	21	22	23	24	25	26	27	28	29	30	5/1	2	3	4	5	6	7	8	9	10	11	12
			2008年4月																					2008年5月											

| 37 | 38 | 39 | 40 | 41 | 42 | 43 | 44 | 45 | 46 | 47 | 48 | 49 | 50 | 51 | 52 | 53 | 54 | 55 | 56 | 57 | 58 | 59 | 60 | 61 | 62 | 63 | 64 | 65 | 66 | 67 | 68 | 69 | 70 | 71 | 72 |

编制单位	×××××工程有限公司	总工期	72天	开始时间	2008-03-02	结束时间	2008-05-12
绘图人	×××	项目负责人	×××	校对人	×××	审核人	××× ×××

计划网络图

编制步骤为：①列出各分部工程开完工时间节点；②找出各分项工程中所涉及的工种，并对照网络计划，计算各工种所需工日时，将计算结果填入表格内；③进行汇总。

2）施工机具需要量计划　见表2-11。

表2-11　施工机具需要量计划

序号	机具名称	规格	需要量		使用起止日期
			单位	数量	
1	混凝土搅拌机	350L	台	1	开工进场,工程竣工退场
2	砂浆搅拌机	UJW200	台	1	装修进场,工程竣工退场
3	蛙式打夯机	WD100	台	1	开工进场,工程竣工退场
4	平板式振动机	ZW-7	台	1	开工进场,主体完工退场
5	插入式振动器	ZN50	台	2	开工进场,工程竣工退场
6	钢筋切断机	GO40	台	1	开工进场,主体完工退场
7	钢筋弯曲机	GW40	台	1	开工进场,主体完工退场
8	钢筋调直机	LGT/12	台	1	开工进场,主体完工退场
9	电焊机	BX3-300-2	台	1	开工进场,工程竣工退场
10	木工圆盘锯	MJ104	台	1	开工进场,主体完工退场
11	钢管	ϕ48mm	kg	385	开工进场,工程竣工退场

根据项目施工需要，确定相应施工设施，通常包括施工安全设施、施工环保设施、施工用房屋、施工运输设施、施工通信设施、施工供水设施、施工供电设施和其他设施。

主要施工机械，如挖土机、起重机等的需要量，根据施工进度计划，主要建筑物施工方案和工程量，并套用机械产量定额求得；辅助机械可以根据建筑安装工程每十万元扩大概算指标求得；运输机械的需要量根据运输量计算。最后编制施工机具需要量计划，施工机具需要量计划除为组织机械供应外，还可作为施工用电、选择变压器容量等的计算和确定停放场地面积依据。

3）主要材料需要量计划　见表2-12。

表2-12　主要材料需要量计划

序号	材料名称	规格	需要量		供应时间
			单位	数量	
1	水泥	32.5级	t	13	开工——竣工
2	沙子	中沙	t	60	开工——竣工
3	碎石	5~40mm	t	10	开工——竣工
4	钢筋	综合	t	4.2	开工——屋面分部
5	木材	普通、周转	m³	0.6	开工——竣工
6	复合木模板	18mm	m²	58	主体分部
7	标准砖	240mm×115mm×53mm	百块	77	开工——基础
8	多孔砖	240mm×115mm×90mm	百块	211	主体分部
9	石灰膏		m³	2.2	装饰装修分部
10	商品混凝土C20	非泵送	m³	56	开工——主体分部
11	商品混凝土C30	非泵送	m³	1.1	主体分部
12	乳胶漆	内墙	kg	145	装饰装修分部
13	801胶	801	kg	108	装饰装修分部
14	白水泥		kg	220	装饰装修分部

　　根据施工预算工料分析和施工进度，依次确定材料名称、规格、数量和进场时间，并汇集成表格，作为备料、确定堆场和仓库面积以及组织运输的依据。

　　根据各工种工程量汇总表所列各建筑物和构筑物的工程量，查万元定额或概算指标便可得出各建筑物或构筑物所需的建筑材料、构件和半成品的需要量。然后根据总进度计划表，大致估计出某些建筑材料在某季度的需要量，从而编制出建筑材料需要量计划。它是材料和构件等落实组织货源、签定供应合同、确定运输方式、编制运输计划、组织进场、确定暂设工程规模的依据。

　　4）构件和半成品需要量计划　见表2-13。

表 2-13　构件和半成品需要量计划

序号	构件半成品名称	规格	图号型号	需要量		使用部位	供应日期	备注
				单位	数量			
1	电缆沟盖板	1030mm×495mm×70mm	YB-1	m³	0.86	电缆沟	3.24	现场预制
2	电缆沟盖板	450mm×495mm×40mm	YB-2	m³	0.21	电缆沟	3.24	现场预制

　　根据施工预算和施工进度计划而编制，作为预制品加工订货、确定堆场面积和组织运输的依据。

2.4　如何绘制单位工程施工平面图

　　工程项目的施工现场是施工单位拥有的主要资源的场所之一。进行现场规划及设施布置目的是形成一个良好和文明的工作环境，以便最大程度地提高工作效率。因此在施工组织设计中，对施工平面图的设计应予高度重视。施工平面图一般需按施工阶段来编制，如基础施工平面图、主体结构施工平面图和装修工程平面图等，用以指导各个阶段的施工活动。

2.4.1　单位工程施工平面图的设计内容

　　施工平面图是单位工程施工组织设计的重要组成部分，是对一个建筑物的施工现场的平面规划和空间布置的图示。它是根据工程规模、特点和施工现场的条件，按照一定的设计原则，来正确地解决施工期间所需的各种暂设工程和其他业务设施等永久性建筑物和拟建工程之间的合理的位置关系。它布置得是否合理、执行和管理的好坏，对施工现场组织正常生产、文明施工以及对工程进度、工程成本、工程质量和施工安全都将产生重要的影响。因此，在施工组织设计中应对施工现场平面布置进行仔细研究和周密地规划。单位工程施工平面图的绘制比例一般为（1∶500）～（1∶200）。

　　组织拟建工程的施工，施工现场必须具备一定的施工条件，除了做好必要的"三通一平"工作之外，还应布置施工机械、临时堆场、仓库、办公室等生产性和非生产性临时设施，这些设施均应按照一定的原则，结合拟建工程的施工特点和施工现场的具体条件，做出一个合理、适用、经济的平面布置和空间规划方案。对规模不大的混合结构和框架结构工程，由于工期不长，施工也不复杂。因此，这些工程往往只需反映其主要施工阶段的现场平面规划布置，一般是考虑主体结构施工阶段的施工平面布置，当然也要兼顾其他施工阶段的需要。如混合结构工程的施工，在主体结构施工阶段要反映在施工平面图上的内容最多，但随着主体结构施工的结束，现场砌块、构件等的堆场将空出来，某些大型施工机械将拆除退场，施工现场也就变得宽松了，但应注意是否增加砂浆搅拌机的数量和相应堆场的面积。

单位工程施工平面图一般包括以下内容。

① 单位工程施工区域范围内，将已建的和拟建的地上的、地下的建筑物及构筑物的平面尺寸、位置标注出来，并标注出河流、湖泊等的位置和尺寸以及指北针、风向玫瑰图等。

② 拟建工程所需的起重机械、垂直运输设备、搅拌机械及其他机械的布置位置，起重机械开行的线路及方向等。

③ 施工道路的布置、现场出入口位置等。

④ 各种预制构件堆放及预制场地所需面积、布置位置；材料堆场的面积、位置确定；仓库的面积和位置确定；装配式结构构件的就位位置的确定。

⑤ 生产性及非生产性临时设施的名称、面积、位置的确定。

⑥ 临时供电、供水、供热等管线的布置；水源、电源、变压器位置的确定；现场排水沟渠及排水方向的考虑。

⑦ 土方工程的弃土及取土地点等有关说明。

⑧ 劳动保护、安全、防火及防洪设施布置以及其他需要的布置内容。

2.4.2 单位工程施工平面图的设计依据

施工平面图应根据施工方案和施工进度计划的要求进行设计。施工组织设计人员必须在踏勘现场，取得施工环境第一手资料的基础上，认真研究以下有关资料，然后才能做出施工平面图的设计方案。具体资料如下。

① 施工组织设计文件（当单位工程为建筑群的一个工程项目时）及原始资料。

② 建筑平面图，了解一切地上、地下拟建和已建的房屋与构筑物的位置。

③ 一切已有和拟建的地上、地下管道布置资料。

④ 建筑区域的竖向设计资料和土方调配平衡图。

⑤ 各种材料、半成品、构件等的用量计划。

⑥ 建筑施工机械、模具、运输工具的型号和数量。

⑦ 建设单位可为施工提供原有房屋及其他生活设施的情况。

2.4.3 单位工程施工平面图的设计原则

① 在保证工程顺利进行的前提下，平面布置应力求紧凑。

② 尽量减少场内二次搬运，最大限度缩短工地内部运距，各种材料、构件、半成品应按进度计划分批进场，尽量布置在使用点附近，或随运随吊。

③ 力争减少临时设施的数量，并采用技术措施使临时设施装拆方便，能重复使用，省时并能降低临时设施费用。

④ 符合环保、安全和防火要求。

为了保证施工的顺利进行，应注意施工现场的道路畅通，机械设备的钢丝绳、电缆、缆风绳等不得妨碍交通。对人体有害的设施（如沥青炉、石灰池等）应布置在下风向。在建筑工地内尚应布置消防设施。在山区及江河边的工程还须考虑防洪等特殊要求。

2.4.4 单位工程施工平面图设计的步骤

（1）确定起重机械的位置　起重机械的位置直接影响仓库、堆场、砂浆和混凝土制备站的位置，以及道路和水、电线路的布置等。因此应予以首先考虑。

布置固定式垂直运输设备，例井架、龙门架、施工电梯等，主要根据机械性能、建筑物的平面和大小、施工段的划分、材料进场方向和道路情况而定。其目的是充分发挥起重机械的能力并使地面和楼面上的水平运距最小。一般说来，当建筑物各部位的高度相同时，尽量布置在建筑物的中部，但不要放在出入口的位置；当建筑物各部位的高度不同时，布置在高的一侧。若有可能，井架、龙门架、施工电梯的位置，以布置在建筑的窗口处为宜，以避免砌墙留槎和减少井架拆除后的修补工作。固定式起重运输设备中卷扬机的位置不应距离起重机过近，以便司机的视线能够看到起重机的整个升降过程。

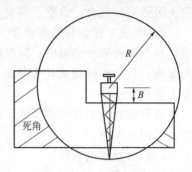

图 2-15　塔吊布置方案

建筑物的平面应尽可能处于吊臂回转半径之内，以便直接将材料和构件运至任何施工地点，尽量避免出现"死角"（图 2-15）。塔式起重机的安装位置，主要取决于建筑物的平面布置、形状、高度和吊装方法等。塔吊离建筑物的距离（B）应该考虑脚手架的宽度、建筑物悬挑部位的宽度、安全距离、回转半径（R）等内容。

（2）确定搅拌站、仓库和材料、构件堆场以及工厂的位置

1）搅拌站、仓库和材料、构件堆场的位置应尽量靠近使用地点或在起重机起重能力范围内，并考虑到运输和装卸的方便。

① 建筑物基础和第一施工层所用的材料，应该布置在建筑物的四周。材料堆放位置应与基础边缘保持一定的安全距离，以免造成基槽土壁的塌方事故；第二施工层以上所用的材料，应布置在起重机附近。

② 砂、砾石等大宗材料应尽量布置在搅拌站附近。

③ 当多种材料同时布置时，对大宗的、重大的和先期使用的材料，应尽量在起重机附近布置；少量的、轻的和后期使用的材料，则可布置得稍远一些。

④ 根据不同的施工阶段使用不同材料的特点，在同一位置上可先后布置不同的材料。

2）根据起重机械的类型，搅拌站、仓库和堆场位置又有以下几种布置方式。

① 当采用固定式垂直运输设备时，须经起重机运送的材料和构件堆场位置，以及仓库和搅拌站的位置应尽量靠近起重机布置，以缩短运距或减少二次搬运。

② 当采用塔式起重机进行垂直运输时，材料和构件堆场的位置，以及仓库和搅拌站出料口的位置，应布置在塔式起重机的有效起重半径内。

③ 当采用无轨自行式起重机进行水平和垂直运输时，材料、构件堆场、仓库和搅拌站等应沿起重机运行路线布置。且其位置应在起重臂的最大外伸长度范围内。

木工棚和钢筋加工棚的位置可考虑布置在建筑物四周以外的地方，但应有一定的场地堆放木材、钢筋和成品。石灰仓库和淋灰池的位置要接近砂浆搅拌站并在下风向；沥青堆场及熬制锅的位置要离开易燃仓库或堆场，并布置在下风向。

（3）运输道路的布置　运输道路的布置主要解决运送和消防两个问题。现场主要道路应尽可能利用永久性道路的路面或路基，以节约费用。现场道路布置时要保证行驶畅通，使运输工具有回转的可能性。因此，运输线路最好绕建筑物布置成环形道路。道路宽度大于 3.5m。

（4）临时设施的布置

1）临时设施分类、内容　施工现场的临时设施可分为生产性与非生产性两大类。

生产性临时设施内容包括：在现场制作加工的作业棚，如木工棚、钢筋加工棚、白铁加工棚；各种材料库、棚，如水泥库、油料库、卷材库、沥青棚、石灰棚；各种机械操作棚，

如搅拌机棚、卷扬机棚、电焊机棚；各种生产性用房，如锅炉房、烘炉房、机修房、水泵房、空气压缩机房等；其他设施，如变压器等。

非生产性临时设施内容包括：各种生产管理办公用房、会议室、文化文娱室、福利性用房、医务室、宿舍、食堂、浴室、开水房、警卫传达室、厕所等。

2）单位工程临时设施布置　布置临时设施，应遵循使用方便、有利施工、尽量合并搭建、符合防火安全的原则；同时结合现场地形和条件、施工道路的规划等因素分析考虑它们的布置。各种临时设施均不能布置在拟建工程（或后续开工工程）、拟建地下管沟、取土、弃土等地点。

各种临时设施尽可能采用活动式、装拆式结构或就地取材。施工现场范围应设置临时围墙、围网或围笆。

(5) 布置水电管网

① 施工用临时给水管，一般由建设单位的干管或施工用干管接到用水地点。布置有枝状、环状和混合状等方式，应根据工程实际情况从经济和保证供水两个方面去考虑其布置方式。管径的大小、龙头数目根据工程规模由计算确定。管道可埋置于地下，也可铺设在地面上，视气温情况和使用期限而定。工地内要设消防栓，消防栓距离建筑物应不小于 5m，也不应大于 25m，距离路边不大于 2m。条件允许时，可利用城市或建设单位的永久消防设施。有时，为了防止供水的意外中断，可在建筑物附近设置简易蓄水池，储存一定数量的生产和消防用。如果水压不足时，尚应设置高压水泵。

② 为了便于排除地面水和地下水，要及时修通永久性下水道，并结合现场地形在建筑物四周设置排泄地面水和地下水的沟渠。

③ 施工中的临时供电，应在全工地性施工总平面图中一并考虑。只有独立的单位工程施工时才根据计算出的现场用电量选用变压器或由业主原有变压器供电。变压器的位置应布置在现场边缘高压线接入处，但不宜布置在交通要道口处。现场导线宜采用绝缘线架空或电缆布置。

2.4.5　工地临时房屋

(1) 生产性临时设施　是指直接为生产服务的临时设施，如临时加工厂、现场作业棚、检修间等，表 2-14 和表 2-15 列出了部分生产性设施搭设数量的参考指标。

表 2-14　临时加工厂所需面积参考指标

序号	加工厂名称	年产量		单位产量所需建筑面积	占地总面积 /m²	备注
		单位	数量			
1	混凝土搅拌站	m³	3200 4800 6400	0.022 0.021(m³/m³) 0.020	按砂石堆场考虑	400L 搅拌机 2 台 400L 搅拌机 3 台 400L 搅拌机 4 台
2	临时性混凝土预制厂	m³	1000 2000 3000 5000	0.25 0.20 (m³/m) 0.15 0.125	2000 3000 4000 <6000	生产屋面板和中小型梁柱板等，配有蒸养设施
3	钢筋加工厂	t	200 500 1000 2000	0.35 0.25 (m³/t) 0.20 0.15	280~560 380~750 400~800 450~900	加工、成型、焊接

续表

序号	加工厂名称	年产量		单位产量所需建筑面积	占地总面积 /m²	备注
		单位	数量			
4	金属结构加工厂(包括一般铁件)	所需场地(m³/台)				按一批加工数量计算
		10		年产 500t		
		8		年产 1000t		
		6		年产 2000t		
		5		年产 3000t		
5	石灰消化—贮灰池 淋灰池 淋灰槽			5×3=15(m²) 4×3=12(m²) 3×2=6(m²)		每 600kg 石灰可消化 1m³ 石灰膏,每 2 个贮灰池配 1 套 淋灰池和淋灰槽

表 2-15 现场作业棚所需面积参考指标

序号	名称	单位	面积
1	木工作业棚	m²/人	2
2	钢筋作业棚	m²/人	3
3	搅拌棚	m²/台	10~18
4	卷扬机棚	m²/台	6~12
5	电工房	m²	15
6	白铁工房	m²	20
7	油漆工房	m²	20
8	机、钳工修理房	m²	20

(2) 物资储存临时设施 施工现场的物资储存设施专为在建工程服务,一方面,要做到能保证施工的正常需要;另一方面,又不宜贮存过多,以免加大仓库面积,积压资金或过期变质。其参考指标见表 2-16。

表 2-16 仓库面积计算数据参考指标

序号	材料名称	储备天数/d	每 m³ 储存量	单位	堆置限制高度/m	仓库类型
1	钢材	40~50	1.5	t	1.0	露天
	工字钢、槽钢		0.8~0.9		0.5	露天
	角钢		1.2~1.8		1.2	露天
	钢筋(直筋)		1.8~2.4		1.2	露天
	钢筋(箍筋)		0.8~1.2		1.0	棚或库约占 20%
	钢板	40~50	2.4~2.7		1.0	露天
2	五金	20~30	1.0		2.2	库
3	水泥	30~40	1.4		1.5	库
4	生石灰(块)	20~30	1~1.5	t	1.5	棚
	生石灰(袋装)	10~20	1~1.3		1.5	棚
	石膏	10~20	1.2~1.7		2.0	棚
5	砂、石子(机械堆置)	10~30	2.4	m³	3.0	露天
6	木材	40~50	0.8		2.0	露天
7	红砖	10~30	0.5	千块	1.5	露天
8	玻璃	20~30	6~10	箱	0.8	棚或库
9	卷材	20~30	20~30	卷	2.0	库

续表

序号	材料名称	储备天数/d	每 m³ 储存量	单位	堆置限制高度/m	仓库类型
10	沥青	20～30	0.8		1.2	露天
11	钢筋骨架	3～7	0.12～0.18		—	露天
12	金属结构	3～7	0.16～0.24	t	—	露天
13	铁件	10～20	0.9～1.5		1.5	露天或棚
14	钢门窗	10～20	0.65		2	棚
15	水、电及卫生设备	20～30	0.35		1	棚、库各 1/2
16	模板	3～7	0.7	m³	—	露天
17	轻质混凝土制品	3～7	1.1		2	露天

（3）行政生活福利临时设施　包括办公室、宿舍、食堂、医务室、活动室等，其搭设面积可参考表 2-17。

表 2-17　行政生活福利临时设施建筑面积参考指标

临时房屋名称		参考指标/(m²/人)	说明
办公室		3～4	按管理人员人数
宿舍	双层床	2.0～2.5	按高峰年(季)平均职业人数
	单层床	3.5～4.5	(扣除不在工地住宿人数)
食堂		3.5～4	
浴室		0.5～0.8	
活动室		0.07～0.1	按高峰年平均职工人数
现场小型设施	开水房	0.01～0.04	
	厕所	0.020～0.07	

2.4.6　工地临时道路

工地临时道路可按简易公路进行修筑，有关技术指标可参见表 2-18。

表 2-18　简易公路技术要求

指标名称	单位	技术指标
设计车速	km/h	≤20
路基宽度	m	双车道 6～6.5；单车道 4.4～5；困难地段 3.5
路面宽度	m	双车道 5～5.5；单车道 3～3.5
平面曲线最小半径	m	平原、丘陵地区 20；山区 15；回头弯道 12
最大纵坡	%	平原地区 6；丘陵地区 8；山区 9
纵坡最短长度	m	平原地区 100；山区 50
桥面宽度	m	木桥 4～4.5
桥涵载重等级	t	木桥涵 7.8～10.4

2.4.7　单位工程砖混结构施工平面图的绘制

请参见附录 1 中 1.1 新建部件变电室图纸。

（1）基础施工平面布置图见图 2-16。

（2）主体施工平面布置图见图 2-17。

（3）装修施工平面布置图见图 2-18。

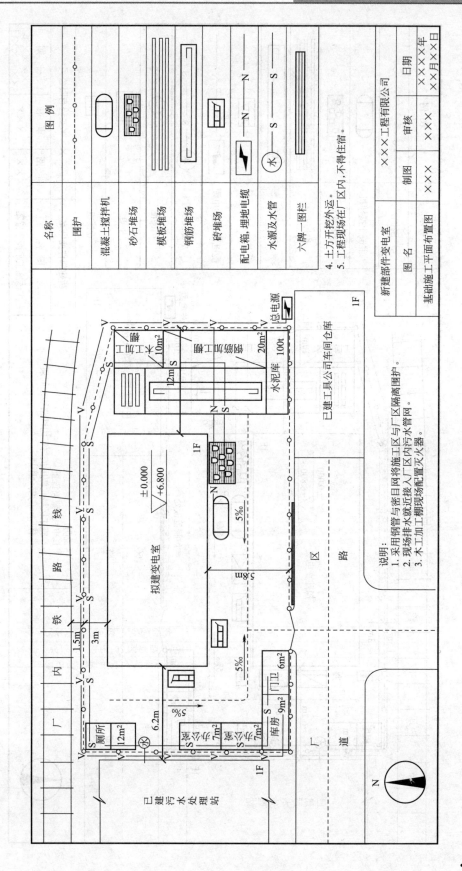

图 2-16 基础施工平面布置图

名称	图例
围护	
混凝土搅拌机	
砂石堆场	
模板堆场	
钢筋堆场	
砖堆场	
配电箱、埋地电缆	
水源及水管	
六牌一图栏	

4. 土方开挖外运。
5. 工程现场设在厂区内,不得住宿。

说明:
1. 采用钢管与密目网将施工区与厂区隔离围护。
2. 现场排水就近接入厂区内污水管网。
3. 木工加工棚现场配置灭火器。

新建部件变电室	×××工程有限公司		
	制图	审核	日期
	×××	×××	××××年 ××月××日
图名	基础施工平面布置图		

拟建变电室 ±0.000 ▽+6.800

已建污水处理站

厂 内 铁 路 线

总电源

已建工具公司车间仓库 1F

厂 区 路 道

水泥库 100t

木工、模工 10m2

钢、木工棚 20m2

厕所 12m2

办公室 7m2

办公室 7m2

库房 9m2

门卫 6m2

5% 5% 5%

1.5m 3m 6.2m

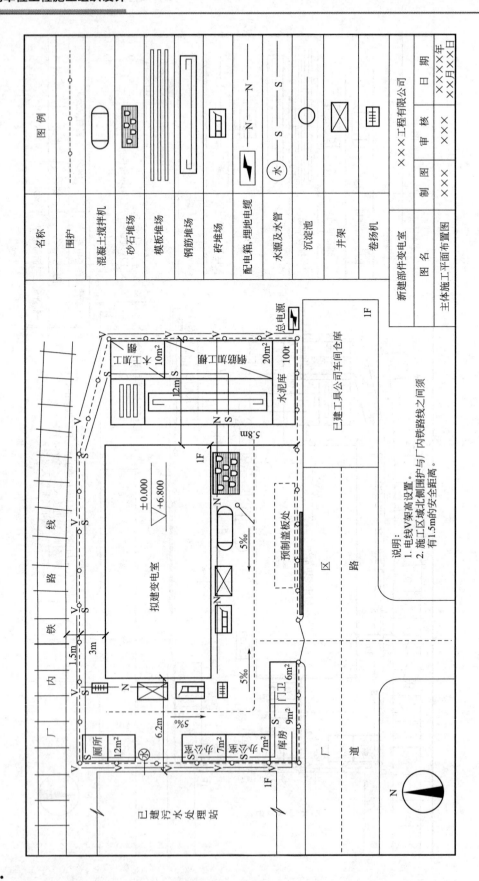

图 2-17　主体施工平面布置图

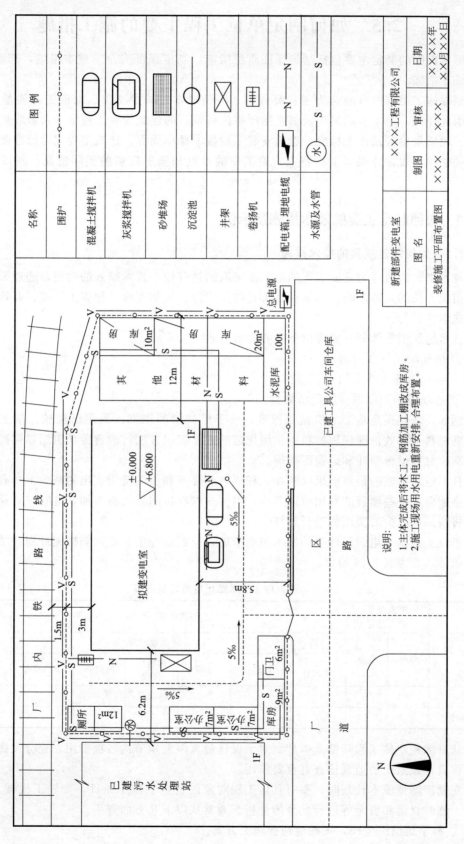

图 2-18 装修施工平面布置图

2.5 如何制定单位工程主要的施工措施

施工措施的制定主要包括制定保证质量措施，制定保证安全、成本措施，准确制定冬、雨季施工措施。

采取施工措施的目的是为了提高效率、降低成本、减少支出、保证工程质量和施工安全。因此任何一个工程的施工，都必须严格执行现行的建筑安装工程施工及验收规范、建筑安装工程质量检验及评定标准、建筑安装工程技术操作规程、建筑工程建设标准强制性条文等有关法律法规，并根据工程特点、施工中的难点和施工现场的实际情况，制订相应施工措施。

2.5.1 如何制定主要的技术措施及示例

2.5.1.1 如何制定主要的技术措施

技术组织措施是为完成工程的施工而采取的具有较大技术投入的措施，通过采取技术方面和组织方面的具体措施，达到保证工程施工质量、按期完成工程施工进度、有效控制工程施工成本的目的。

技术组织措施计划一般含以下三方面的内容。

① 措施的项目和内容。

② 各项措施所涉及的工作范围。

③ 各项措施预期取得的经济效益。

例如，怎样提高施工的机械化程度；改善机械的利用率；采用新机械、新工具、新工艺、新材料和同效价廉代用材料；采用先进的施工组织方法；改善劳动组织以提高劳动生产率；减少材料运输损耗和运输距离等。

技术组织措施的最终成果反映在工程成本的降低和施工费用支出的减少上。有时在采用某种措施后，一些项目的费用可以节约，但另一些项目的费用将增加，这时，计算经济效果必须将增加和减少的费用都进行计算。

单位工程施工组织设计中的技术组织措施，应根据施工企业组织措施计划，结合工程的具体条件，参考表 2-19 拟订。

表 2-19 技术组织措施计划内容

措施项目和内容	措施涉及的工程量		经济效果						执行单位及负责人
	单位	数量	劳动量节约额/工日	降低成本额/元					
				材料费	工资	机械台班费	间接费	节约总额	
合计									

认真编制单位工程降低成本计划对于保证最大限度地节约各项费用，充分发挥潜力以及对工程成本做系统的监督检查有重要作用。

在制定降低成本计划时，要对具体工程对象的特点和施工条件，如施工机械、劳动力、运输、临时设施和资金等进行充分的分析。通常从以下几方面着手。

① 科学地组织生产，正确地选择施工方案。

② 采用先进技术，改进作业方法，提高劳动生产率，节约单位工程施工劳动量以减少工资支出。

③ 节约材料消耗，选择经济合理的运输工具。有计划地综合利用材料、修旧利废、合理代用、推广优质廉价材料，如用钢模代替木模、采用新品种水泥等。

④ 提高机械利用率，充分发挥其效能，节约单位工程台班费支出。

降低成本指标，通常以成本降低率表示，计算式如下：

$$成本降低率(\%) = \frac{成本降低额}{预算成本} \times 100\%$$

式中，预算成本为工程设计预算的直接费用和施工管理费用之和；成本降低额通过技术组织措施计划内容来计算。

2.5.1.2 如何制定主要的技术措施示例

（1）一般规定

1）所有工程材料进场都必须具有质保书，对水泥、钢材、防水材料均应按规定取样复试，合格后方可使用。材料采购先由技术部门提出质量要求交材料部门，采购中坚持"质量第一"的原则，同种材料以质量优者为选择先决条件，其次才考虑价格因素。

2）对由甲方提供的各项工程材料，我方同样根据图纸和规范要求向甲方提供材料技术质量要求指标，对进场材料组织验收，符合有关规定后方可采用。

3）对所进材料要提前进场，确保先复试后使用，严禁未经复试的材料或质量不明确的材料用到工程中去。

4）模板质量是保证混凝土质量的重要基础，必须严格控制。

① 所采用的模板质量必须符合相应的质量要求，旧模板使用前一定要认真整理，去除砂浆、残余混凝土，并堆放整齐。

② 模板使用应注意配套使用，不同规格模板合理结合，以保证构件的几何尺寸的正确。

5）做好工程技术资料的收集与整理工作。按照国家质量验收评定标准以及质监站对工程资料的具体规定执行。根据工程进展情况，做到及时、真实、齐全，本工程资料由项目资料员专门负责收集与整理。

（2）主要质量通病的防治　见表2-20。

2.5.2 如何保证制定工程质量的措施及示例

2.5.2.1 如何保证制定工程质量的措施

在保证质量体系基础上，如何为将工程创成优质工程而采取的管理制度和技术措施。保证和提高工程质量措施，可以按照各主要分部分项工程施工质量要求提出，也可以按照总工程施工质量要求提出。保证和提高工程质量措施，可以从以下几个方面考虑。

① 定位放线、轴线尺寸、标高测量等准确无误的措施。

② 地基承载力、基础、地下结构及防水施工质量的措施。

③ 主体结构等关键部位施工质量的措施。

④ 屋面、装修工程施工质量的措施。

⑤ 采用新材料、新结构、新工艺、新技术的工程施工质量的措施。

⑥ 提高工程质量的组织措施，如现场管理机构的设置、人员培训、建立质量检验制度等。

表 2-20　主要质量通病的防治

部　位	质量通病	防治措施
基础工程	轴线偏移较大	1. 严格对照测量方案，严把测量质量关 2. 用 J-2 光学经纬仪，并用盘左盘右法提高测角精度 3. 用精密量距法提高主控轴线方格网精度 4. 切实保护主控点不受扰动
	基底持力层受扰	1. 严格进行浇垫层前隐蔽验收土质 2. 预留挖土厚度，浇混凝土前清底 3. 及时抽降坑内积水 4. 认真处理异常土质
主体工程	轴线偏移较大	1. 对照测量方案，严把测量质量关 2. 及时将下部轴线引到柱上，并复核好 3. 对柱、预留孔洞均实施轴线控制，按墨斗线施工 4. 严控柱垂直度和主筋保护层，防止纵筋位移
	结构混凝土裂缝	1. 加强商品混凝土质量控制，提供混凝土性能，满足设计和施工现场要求 2. 切实防止混凝土施工冷缝产生 3. 严格控制结构钢筋位置和保护层偏差 4. 做好混凝土二次振捣和表面收紧压实，及时进行有效覆盖养护 5. 严格控制施工堆载，严禁冲击荷载损伤结构 6. 严格按 GB 50204—2015 规范进行拆模，当施工效应比使用荷载效应更为不利时，进行核对，采取临时支撑
	结构梁视觉下挠	1. 主次梁支模时均应按规范保持施工起拱 2. 仔细检查梁底起拱标高数据
屋面工程	防水渗漏	1. 及时检查混凝土结构有无，修好全部空洞、露筋、裂缝，达到蓄水无渗漏 2. 做好防水各道工序，保施工质量，其是节点质量 3. 做好各道工序成品保护 4. 做好落水斗等部位的细部处理
门窗工程	门窗四周渗水	1. 处理好节点防水设计 2. 窗四周应先打发泡剂后做粉刷面层，提高嵌缝质量 3. 严格控制窗四周打胶质量
装饰工程	粉刷和地面脱壳、开裂	1. 严格进行基层处理验收制度，包括清理、毛化、湿润 2. 控制首层粉刷厚度，不得超过 10mm 3. 严格控制黄砂细度模数，严禁用细砂粉刷 4. 加强施工后养护和成品保护
水电安装工程	略	略

2.5.2.2　如何保证制定工程质量的措施示例

（1）本工程的质量管理目标为：合格工程。

（2）保证工程质量的管理措施

1）为了达到本工程的质量目标，成立由工程项目经理为首的质量管理组织机构，并由项目经理具体负责，由项目施工工长、专职材料员、专职质量员、施工班组等各有关方面负责人参加，是本工程质量的组织保证。项目质量保证体系如图 2-19 所示。

2）在本工程中推选全面质量管理（TQC），即全员、全工地、全过程的管理。在施工中组织 QC 小组活动，按照 PDCA 循环的程序，在动态中进行质量控制。

3）在公司现有质量管理文件的基础上，针对本工程的具体情况，制订适合本工程的管理人员质量职责和质量责任制，以明确各施工人员的质量职责，做到职责分明，奖罚有道。

4）为保证工程质量，本工程对过程实行严格控制是关键措施。对原材料质量、各施工顺序的过程质量，除了严格按本工程施工组织设计中施工要点和施工注意事项执行外，还将

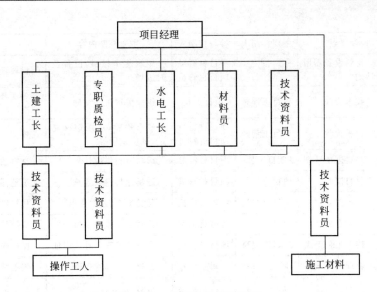

图 2-19 项目质量保证体系

严格按 ISO 9000 质量管理体系的主要文件、本公司《质量保证手册》、《质量体系管理程序文件》以及按照工程特点制订的《质量计划》对施工全过程进行控制。关键工序、特殊工序、控制人具体见表 2-21。

表 2-21 关键工序、特殊工序、控制人一览表

序号	关键工序名称	控制人	序号	特殊工序名称	控制人
1	闪光对焊	施工工长	1	电焊	工长、技术员
2	电渣压力焊	工长、技术员	2	涂料防水	工长、技术员
3	多孔砖施工	施工工长	注:针对本工程特殊工序、关键工序,本项目部将对其从人、机、物、料、法五个环节进行施工能力评估,并设立质量管理点		
4	混凝土施工	施工工长			
5	屋面防水	工长、技术员			

5）建立健全完整的质量监控体系

① 质量监控是确保质量管理措施、技术措施落实的重要手段。本工程采用小组自控、项目检控、公司监控的三级网络监控体系。监控的手段采用自检、互检、交接检的三级检查制度,严格把好工程质量关。本工程质量控制要点一览表见表 2-22。

表 2-22 工程质量控制要点一览表

控制环节			控制要点	主要控制人	参与控制人	主要控制内容	质控依据
一	设计交底与图纸会审	1	图纸文件会审	项目工程师	施工工长 钢筋翻样	图纸资料是否齐全	施工图及设计文件
		2	设计交底会议	项目工程师	施工工长 钢筋翻样	了解设计意图,提出问题	施工图及设计文件
		3	图纸会审	项目工程师	施工工长 钢筋翻样	图纸的完整性、准确性、合法性、可行性进行图纸会审	施工图及设计文件
二	制定施工工艺文件	4	施工组织设计	项目工程师	施工工长 项目质量员	施工组织、施工部署、施工方法	规范、施工图、标准及 ISO 9000 质量体系
		5	施工方案	项目工程师	施工工长 项目质量员	施工工艺、施工方法、质量要求	规范、施工图、标准及 ISO 9000 质量体系

控制环节			控制要点	主要控制人	参与控制人	主要控制内容	质控依据
三	材料机具准备	6	材料设备需用计划	项目经理	项目材料员 项目机管员	组织落实材料、设备及时进场	材料预算
四	技术交底	7	技术交底	项目工程师	项目工长	组织关键工序交底	施工图、规范、质量评定标准
五	材料检验	8	材料检验	项目工程师	项目材料员 项目资料员	砂石检验，水泥钢材复试，试块试压等	规范、质检标准
六	材料	9	材料进场计划	项目工长	项目材料员	编写材料供应计划	材料预算
		10	材料试验	项目取样员	项目材料员	进场原材料取样	规范标准
		11	材料保管	项目材料员	各班组班长	分类堆放、建立账卡	材料供应计划
		12	材料发放	项目材料员	各班组班长	核对名称规格型号材质	限额领料卡
七	人员资格审查	13	特殊工种上岗	公司工程科	项目资料员	审查各特殊工种上岗证	操作规范、规程
		14	管理人员上岗	项目经理	公司办公室	组建项目部管理班子	施工规范、规程
八	开工报告	15	确认施工条件	项目经理	项目工程师	材料、设备进场	施工准备工作计划
九	轴线标高	16	基础楼层轴线标高	项目工程师	施工工长 项目质量员	轴线标高引测	图纸、规程
十	设计变更	17	设计变更	项目工程师	施工工长 项目资料员	工艺审查、理论验算	图纸、规程
十一	基础工程施工	18	基础验槽	项目工长	项目工程师	地质情况、扦探、基槽尺寸	图纸、规程
		19	砖基础	项目工长	项目质量员	规格、品种、砂浆饱满度、基础平整度、垂直度	图纸、规程、施工组织设计
		20	钢筋制作绑扎	项目工程师 项目工长	项目质量员	规格、品种尺寸、焊接质量	图纸、规程、施工组织设计
		21	基础模板	项目工程师 项目工长	项目质量员 木工翻样	几何尺寸位置正确、稳定	施工组织设计
		22	混凝土施工	项目工程师 项目工长	项目质量员	混凝土配合比、施工缝留设	施工组织设计
十二	主体工程施工	23	砖砌体工程	项目工程师 项目工长	项目质量员	规格、品种、砂浆饱满度、墙体平整度、垂直度	图纸、规程、施工组织设计
		24	模板工程	项目工程师 项目工长	项目质量员 木工翻样	编制支模方法和组织实施	规范、施工组织设计
		25	钢筋工程	项目工程师 项目工长	项目质量员 钢筋翻样	规格、品种尺寸、焊接质量	图纸、规程、施工组织设计
		26	混凝土工程	项目工程师 项目工长	项目质量员	准确、解决技术问题	验收规范、施工组织设计
十三	地面装饰屋面门窗工程	27	地面工程	项目工程师 项目工长	项目质量员 项目材料员	编制施工工艺	图纸、规程、施工组织设计
		28	屋面工程	项目工程师 项目工长	项目质量员 项目材料员	防水层的施工工艺	图纸、规程、施工组织设计
		29	外墙面	项目工程师 项目工长	项目质量员 项目材料员	样板处细部做法观感质量	图纸、规程、施工组织设计
		30	门窗工程	项目工程师 项目工长	项目质量员 项目材料员	安装质量	图纸、规程、施工组织设计
十四	隐蔽工程	31	分部分项工程	项目工程师	项目工长	监督实施	图纸、规范
十五	水电安装	32	略	项目工程师	施工工长 项目质量员	略	略

控制环节			控制要点	主要控制人	参与控制人	主要控制内容	质控依据
十六	质量评定	33	分部分项、单位工程	项目工程师	施工工长项目质量员	实施监督评定	评定标准
十七	工程验收交工	34	验收报告资料整理	项目工程师	项目资料员	编制验收报告、审核交工验收资料的准确性	验收标准
		35	办理交工	项目经理	项目工程师	组织验收	施工图、上级文件
十八	用户回访	36	质量回访	项目工程师	施工工长项目质量员	了解用户意见和建议，落实整改措施	国家文件规定

② 按照 ISO 9000《质量体系控制程序文件》中的《采购》、《检验和状态》的原则，在材料进场和使用过程中着重把好以下几道关。

a. 进场验收：必须由材料员、项目质量员对所有进场的材料的型号、规格、数量外观质量以及质量保证资料进行检查，并按规定抽取样品送检。原材料只有在检验合格后由建设（监理）单位代表批准后方可用于工程上。

b. 材料进场后要按指定地点堆放整齐，标识、标牌齐全，对材料的规格、型号以及质量检验状态标注清楚。

③ 分项工程及工序间的检查与验收：分项工程的每一道工序完成之后，先由班组长及班组兼职质检员进行自检，并填写自检质量评定表，由项目专职质量员组织班组长对其进行复核。

④ 隐蔽工程验收：当每进行一道工序需要对上一道工序进行隐蔽时，由项目工程师负责在班组自检和项目质量员复检的基础上填写隐蔽工程验收单，报请业主代表对其进行验收，只有在业主代表验收通过并在隐蔽工程验收单上签字认可后方可进行下道工序的施工。

⑤ 分部工程的验收：当某分部完工后，由项目项目工程师组织，由项目专职质量员、工长参加，对该分部进行内部检查，并填写分部工程质量评定表报公司工程科，由公司工程科组织对其进行质量核定。

⑥ 工程验收：除项目部和公司科室对项目进行质量监控外，工程在基础分部、主体分部、屋面分部和总体竣工验收等重要环节，由项目经理、公司总工组织，由建设单位、设计单位、质监站等单位参加，根据项目的自评和公司的复核情况，对工程的分部质量进行检查核定。本工程的验收计划如表 2-23 所示。

表 2-23　本工程的验收计划

序号	隐蔽工程项目	项目组织人	外部参加单位	计划验收时间
1	基坑验槽	项目工程师	设计单位、业主代表、监理代表	根据网络计划图
2	基础钢筋	项目工程师	业主监理代表	根据网络计划图
3	基础工程	项目经理	业主监理代表、质监站、设计院	根据网络计划图
4	主体结构钢筋	项目工程师	业主监理代表	根据网络计划图
5	主体结构	项目经理	业主监理代表、质监站、设计院	根据网络计划图
6	屋面找平	项目工程师	业主监理代表	根据网络计划图
7	屋面防水	项目经理	业主监理代表、质监站	根据网络计划图
8	预埋铁件、预留洞	工长、质量员	业主监理代表	根据网络计划图

续表

序号	隐蔽工程项目	项目组织人	外部参加单位	计划验收时间
9	工程竣工初步验收	项目经理 项目工程师	业主监理代表、质监站、设计院	根据网络计划图
10	工程竣工验收	项目经理 项目工程师	业主监理代表、质监站、设计院、公司总工程师	根据网络计划图

2.5.3 如何保证工程施工安全的措施及示例

2.5.3.1 如何保证工程施工安全的措施

加强劳动保护保障安全生产，是国家保障劳动人民生命安全的一项重要政策，也是进行工程施工的一项基本原则。为此，应提出有针对性的施工安全保障措施，主要明确安全管理方法和主要安全措施，从而杜绝施工中安全事故的发生。施工安全措施，可以从以下几个方面考虑。

① 保证土方边坡稳定措施。

② 脚手架、吊篮、安全网的设置及各类洞口防止人员坠落措施。

③ 外用电梯、井架及塔吊等垂直运输机具的拉结要求和防倒塌措施。

④ 安全用电和机电设备防短路、防触电措施。

⑤ 易燃、易爆、有毒作业场所的防火、防爆、防毒措施。

⑥ 季节性安全措施。如雨期的防洪、防雨，夏期的防暑降温，冬期的防滑、防火、防冻措施等。

⑦ 现场周围通行道路及居民安全保护隔离措施。

⑧ 确保施工安全的宣传、教育及检查等组织措施。

2.5.3.2 如何保证工程施工安全的措施示例

(1) 安全管理目标：实行现场标准化管理、实现安全无事故。

(2) 确保施工安全的管理措施

1) 建立健全施工现场安全管理体系（图 2-20），在项目经理的领导下，各有关管理人员参加安全管理保证体系，现场设专职安全员一名，负责监督施工现场和施工过程中的安全，发现安全问题，及时处理解决，杜绝各种隐患。

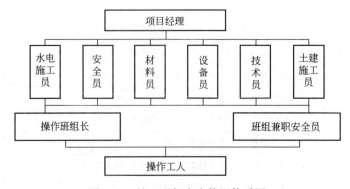

图 2-20 施工现场安全管理体系图

2) 本着抓生产就必须先抓安全的原则，由项目经理主持制定本项目管理人员的安全责任制和项目安全管理奖罚措施，并将其张挂到工地会议室，同时发放给每一个管理人员和操作工人。

3）由项目经理负责组织安全员、工长和班组长每天进行一次安全大检查，每天由专职安全员带领现场架子工不停地对工地进行巡回检查，对不合格的安全设施、违章指挥的管理人员、违章操作的工人，由安全员及时发出书面整改通知，并落实到责任人，由安全员监督整改。

4）由项目安全员负责，对每一个新进场的操作工人进行安全教育，并做好安全交底记录，由安全员负责按规定收集整理好项目的安全管理资料。

（3）确保施工安全的技术措施

① 严格执行公司制定的安全管理方法，加强检查监督。

② 施工前，应逐级做好安全技术交底，检查安全防护措施。

③ 立体交叉作业时，不得在同一垂直方向上下操作。如必须上下同时进行工作时，应设专用的防护栅或隔离措施。

④ 高处作业的走道、通道板和登高用具，应随时清扫干净，废料与余料应集中，并及时清理。

⑤ 遇有台风暴雨后，应及时采取加设防滑条等措施。并对安全设施与现场设备逐一检查，发现异常情况时，立即采取措施。

（4）高空作业劳动保护

① 从事高处作业的职工，必须经过专门安全技术教育和体检检查，合格才能上岗，凡患有高血压、心脏病、癫痫病、眩晕症等不适宜高处作业的人，禁止从事高处作业。

② 从事高处作业的人员，必须按照作业性质和等级，按规定配备个人防护用品，并正确使用。

③ 在夏季施工时须采取降温与预防中暑措施。

（5）基槽边坡安全防护

① 基槽四周设置钢管栏杆，并设置醒目标志。

② 土方堆放必须离开坑边 1m，堆高不超过 1.5m。

（6）脚手架安全要求

① 搭设脚手架所采用的各种材料均需符合规范规定的质量要求。

② 脚手架基础必须牢固，满足载荷要求，按施工规范搭设，做好排水措施。

③ 脚手架搭设技术要求应符合有关规范规定。

④ 必须高度重视各种构造措施：剪刀撑、拉结点等均应按要求设置。

⑤ 水平封闭：应从第二步起，每隔10m脚手架均满铺竹笆，并在立杆与墙面之间每隔一步铺设统长木板。

⑥ 垂直封闭：二步以上除设防护栏杆外，应全部设安全立网；脚手架搭设应高于建筑物顶端或操作面1.5m以上，并加设围护。

⑦ 搭设完毕的脚手架上的钢管、扣件、脚手板和连接点等不得随意拆除。施工中必要时，必须经工地负责人同意，并采取有效措施，工序完成后，立即恢复。

⑧ 脚手架使用前，应由工地负责人组织检查验收，验收合格并填写交验单后方可使用，在施工过程中应有专人管理、检查和保修，并定期进行沉降观察，发现异常应采取加固措施。

⑨ 脚手架拆除时，应先检查与建筑物连接情况，并将脚手架上的残留材料、杂物等清除干净，自上而下，按先装后拆，后装先拆的顺序进行，拆除的材料应统一向下传递或吊运

到地面，一步一清。严禁采用踏步拆法，严禁向下抛掷或用推（拉）倒的方法拆除。

⑩ 搭拆脚手架，应设置警戒区，并派专人警戒。遇有六级以上大风和恶劣气候，应停止脚手架搭拆工作。

（7）防火和防雷设施

① 建立防火责任制，将消防工作纳入施工管理计划。工地负责人向职工进行安全教育的同时，应进行防火教育。定期开展防火检查，发现火险隐患及时整改。

② 严禁在建筑脚手架上吸烟或堆放易燃物品。

③ 在脚手架上进行焊接或切割作业时，氧气瓶和乙炔发生器放置在建筑物内，不得放在走道或脚手架上。同时，应先将下面的可燃物移走或采用非燃烧材料的隔板遮盖，配备灭火器材，焊接完成后，及时清理灭绝火种，没有防火措施，不得在脚手架上焊接或切割作业。

2.5.4　如何降低工程成本的措施及示例

2.5.4.1　如何降低工程成本的措施

应根据工程具体情况，按分部分项工程提出相应的节约措施，计算有关技术经济指标，分别列出节约工料数量与金额数字，以便衡量降低工程成本的效果。其内容一般包括以下几点。

① 合理进行土方平衡调配，以节约台班费。

② 综合利用吊装机械，减少吊次，以节约台班费。

③ 提高模板安装精度，采用整装整拆，加速模板周转，以节约木材或钢材。

④ 混凝土、砂浆中掺加外加剂或掺混合料，以节约水泥。

⑤ 采用先进的钢材焊接技术以节约钢材。

⑥ 构件及半成品采用预制拼装、整体安装的方法，以节约人工费、机械费等。

2.5.4.2　如何降低工程成本的措施示例

① 提高机械设备利用率，降低机械费用开支，管好施工机械，提高其完好率、利用率，充分发挥其效能，不但可以加快工程进度，完成更多的工作量，而且可以减少劳动量，从而降低工程成本。

② 节约材料消耗，从材料的采购、运输、使用以及竣工后的回收环节，认真采取措施，同时要不断地改进施工技术，加强材料管理，制定合理的材料消耗定额，有计划、合理地、积极地进行材料的综合利用和修旧利废，这样就能从材料的采购、运输、使用三个环节上节约材料的消耗。

③ 钢筋集中下料，降低钢材损耗率，合理利用钢筋。钢筋竖向接头采用电渣压力埋弧焊连接技术，以节约钢材。

④ 砌筑砂浆、内墙抹灰砂浆用掺加粉煤灰的技术，以节约水泥并提高砂浆的和易性。粉煤灰具体掺入比例根据试验室提供的配合比而定。

⑤ 土方开挖应严格按土方开挖技术交底进行，避免超挖、增加土方量和混凝土量。合理地调配土方，节约资金。利用挖出的土方做工区场地整平用回填，在计划上要巧做安排，使其就近挖土和填土，减少车辆运输或缩短运距。

⑥ 加强平面管理、计划管理，合理配料，合理堆放，减少场内二次搬运费用。

⑦ 对所有材料做好进场、出库记录，并做好日期标识，掌握场内物资数量及质保期，

减少不必要浪费。

2.5.5 如何现场文明施工的措施及示例

2.5.5.1 如何现场文明施工的措施

① 施工现场设置围栏与标牌，出入口交通安全，道路畅通，场地平整，安全与消防设施齐全。

② 临时设施的规划与搭设应符合生产、生活和环境卫生要求。

③ 各种建筑材料、半成品、构件的堆放与管理有序。

④ 散碎材料、施工垃圾的运输及防止各种环境污染。

⑤ 及时进行成品保护及施工机具保养。

2.5.5.2 如何现场文明施工的措施示例［执行《建筑施工现场环境与卫生标准》（JGJ 146—2013）］

（1）文明施工的管理措施

1）管理目标　在施工中贯彻文明施工的要求，推行标准化管理方法，科学组织施工，做好施工现场的各项管理工作。本工程将以施工现场标准化工地的各项要求严格加以管理，创文明工地。

2）文明工地的一般要求

① 本着管理施工就必须管安全，抓安全就必须从实施标准化现场管理抓起的原则，本工程的文明现场管理体系同安全管理体系，所有对安全负有职责的管理人员和操作工人对文明现场的管理也负有相同的职责。

② 在施工现场的临设布置、机械设备安装和运行、供水、供电、排水、排污等硬件设备的布置上，严格按公司有关规定执行。

③ 为保证环境安静，同时考虑到施工区域在建设单位厂区内，工人宿舍不设在施工现场，工人宿舍安排在本公司基地。

④ 按照施工平面图设置各项临时设施。堆放大宗材料、成品、半成品和机具设备堆放整齐，挂号标牌，不得侵占场内道路及安全防护等设施。

⑤ 施工现场设置明显的标牌［六牌一图：工程概况牌、管理人员名单及监督电话牌、消防保卫（防火责任）牌、安全生产牌、文明施工牌、农民工权益告知牌和施工现场平面图］，标明工程项目名称、建设单位、设计单位、施工单位、项目经理和施工现场甲方代表的姓名、开、竣工日期等。施工现场的主要管理人员在施工现场佩带证明其身份的证卡。

⑥ 施工现场的用电线路，用电设施的安装和使用必须符合安装规范和安全操作规程，严禁任意拉线接电。施工现场必须设有保证施工安全要求的夜间照明。

⑦ 施工机械按照施工平面布置图规定的位置和线路设置，不得任意侵占场内道路。

⑧ 施工场地的各种安全设施和劳动保护器具，必须定期进行检查和维修。

⑨ 保证施工现场道路畅通，排水系统处于良好的使用状态；保持场容场貌的整洁，随时清理建筑垃圾。

⑩ 职工生活设施符合卫生、通风、照明等要求。职工的膳食、饮水供应当符合卫生要求。

⑪ 做好施工现场安全保卫工作，现场治安保卫措施：该工程建设要严格按照工厂的有关规定，服从业主管理，加强安全治保、防火等管理，进场前应对全体职工进行安全生产、文明施工、防火等管理教育，不得随便进入周围厂区生产场所（车间），保障厂区正常的工作。

a. 设专职安全员落实做好防火、防盗、防肇事工作，认真查找隐患，及时解决问题。

b. 对门卫经常进行教育，落实防范措施，严格按公司和甲方的有关规定执行，杜绝外来闲散人员进入工地，引导职工团结友爱，互相帮助，杜绝肇事。

c. 监督安全设施，脚手架搭设、临边洞口防护设施的规范化施工，制止和纠正进入工地施工人员赤膊、赤脚和不戴安全帽的违章行为，不服从者逐出工地。

d. 严格落实各级文明管理责任制，做到谁管理的范围由谁负责文明施工，谁负责的范围文明存在问题由谁负责，层层分解落实，环环相扣，做到事事有人问。

⑫ 严格依照《中华人民共和国消防条例》的规定，在施工现场建立和执行防火管理制度，设置符合消防要求的消防设施，并保证完好的备用状态。在容易发生火灾的地区施工或储存、使用易燃易爆器材时，施工单位应当采取特殊的消防安全措施。

⑬ 遵守国家有关环境保护的法律规定，采取措施控制施工现场的各种粉尘、废气、废水、固体废弃物以及噪声、振动对环境的污染和危害。

⑭ 采取下列防止环境污染的措施。

a. 采用沉淀池处理搅拌机清洗浆水，未经处理不得直接排入厂区排水管网。

b. 不在现场熔融沥青或者焚烧油毡、油漆以及其他会产生有害烟尘和恶臭气体的物质。

c. 采取有效措施控制施工过程中的扬尘，如覆盖等。

d. 厕所设在施工现场西北角离污水站附近，以便直接接入厂区污水管网。

⑮ 搞好公共关系的协调工作，由专人负责此项工作，使工程顺利进行。

（2）文明施工现场管理的技术措施

1）现场临时供电系统的设计

① 执行《施工现场临时用电安全技术规范》（JGJ 46—2005）。

② 施工用电量的计算（建筑工地临时供电，包括动力用电、照明用电两方面）。

a. 全工地所使用的机械动力设备，其他电器工具及照明用电的数量。

b. 施工进度计划中施工高峰阶段同时用电的机械设备最高数量。

c. 各种机械设备在工作中需用的情况。

d. 总用电量的计算：$P = (1.05 \sim 1.10) \times (K_1 \sum P_1 / \cos\varphi + K_2 \sum P_2 + K_3 \sum P_3 + K_4 \sum P_4)$。

式中，$\cos\varphi$ 为电动机的平均功率因素；K_1、K_2、K_3、K_4 为需要系数；$\sum P_1$（电焊机施工时避开施工最高峰）为电动机额定功率之和；$\sum P_2$ 为电焊机额定容量之和；$\sum P_3$ 为室内照明容量之和；$\sum P_4$ 为室外照明容量之和。

③ 电力变压器、电线截面的选择。

a. 主要技术数据（额定容量、高压额定电压、低压额定电压）。

b. 具体的线径选择。

④ 电路排设注意事项。

a. 凡过道路线均须在地下埋设钢管，电线从地下穿管过路。

b. 向上各层用电线沿钢管脚手架架设，并设分配电箱。

c. 采用三相五线制，立电杆、横杆、瓷瓶固定。

d. 电源的选择：由已建工具车间仓库接到现场装表计量使用。

⑤ 线路布置：详见施工平面布置图。

2）现场排水排污系统 现场排水排污系统的好坏，直接影响到其文明施工现场能否达标，因此，排水排污系统采用：在搅拌机一侧设沉淀池一个，污水经沉淀池沉淀后就近排入厂区下水道。

3）现场临时供水 本工程现场施工用水由厂区西侧已建污水处理站就近接入现场装表计量使用。

附　录

附录1　实例一　新建部件变电室

1.1　新建部件变电室图纸

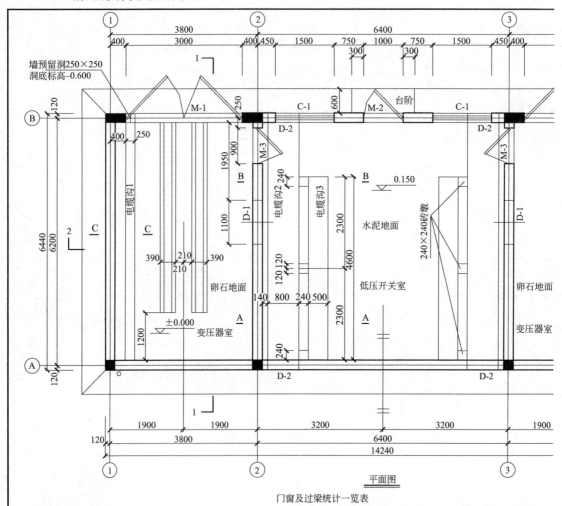

平面图

门窗及过梁统计一览表

类别	编号	洞口尺寸/mm		数量	门窗选用标准图集及其编号		过梁选用标准图集及其编号	
		宽度	高度		标准图集	编号	标准图集	编号
门	M-1	3000	3300	2	J652	M110-3033	J652	ML3024-2
	M-2	1000	2200	1	成品金属防盗门		03G322-1	GL-4102
	M-3	900	2200	2	成品实木门		03G322-1	GL-4102
窗	C-1	1500	1950	2	现配塑料窗		03G322-1	GL-4152
洞	D-1	1100	300	2				MK-1
	D-2	800	300	4				地圈梁代替

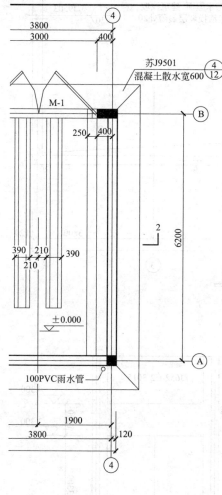

备　　注
MT3324断面240×250改为240×520,纵筋增加4φ10,ML以上改为GZ
80系列5厚白玻
洞底标高3.800
洞底标高−0.600

施工设计总说明

一、设计依据
1.国家现行的有关设计规范及强制性标准条文。
2.工艺设计部艺(总)通[2007]159号通知及工艺师提供的相关工艺资料。

二、工程概况
1.本工程为新建部件变电室,建设地点位于新建南厂污水处理厂北侧,具体位置由相关人员现场放线确定。
2.变电室室内地面标高为±0.000,其基准点现场由工艺人员现场确定。

三、建筑做法
1.防潮层:选用钢筋混凝土防潮层,由地圈梁代替,详见基础施工图。
2.地面做法——A.水泥地面:80厚C20混凝土随捣随抹,表面洒1:1水泥黄砂压实抹光,100厚碎石夯实,素土夯实。
　　B.卵石地面:250厚粒径50~80mm卵石,80厚C20混凝土,素土夯实。
3.内墙面做法——乳胶漆墙面:刷白色乳胶漆,5厚1:0.3:3水泥石灰膏砂浆粉面压实抹光,12厚1:1:6水泥石灰膏砂浆打底。
4.外墙面做法——乳胶漆墙面:刷外墙用乳胶漆,6厚1:2.5水泥砂浆压实抹光,水刷带出小麻面,12厚1:3水泥砂浆打底。颜色见立面图所示。
5.屋面做法——刚性防水屋面:40厚C20细石混凝土内配 φ12@150双向钢筋,粉平压光,洒细砂一层,再干铺纸胎油毡一层,20厚1:3水泥砂浆找平层,现浇钢筋混凝土屋面板。
6.平顶做法——板底乳胶漆顶:刷白色乳胶漆,6厚1:0.3:3水泥石灰膏砂浆粉面,6厚1:0.3:3水泥石灰膏砂浆打底扫毛,刷素水泥浆一道(掺水重5%建筑胶),现浇板。
7.油漆做法——防锈漆一度,刮腻子,海蓝色调和漆二度。

四、基础工程
1.基础按地基承载力特征值f_{ak}=150kPa设计,基础开挖至设计标高须验槽以调整设计参数。
2.构造柱应伸入基础混凝土内。

五、钢筋混凝土工程
1.混凝土强度等级除注明外均为C20。
2.钢筋——φ为HPB300级钢,Φ为HRB335级钢。
3.钢筋保护层——板:20,梁:30,柱:30。
4.钢板及型钢为Q235级钢,焊条为E43型。

六、砌体工程
1.墙体——±0.000以下用MU10黏土实心砖M5水泥砂浆砌筑,余用MU10KP1多孔砖M5混合砂浆砌筑,砌体砌筑施工质量控制等级为B级。
2.抗震节点构造见图集苏G02—2004。

七、其他
1.施工图中除标高以米(m)为单位外,余均以毫米(mm)为单位。
2.所有预留孔洞及预埋件施工时应与各工种配合,不得遗漏。
3.未尽事项均按现行设计、施工及验收规范等有关规定执行。

工　程　名　称		图名	建施
新建部件变电室		图号	01
总工程师	设　计	图纸内容	平面图 施工设计总说明 门窗及过梁统计一览表
室主任	制　图		
审　核	校　对		
专业负责人	复　核		

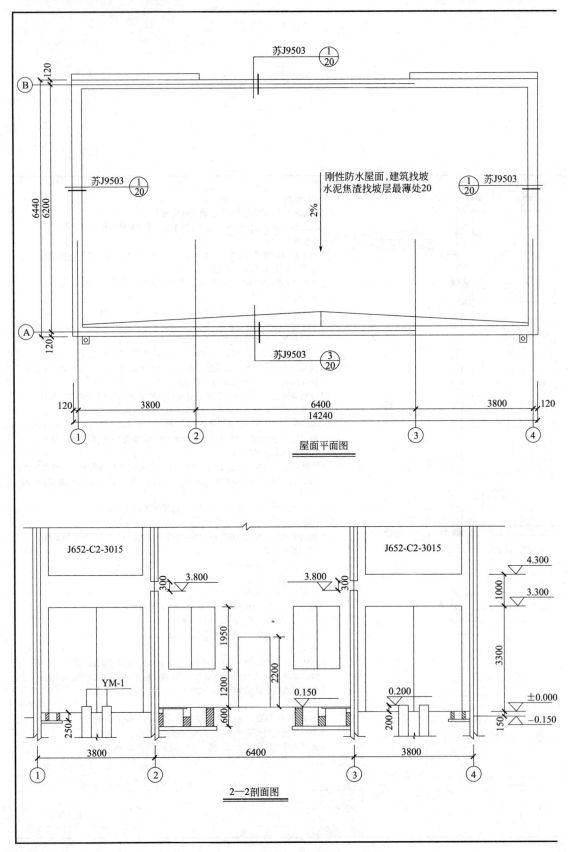

屋面平面图

2—2剖面图

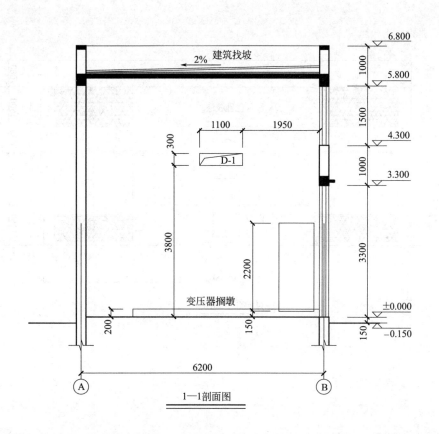

1—1剖面图

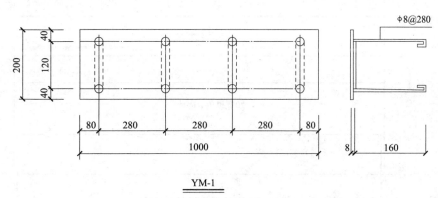

YM-1

钢板面标高0.200,共16块均匀设置

工 程 名 称				图名	建施
新建部件变电室				图号	02
总工程师		设 计		图纸内容	屋面平面图
室 主 任		制 图			1—1剖面图
审 核		校 对			2—2剖面图
专业负责人		复 核			

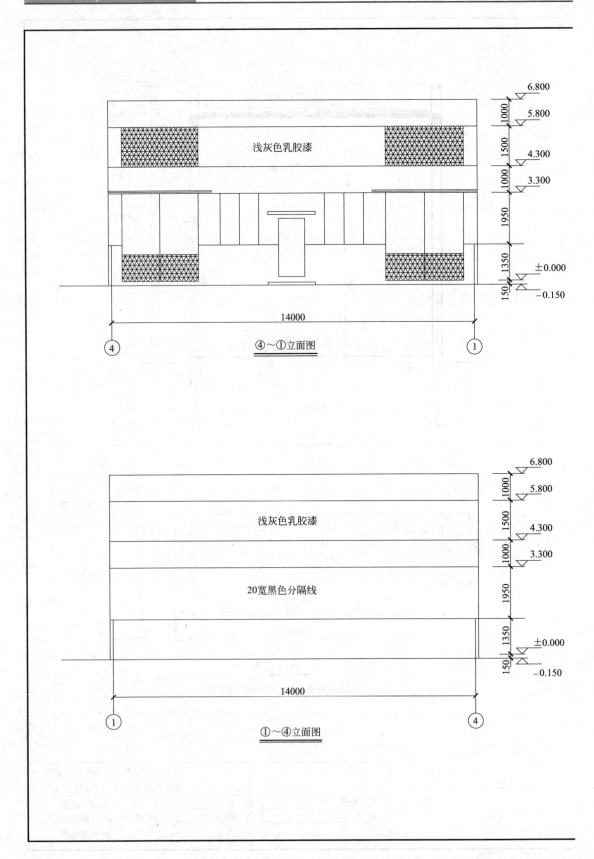

④~①立面图

①~④立面图

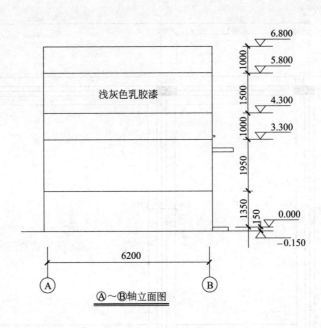

Ⓐ～Ⓑ轴立面图

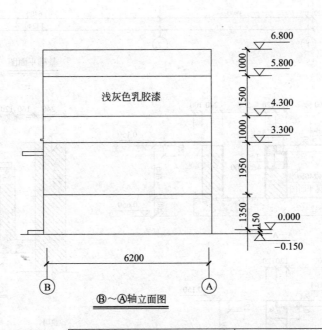

Ⓑ～Ⓐ轴立面图

工 程 名 称		图名	建施
新建部件变电室		图号	03

总工程师		设 计			④~①立面图
室 主 任		制 图		图纸	①~④立面图
审 核		校 对		内容	Ⓐ~Ⓑ轴立面图
专业负责人		复 核			Ⓑ~Ⓐ轴立面图

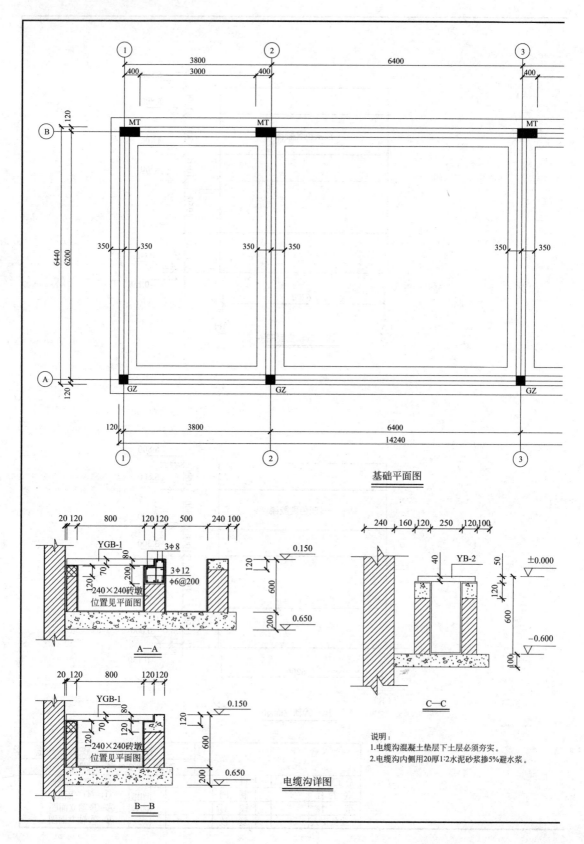

基础平面图

电缆沟详图

说明：
1.电缆沟混凝土垫层下土层必须夯实。
2.电缆沟内侧用20厚1:2水泥砂浆掺5%避水浆。

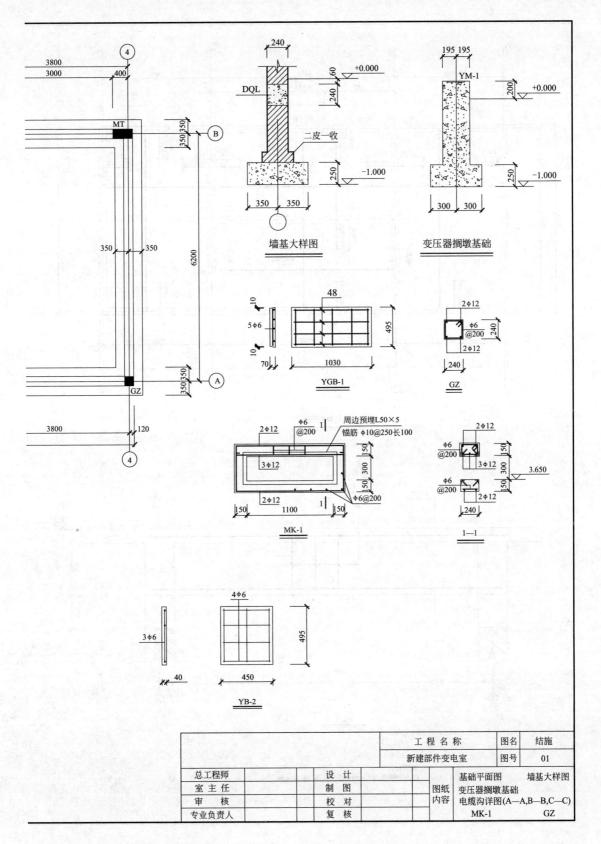

墙基大样图

变压器搁墩基础

YGB-1

GZ

MK-1

1—1

YB-2

工 程 名 称		图名	结施
新建部件变电室		图号	01
总工程师	设 计	图纸内容	基础平面图　墙基大样图
室 主 任	制 图		变压器搁墩基础
审 核	校 对		电缆沟详图(A—A,B—B,C—C)
专业负责人	复 核		MK-1　　　　GZ

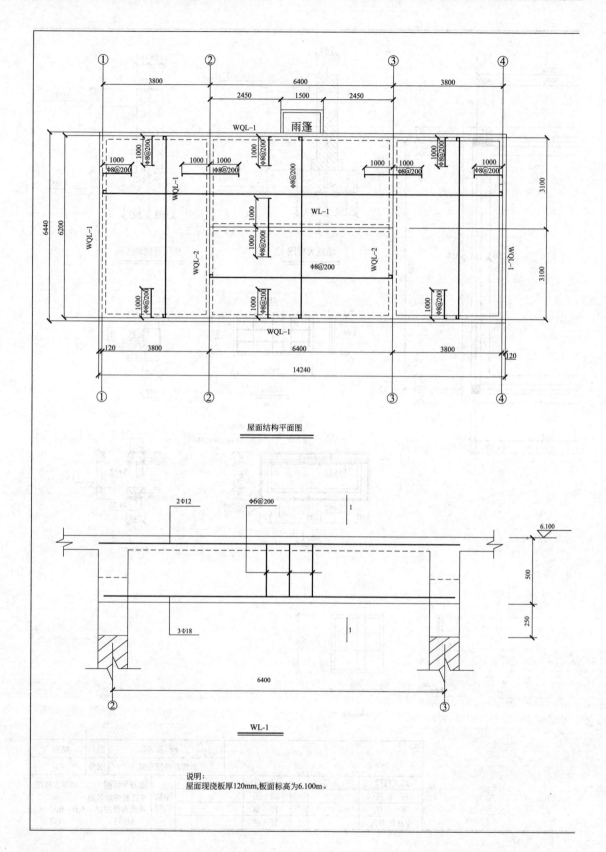

屋面结构平面图

WL-1

说明：
屋面现浇板厚120mm,板面标高为6.100m。

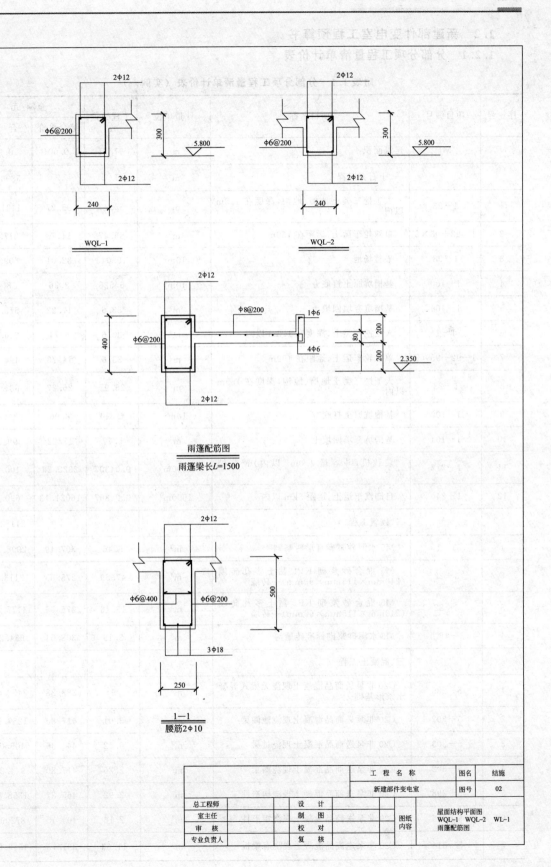

WQL-1

WQL-2

雨篷配筋图

雨篷梁长L=1500

1—1
腰筋2φ10

工 程 名 称		图名	结施
新建部件变电室		图号	02
总工程师		设　计		图纸内容	屋面结构平面图 WQL-1　WQL-2　WL-1 雨篷配筋图
室主任		制　图	
审　核		校　对	
专业负责人		复　核	

1.2 新建部件变电室工程预算书

1.2.1 分部分项工程量清单计价表

附表 1.1 分部分项工程量清单计价表（实例一）

序 号	项目编号	项目名称	计量单位	工程数量	综合单价	合 价
	MJ	建筑面积	m²	91.71	0.00	0.00
		一、土石方工程	m³			5800.89
1	1—23	人工挖三类土地槽、地沟,深度在 1.5m 以内	m³	55.47	25.27	1401.73
2	1—92+95×2	单双轮车运土,运距在 150m	m³	55.47	14.73	817.07
3	1—98	平整场地	10m²	19.043	32.01	609.57
4	1—100	基槽坑原土打底夯	10m²	6.526	8.96	58.47
5	1—104	基槽坑夯填回填土	m³	33.6	17.22	578.59
6	1—1	人工挖一类土,深度在 1.5m 以内	m³	33.6	6.74	226.46
7	1—92+95×2	单双轮车运土,运距在 150m	m³	33.6	14.73	494.93
8	1—23	人工挖三类土地槽、地沟,深度在 1.5m 以内	m³	26.97	25.27	681.53
9	1—100	基槽坑原土打底夯	10m²	4.814	8.96	43.13
10	1—104	基槽坑夯填回填土	m³	5.77	17.22	99.36
11	1—212	装载机(斗容量 1.0m³ 以内)铲装松散土	1000m³	0.04307	2322.26	100.02
12	1—240	自卸汽车运土,运距 3km 以内	1000m³	0.04307	16021.13	690.03
		二、砌筑工程				21183.86
1	3—1	M5 水泥砂浆砌直形砖基础	m³	9.46	307.49	2908.86
2	3—22	M5 混合砂浆砌 KP1 黏土多孔砖墙(240mm×115mm×90mm)一砖墙	m³	47.59	275.55	13113.42
3	3—22	M5 混合砂浆砌 KP1 黏土多孔砖墙(240mm×115mm×90mm)一砖墙	m³	15.16	275.55	4177.34
4	3—46.1	M5 水泥砂浆砌标准砖地沟	m³	3.19	308.54	984.24
		三、混凝土工程				53794.36
1	5—285	C20 非泵送商品混凝土现浇无梁式混凝土条形基础	m³	9	383.88	3452.02
2	5—302	C20 非泵送商品混凝土现浇地圈梁	m³	3.01	417.80	1257.58
3	5—303	C20 非泵送商品混凝土现浇过梁	m³	0.92	441.36	406.05
4	5—302	C20 非泵送商品混凝土现浇圈梁	m³	2.26	417.80	944.23
5	5—298	C20 非泵送商品混凝土现浇构造柱	m³	2.92	465.37	1358.88
6	5—295	C20 非泵送商品混凝土现浇矩形柱	m³	2.16	404.15	872.96
7	5—314	C20 非泵送商品混凝土现浇有梁板	m³	11.63	391.75	4556.06

序 号	项目编号	项目名称	计量单位	工程数量	综合单价	合 价
					金额/元	
8	5—310	C20非泵送商品混凝土现浇依附于梁墙上的混凝土线条	10m	0.808	103.59	83.70
9	5—322	C20非泵送商品混凝土现浇复式雨篷	10m²（水平投影）	0.12	467.95	56.15
10	5—331	C20非泵送商品混凝土现浇压顶	m³	1.79	429.81	769.36
11	5—341	C20非泵送商品混凝土现场预制过梁	m³	0.08	403.13	32.25
12	5—351	C20非泵送商品混凝土现场预制平板、隔断板	m³	1.07	442.83	473.83
13	5—332	C20非泵送商品混凝土现浇小型构件	m³	0.24	434.86	104.37
14	2—122	C20非泵送无筋商品混凝土垫层	m³	5.31	372.87	1979.94
15	5—293	C20非泵送商品混凝土现浇设备基础，混凝土块体20m³以内	m³	9.91	381.82	3783.84
16	4—27	铁件制作安装	t	0.24	13744.24	3298.62
17	5—301	C20非泵送商品混凝土现浇异形梁（地沟上）	m³	0.53	388.18	205.74
18	5—302	非泵送商品混凝土现浇圈梁	m³	1	417.80	417.80
19	4—1换	现浇混凝土构件钢筋12mm以内	t	1.2049	7545.67	9091.78
20	4—2换	现浇混凝土构件钢筋25mm以内	t	2.8052	7198.29	20192.64
21	4—9	现场预制混凝土构件钢筋，20mm以内	t	0.0606	7486.34	453.67
		四、构件运输及安装工程				185.61
1	7—93	安装小型构件，塔式起重机	m³	1.07	98.36	105.25
2	7—106	构件接头灌缝，平板	m³	1.07	75.10	80.36
		五、门窗工程				10361.00
1	8—9	厂库房板钢大门（平开式）门扇制作	10m²	1.98	3415.53	6267.75
2	8—10	厂库房板钢大门（平开式）门扇安装	10m²	1.98	232.45	460.25
3	0—0换	成品内门	樘	2	350.00	700.00
4	0—0换	防盗门	樘	1	800.00	800.00
5	0—0换	塑钢窗	m²	5.85	280.00	1638.00
		六、屋面防水保温隔热工程				3682.78
1	9—73	刚性防水细石混凝土屋面，无分隔缝，40mm厚	10m²	8.201	264.48	2169.00
2	9—188	PVC落水管100mm	10m	1.25	301.28	376.60
3	9—190	PVC水斗100mm	10只	0.2	266.39	53.28
4	9—201	女儿墙铸铁弯头落水口	10只	0.2	968.81	193.76

序　号	项目编号	项目名称	计量单位	工程数量	金额/元	
					综合单价	合　价
5	12—15	1：3 水泥砂浆找平层（厚 30mm）混凝土	10m²	8.201	108.54	890.14
		七、楼地面工程				6495.80
1	12—9	碎石干铺	m³	2.01	142.50	286.43
2	12—13.2	C20 非泵送商品混凝土垫层，不分隔	m³	3.91	385.56	1507.54
3	1—99	地面原土打夯底	10m²	4.882	6.97	34.03
4	11—30	地沟壁抹灰	10m²	4.969	183.05	909.58
5	12—26	1：1 水泥砂浆面层厚 5mm，加浆抹光随捣随抹	10m²	2.013	60.96	122.71
6	0—0 换	卵石地面	m²	28.69	75.00	2151.75
7	12—25	1：3 水泥砂浆台阶面层	10m²(水平投影)	0.096	294.77	28.30
8	12—27	1：2 水泥砂浆踢脚线面层	10m	6.232	42.18	262.87
9	12—172	C15 混凝土散水	10m²(水平投影)	2.53	471.38	1192.59
		八、墙柱面工程				12503.92
1	13—20	阳台雨篷抹水泥砂浆	10m²(水平投影)	0.12	669.57	80.35
2	13—11	砖外墙面，墙裙抹水泥砂浆	10m²	29.904	187.77	5615.07
3	13—21	单独门窗套、窗台、压顶抹水泥砂浆	10m²	3.377	492.40	1662.83
4	13—25	混凝土装饰线条抹水泥砂浆	10m²	0.291	515.34	149.96
5	13—31	砖内墙面抹混合砂浆	10m²	32.899	151.85	4995.71
		九、天棚工程				1132.71
	14—115	现浇混凝土混合砂浆面	10m²	8.383	135.12	1132.71
		十、油漆工程				15372.84
1	16—53	刷底油、油色、清漆两遍，单层木门	10m²	0.792	156.17	123.69
2	16—259	调和漆两遍，单层钢门窗	10m²	3.96	88.84	351.81
3	16—263	红丹防锈漆一遍，单层钢门窗	10m²	3.96	49.99	197.96
4	16—308	内墙抹灰面上批，刷两遍乳胶漆，801 胶白水泥腻子	10m²	33.319	103.40	3445.18
5	16—308 换	内墙抹灰面上批，刷两遍乳胶漆，801 胶白水泥腻子	10m²	8.383	110.03	922.38
6	0—0 换	外墙乳胶漆	m²	271.89	38.00	10331.82
		十一、签证加角铁				5497.70
	4—27	铁件制作安装	t	0.4	13744.24	5497.70
		总计		136011.47		

1.2.2 工程量计算书

附表 1.2 工程量计算书（实例一）

序 号	编 号	项目名称、计算表达式	单 位	数 量
		一、临时设施费	项	1.000
	费用	分部分项工程量清单合计×1%（算式 136011.47×1%）		1.000
		二、混凝土、钢筋混凝土模板及支架	项	1.000
1	20—3	现浇无梁式带形基础，复合木模板	10m²	0.666
2	20—41	现浇圈梁、地坑支撑梁复合木模板	10m²	5.223
3	20—43	现浇过梁，复合木模板	10m²	1.104
4	20—31	现浇构造柱，复合木模板	10m²	3.241
5	20—26	现浇矩形柱，复合木模板	10m²	1.728
6	20—59	现浇板厚 20cm 内，复合木模板	10m²	9.385
7	20—44	木模板，现浇依附于梁上的混凝土线条	10m	0.808
8	20—74	现浇复式雨篷，复合木模板	10m² 水平投影	0.120
9	20—90	现浇压顶，复合木模板	10m²	1.987
10	20—114	现浇预制矩形梁，复合木模板	10m²	0.070
11	20—137	现浇预制隔断板，木模板	10m²	0.439
12	20—85	现浇檐沟、小型构件，木模板	10m²	0.432
13	20—1	现浇混凝土垫层基础组合模板	10m²	0.706
14	20—13	现浇块体设备基础（单体 20m³ 以内）复合木模板	10m²	2.210
15	20—39	现浇异形梁，复合木模板	10m²	0.567
		三、脚手架费	项	1.000
1	19—23	电梯井字架，搭设高度 20m 以内	座	1.000
2	19—8×0.3	满堂脚手架，基本层，高 8m 以内	10m²	7.915
		(6.2−0.24)×(14−0.24×3)		79.150
			合计	79.150m²
3	19—8	满堂脚手架，基本层，高 8m 以内	10m²	7.915
4	19—5	斜道，高 2m 以内	座	1.000
5	19—3	砌墙脚手架，双排外架子，高 12m 以内	10m²	28.745
		(6.44+14.24)×2×(6.8+0.15)		287.450
			合计	287.450m²
6	19—2	砌墙脚手架，单排外架子，高 12m 以内	10m²	1.192
		(6.2−0.24)×2		11.92
			合计	11.92m²
		四、垂直运输机械费	项	1.000
	22—1	建筑物垂直运输费，卷扬机施工，砖混机构，檐高 20m 以内（6层）	天	20.000
		五、检验试验费	项	1.000
	费用	分部分项工程量清单合计×0.18%（算式 136011.47×0.18%）	项	1.000

1.2.3 乙供材料表

附表 1.3 乙供材料表（实例一）

序 号	材料编码	材 料 名 称	规格型号 等特殊要求	单 位	数 量	单位/元
1	C000000	其他材料费		元	15621.570	
2	C101022	中砂		t	58.758	
3	C102011	道碴 40~80mm		t	2.859	
4	C102040	碎石 5~16mm		t	4.283	
5	C102041	碎石 5~20mm		t	2.009	
6	C102042	碎石 5~40mm		t	3.317	
7	C105012	石灰膏		m³	2.130	
8	C201008	标准砖 240mm×115mm×53mm		百块	76.355	
9	C201016	多孔砖 KP1 240mm×115mm×90mm		百块	210.840	
10	C206038	磨砂玻璃 3mm		m²	2.851	
11	C301002	白水泥		kg	220.604	
12	C301023	水泥 32.5 级		kg	12357.485	
13	C303064.2	商品混凝土 C20(非泵送)粒径≤20mm		m³	28.540	
14	C303064.3	商品混凝土 C20(非泵送)粒径≤31.5mm		m³	2.679	
15	C303064.4	商品混凝土 C20(非泵送)粒径≤40mm		m³	24.678	
16	C303066.1	商品混凝土 C20(非泵送)粒径≤16mm		m³	1.097	
17	C401029	普通成材		m³	0.060	
18	C401035	周转木材		m³	0.523	
19	C405015	复合木模板 18mm		m²	57.971	
20	C406002	毛竹		根	5.317	
21	C406007	竹笆片		m²	9.408	
22	C501014	扁钢		t	0.014	
23	C201074	角钢		t	0.412	
24	C501114	型钢		t	0.679	
25	C502018	钢筋(综合)		t	4.152	
26	C503101	钢板厚度 1.5mm		t	0.210	
27	C504098	钢支撑(钢管)		kg	122.026	
28	C504177	脚手钢管		kg	263.205	

序 号	材料编码	材 料 名 称	规格型号等特殊要求	单 位	数 量	单位/元
29	C505655	铸铁弯头出水口		套	2.020	
30	C507042	底座		个	1.168	
31	C507108	扣件		个	44.613	
32	C209006	电焊条 E422		kg	113.317	
33	C510122	镀锌铁丝 8#		kg	59.025	
34	C510127	镀锌铁丝 22#		kg	15.016	
35	C210142	钢丝弹簧 $L=95mm$		个	1.584	
36	C511076	带帽螺栓		kg	0.772	
37	C511205	对拉螺栓(止水螺栓)		kg	6.829	
38	C511366	零星卡具		kg	35.510	
39	C511533	铁钉		kg	26.847	
40	C511565	专用螺母垫圈 3 型		个	1.426	
41	C513105	钢珠规格 32.5		个	6.138	
42	C513287	组合钢模板		kg	3.817	
43	C601031	调和漆		kg	8.910	
44	C601036	防锈漆(铁红)		kg	7.720	
45	C601041	酚醛清漆各色		kg	2.028	
46	C601043	酚醛无光调和漆(底漆)		kg	0.071	
47	C601057	红丹防锈漆		kg	6.534	
48	C601106	乳胶漆(内墙)		kg	143.038	
49	C603045	油漆溶剂油		kg	3.515	
50	C604038	石油沥青油毡 350#		m²	86.111	
51	C605014	PVC 管直径 20mm		m	10.166	
52	C605024	PVC 束接直径 100mm		只	5.465	
53	C605154	塑料抱箍(PVC)直径 100mm		副	15.290	
54	C605155	塑料薄膜		m²	120.675	
55	C605291	塑料水斗(PVC 水斗)直径 100mm		只	2.040	
56	C605291	塑料弯头(PVC)直径 100mm 135 度		只	0.713	
57	C605356	增强塑料水管(PVC 水管)直径 100mm		只	12.750	

序　号	材料编码	材　料　名　称	规格型号 等特殊要求	单　位	数　量	单位/元
58	C506138	橡胶板 2mm		m²	3.465	
59	C606139	橡胶板 3mm		m²	0.792	
60	C607018	石膏粉		kg	27.085	
61	C608003	白布		m²	0.063	
62	C608049	草袋子 1m×0.7m		m²	0.344	
63	C608101	麻绳		kg	0.011	
64	C608144	砂纸		张	18.374	
65	C608191	纸筋		kg	0.233	
66	C609032	大白粉		kg	26.689	
67	C609041	防水剂		kg	28.231	
68	C610029	玻璃密封胶		kg	0.475	
69	C613003	801胶		kg	107.086	
70	C613098	胶水		kg	0.279	
71	C613206	水		m³	114.412	
72	C613249	氧气		m³	32.158	
73	C613253	乙炔气		m³	13.979	
74	C901030	场地运输费		元	29.714	
75	C901114	回库修理、保养费		元	38.533	
76	C901167	其他材料费		元	983.798	

1.3　新建部件变电室工程合同

附表 1.4　建筑安装施工合同（实例一）

×××—98—001

建筑安装施工合同

建设单位×××有限公司　　　　甲　　　　合　同　编　号_____

　　　　　　　　　　（以下简称　方）　合同签订地址××公司

施工单位×××建设工程有限公司　乙　　　　签　订　日　期 2008 年 3 月 2 日

　　根据《中华人民共和国合同法》、《中华人民共和国建筑法》，双方本着平等互利、互信的原则，签订本施工合同。

第一条　工程项目及范围：

工程项目及范围	结构	层数	建筑面积/m²	承包形式	工程造价	工程地点
内机部件变电室	砖混	1	92	双包	约 18 万元	××公司

合同总造价（大写）约壹拾捌万元（以决算最终审定价为准）

第二条　工程期限：

　　本工程自 2008 年 3 月 2 日至 2008 年 5 月 13 日完工。

第三条　质量标准：

　　依照本工程施工详图、施工说明书及中华人民共和国住房和城乡建设部颁发的建筑安装工程施工及验收暂行技术规范与有关补充规定办理。做好隐蔽工程，分项工程的验收工作。对不符合工程质量标准的要认真处理，由此造成的损失由乙方负责。

第四条　甲乙双方驻工地代表：

　　甲方驻工地代表名单：_____×××_____

　　乙方驻工地代表名单：_____×××_____

第五条　材料和设备供应：

　　凡包工包料工程，由甲方提供材料计划，乙方负责采购调运进场，凡包工不包料工程，甲方应根据乙方施工进度要求，按质按量将材料和设备及时进场，并堆放在指定地点，如因甲方材料和设备供应脱节而造成乙方待料窝工现象，其损失由甲方负责。

第六条　付款办法：本工程预决算按《江苏省建筑与装饰工程计价表》编制。

　　1. 基建项目按省建工局和建设银行规定办法付款。

　　2. 工程费用按下列办法付款：

　　工程开工前甲方预付工程款　　　　%计_____/_____元

　　工程完成____/____时甲方付进度款　%计_____/_____元

　　工程完成____/____时甲方付进度款　%计_____/_____元

　　工程竣工经验收合格，且结算经审定后工程款付至95％，余款待保修期满一年后15天内付清。

第七条　竣工验收：

　　工程竣工后，甲、乙双方应会同有关部门进行竣工验收，在验收中提出的问题，乙方要限期解决。工程经验收签证、盖章并结算材料财务手续后准许交付使用。

第八条　其他：

　　1. 甲方在开工前应做好施工现场的"三通"（路通、水通、电通）。

　　2. 单包工程甲方应帮助乙方解决住宿和用膳问题。

　　3. 施工中如甲方提出工程变更，应由甲方提请设计部门签发变更通知书，由于工程变更造成的损失由甲方负责。

　　4. 本工程设计预算如有漏列项目或差错，在本合同有效期内审查修正，竣工结算时以工程决算书为准。

第九条　本合同一式_____肆_____份，在印章齐全后，至工程竣工验收，款项结清前有效。

本合同未尽事宜，双方协商解决。

第十条　违约责任：_____执行《中华人民共和国合同法》_____。

第十一条　解决合同纠纷的方式由当事人从下列方式中选择一种：

　　1. 协商解决不成的提交××仲裁委员会仲裁

　　2. 协商解决不成的依法向××人民法院起诉

第十二条　其他约定事项：1. 乙方必须遵守甲方有关职业健康、安全、环境保护、治安管理、红黄牌考核的协议规定和要求，如发生安全事故，责任一律由乙方负责。2. 施工前，乙方必须将主要材料的价格报甲方审核。主要材料进场必须经甲方验收，报验不及时罚款500元/次。3. 如延误工期（非甲方原因），罚款1000元/天。4. 措施项目及其他项目费计算标准：①临时设施费，土建装饰1％、安装0.6％计；②检验试验费，土建装饰0.18％、安装0.15％计；③现场安全文明施工措施费，土建装饰2％、安装0.7％计。5. 工艺变更、设计变更及图纸外的工程内容办理签证。

甲方：	乙方：
法定代表人：	法定代表人：
委托代理人：	委托代理人：
电话：	电话：
开户银行：	开户银行：
账号：	账号：
经办人：	经办人：
建管处见证：	建管处见证：
年　　月　　日	年　　月　　日

　　监制部门：×××工商行政管理局　　　　　　　　　　　　印制单位：×××印刷有限公司

附录 2 实例二 总二车间扩建厂房

2.1 总二车间扩建厂房图纸

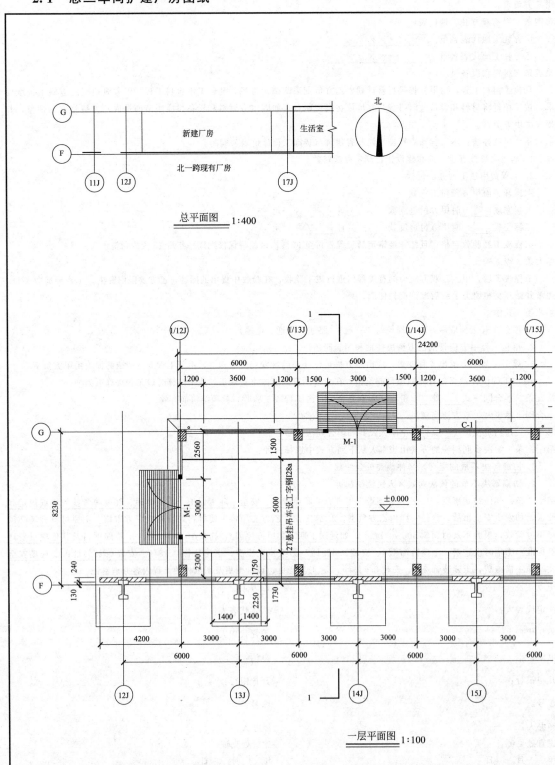

总平面图 1:400

一层平面图 1:100

门窗表

类别	编号	洞口尺寸		数量	过梁选用		备 注
		洞口宽度/m	洞口高度/m		标准图集	编 号	
洞	D-1	1500		1	见结构图		
窗	C-1	3600	3000	2	见结构图		塑钢窗,上封闭下推拉
	C-2	1500	900	2	03G322-1	GL-4152	塑钢窗,上封闭下推拉
	C-3	3600	1800	4	见结构图		塑钢窗,上封闭下推拉
	C-4	1800	1800	4	03G322-1	GL-4182	塑钢窗,上封闭下推拉
	C-5	900	1800	1	03G322-1	GL-4102	塑钢窗,上封闭下推拉
门	M-1	3000	4420	2	02J611-1	ML4A-302A	平开钢大门,参见02J611-1,M11-3339,门樘参MT4-42A
	M-2	1800	2100	1	参见 02J611-1	参见 ML4A-1824A	平开钢大门,参见02J611-1,M11-2124,门樘参MT4-21A

建筑施工说明

一、本工程为××厂内机分厂总二车间贴建厂房工程,采用钢筋混凝土框架结构,本工程耐久等级按二级设计,结构设计使用耐久年限为50年。抗震设防类别为丙类,设防烈度为7度。

二、建筑物室内地坪标高为±0.000,相当于北一跨车间地面标高。

三、施工图中除标高以m为单位外,其余均以mm为单位,所用轴编号均根据所靠老厂房编号标注。

四、建筑用料

1.墙基防潮 20厚1:2水泥砂浆掺5%避水浆,位置在-0.06标高处。

2.砌体:±0.000以下:MU10标准实心黏土砖,M5水泥砂浆砌筑。
±0.000以上:除注明外均为200厚KP1空心砖,M5混合砂浆砌筑。
当图纸无专门标明时,一般轴线位于各墙距的中心。

3.地面:(1)耐磨地坪,下铺150厚C25混凝土。
(2)人行道:耐磨地坪,道两边铺120宽黄色地砖。

4.楼面:选用水磨石楼面,见苏J01—2005,3-5。
楼梯:选用水泥砂浆,见苏J01—2005,3-2。

5.屋面:(1)屋面采用Ⅲ级防水屋面;做法见图集苏J01—2005,7-12,54页。
(2)屋面板底喷白色涂料(二度)。

6.内墙:采用混合砂浆粉面(包括F轴老墙面):15厚1:6:6水泥石灰砂浆打底,5厚1:0.3:3水泥石灰砂浆粉面,刷白色内墙涂料。

7.外墙:外墙面采用乳胶漆墙面:12厚1:3水泥砂浆打底,6厚1:2.5水泥砂浆粉面压实抹光,水刷带出小麻面。刷外墙用乳胶漆,位置及颜色见立面图。

8.门窗:本工程门窗采用90系列塑料窗,白色框料,5mm白色玻璃;所有门窗洞口尺寸及数量均请施工单位现场核实。

9.落水管:采用白色UPVC管,规格φ100,屋面落水口见屋面平面图。

10.坡道:选用水泥防滑坡道,见图集苏J01—2005,11-8。

11.所有埋入墙内构件均需作防腐处理,木构件涂满柏油钢铁构件刷红丹二度。

12.新旧建筑物交接处缝用沥青麻丝填充,26#白铁皮盖缝。

五、其他说明

1.设计图中采用标准图、通用图,重复使用图纸时均应按相应图集图纸的要求施工。

2.所有预留孔及预埋件(水、电、暖)施工时应与各工种密切配合,避免遗漏。

3.本工程所有材料及施工要求除注明外,请遵行《建筑安装工程施工验收规范》执行。

4.所有涉及颜色的装修材料,施工单位应先提供样品及小样,待设计人员认可后方能施工。

5.建筑物地面、楼面、屋面荷载取值见国家现行的《建筑结构荷载规范》。

工 程 名 称		图名	建施
总二车间扩建厂房		图号	1/3
证书等级: 证书编号:			
总工程师	设计计算	图纸内容	一层平面图 总平面图
室主任	制 图		
审 核	校 对		建筑施工说明 门窗表
专业负责人	复 核		

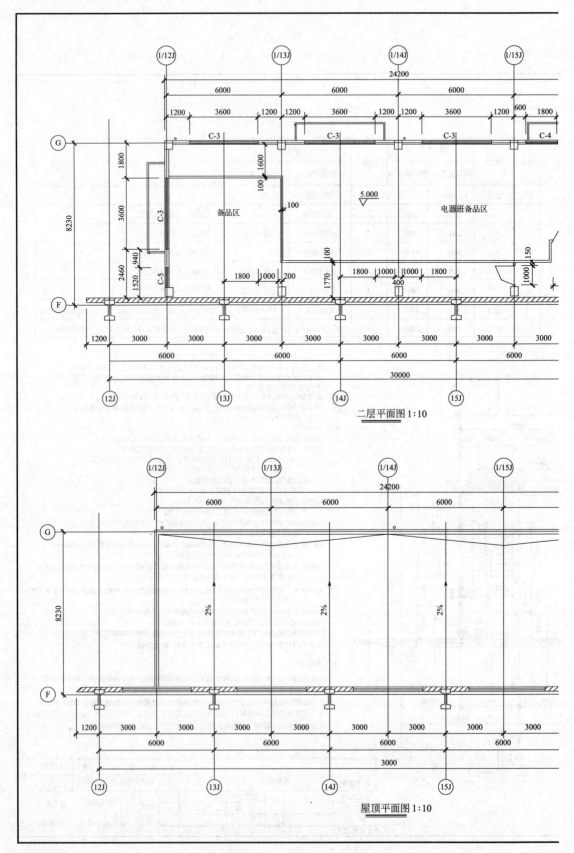

二层平面图 1:10

屋顶平面图 1:10

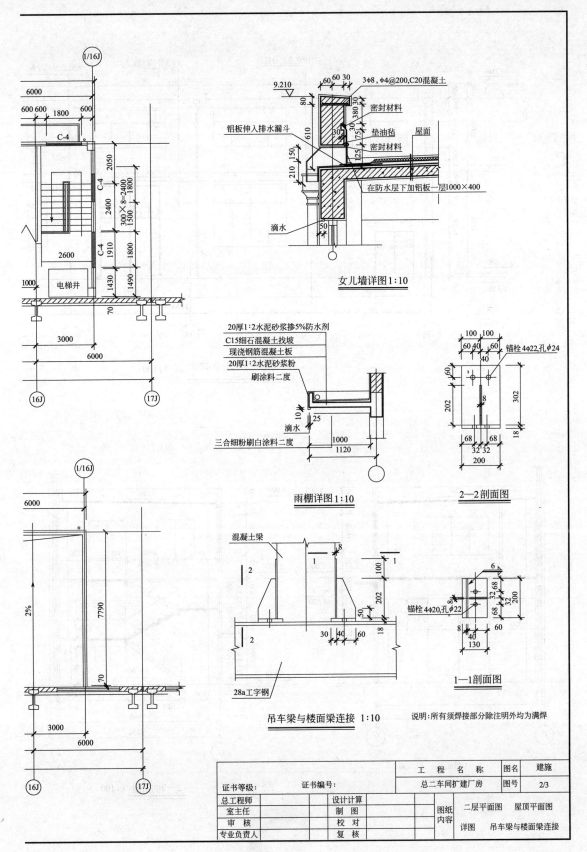

女儿墙详图1:10

雨棚详图1:10

吊车梁与楼面梁连接 1:10

说明:所有须焊接部分除注明外均为满焊

2—2剖面图

1—1剖面图

证书等级:		证书编号:			工 程 名 称		图名	建施
总工程师		设计计算			总二车间扩建厂房		图号	2/3
室主任		制 图						
审 核		校 对			图纸内容	二层平面图	屋顶平面图	
专业负责人		复 核				详图	吊车梁与楼面梁连接	

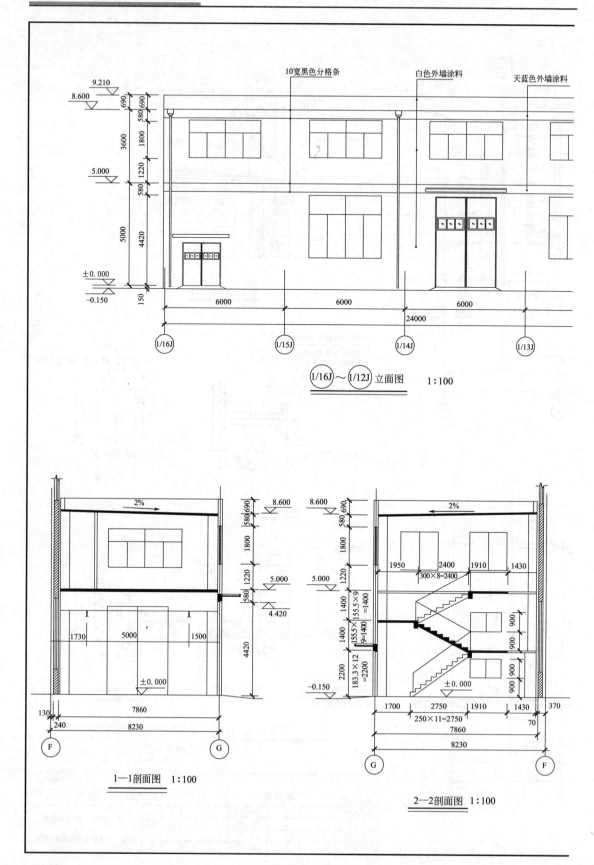

$\underline{(1/16J) \sim (1/12J) \text{立面图}}$ 1:100

$\underline{1-1剖面图}$ 1:100

$\underline{2-2剖面图}$ 1:100

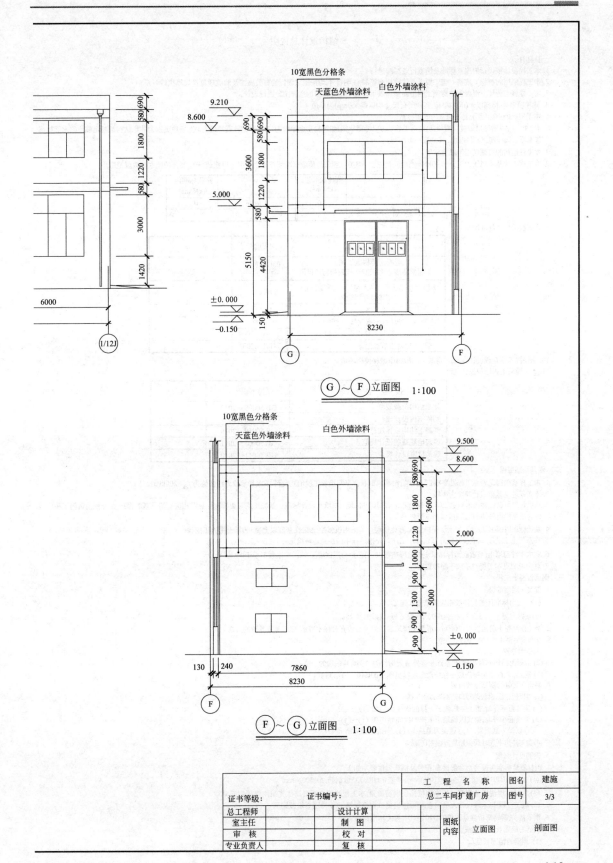

10宽黑色分格条
天蓝色外墙涂料
白色外墙涂料

9.210
8.600

690
580|690
3600
1800
1220
580
5150
4420

±0.000
−0.150

150

8230

G   F

Ⓖ~Ⓕ 立面图   1:100

10宽黑色分格条
天蓝色外墙涂料   白色外墙涂料

9.500
8.600

580|690
1800
3600
1220
1000
900
1300
5000
900

±0.000
−0.150

130   240   7860
8230

F   G

Ⓕ~Ⓖ 立面图   1:100

580|690
1800
580|1220
3000
1420
6000
(1/12J)

证书等级：		证书编号：		工 程 名 称	图名	建施
总工程师		设计计算		总二车间扩建厂房	图号	3/3
室主任		制 图		图纸内容		
审 核		校 对			立面图	剖面图
专业负责人		复 核				

结构设计总说明

一、一般说明

1. 本工程设计按现行的国家标准及国家行业标准进行。
2. 本工程所用的材料、规格、施工要求及验收标准等,除注明者外,均按国家现行的有关施工及验收规范、规程执行。
3. 本工程施工图按《混凝土结构施工图平面整体表示方法制图规则和构造详图》进行设计。
4. 除注明者外,标高以米(m)为单位,其余所有尺寸均以毫米(mm)为单位。
5. 本工程±0.000相当于北一跨室内地面标高。
6. 本工程为框架结构,按7度抗震设防,属丙类建筑,(0.10g第一组)建筑物安全等级为二级,框架抗震等级为3级,场地类别为Ⅲ类,结构混凝土临土临水面抗渗基本按环境二a类控制。其余按一类控制。
7. 本工程结构的合理使用年限为50年。
8. 本工程设计基本风压为: $W_0=0.40kN/m^2$,地面粗糙度为B类。部分活荷载标准值按下表采用不得超载,未注明部分按国家荷载规范取用。

项　目	荷载标准值 /(kN/m^2)	项　目	荷载标准值 /(kN/m^2)
楼面	5.0	不上人屋面	0.7
楼梯	2.5		

9. 本工程采用的标准图有

图 集 名 称	图集编号	备　注
混凝土结构施工图 平面整体表示方法制图规则和构造详图	03G101 —1,—2	
KP1型承重多孔砖及KM1型非承重空心砖 砌体节点详图集	苏J9201	
建筑物抗震构造详图	苏G02—2004	
小型空心砌块框架填充墙构造图集	苏G9409	
轻质隔墙、墙身、楼地面变形缝	苏G09—2004	
建筑结构常用节点图集	苏G01—2003	

10. 未经技术鉴定或设计许可,不得改变结构的用途和使用环境。
11. 本工程采用的结构设计规范

规 范 名 称	规范编号	备　注
建筑结构荷载规范	GB 50009—2012	
砌体结构设计规范	GB 50003—2011	
混凝土结构设计规范	GB 50010—2010	
建筑地基基础设计规范	GB 50007—2011	
建筑抗震设计规范	GB 50011—2010	

二、地基基础工程

1. 本工程基础因无岩土工程勘察报告,故参照相临内机合车间接长工程地质资料,按地基承载力特征值为 $f_{ak}=200kPa$ 设计。
2. 本工程地基基础设计等级为丙级。
3. 基础开挖至设计标高未到老土时,开挖至老土后用C10混凝土回填至设计标高。基坑开挖时要特别注意对相临厂房柱基的保护,在开挖前请施工单位做好有效保护措施,并建议该区域吊车暂停使用。
4. 基础施工时,应使基础下的土层保持原状,避免挠动。若采用机械挖土,应在基底以上留300厚土用人工挖除。
5. 在基坑施工过程中,应及时做好基坑排水工作。开挖过程中应注意边坡稳定。
6. 室内地坪回填土(基础底面标高以上至地坪垫层以下)必须分层回填压实,压实系数不小于0.94。
7. 其余说明见本工程"基础平面布置图"。

三、钢筋混凝土工程

1. 混凝土强度等级
   (1)凡选用标准图的构件按相应图集要求施工。
   (2)基础混凝土:C25;除特别注明外所有梁、板、柱均为C25。
2. 本工程混凝土坍落度≤120mm。混凝土浇筑后二周内必须充分保水养护,宜用薄膜养护的方法。
3. 受力钢筋最小保护层厚度
   (1)基础为40
   (2)混凝土结构的环境类别:基础及室外露天构件为二类a,其余均为一类。
   (3)板,墙,梁,柱受力钢筋最小保护层厚度详见图集03G101—1第33页。
4. 钢筋交叉时的钢筋排放位置
   (1)楼板板底筋:沿板跨短向的钢筋置于下排。
   (2)梁顶面平齐时,梁上部主筋置于上排的优先顺序如 ①～③。
   (3)梁底面平齐时,梁底纵筋置于下排的优先顺序如 ①～③。
   　①该梁为框架梁; ②该梁为悬挑梁; ③主梁或较大断面梁。
   (4)梁与柱边平齐时,梁纵筋放置如图1所示。
5. 钢筋设计强度
   钢材质量标准应符合冶金部标准,符号及钢筋强度表示如下:
   (1) Φ 表示HPB300级钢筋,$f_y=270N/mm^2$; Φ表示HRB335级钢筋,$f_y=300N/mm^2$。
   (2) 为保证现浇板负钢筋及板厚到位保证钢筋质量,本工程的现浇板负筋优先采用焊接钢筋网片。
   (3) 施工过程中,未经设计人员同意,不得擅自更改钢筋规格,也不得随意增减钢筋。
6. 钢筋接头,钢筋弯折详见图集03G101—1中有关构造详图。
7. 钢筋的锚固长度及搭接长度
   (1) 钢筋的锚固长度 L_a

钢筋种类	C20	C25	C30	C35	C40
Φ	31d	27d	24d	22d	20d
Φ	39d	34d	30d	27d	25d

注: 1. 直径大于25mm时, 锚固长度应乘1.1。2. 锚固长度不应小于250mm。对一、二级抗震L_{aE}=1.15L_a; 三级L_{aE}=1.05L_a; 四级L_{aE}=L_a。

(2) 钢筋的锚固长度L_1

锚固长度	同一混凝土截面搭接25%	同一混凝土截面搭接50%
$L_1 = \xi \cdot L_a$	$\xi = 1.2$	$\xi = 1.4$

抗震时搭接长度为$L_{lE} = \xi \cdot L_{aE}$。

(3) 其余见图集03G101—1。

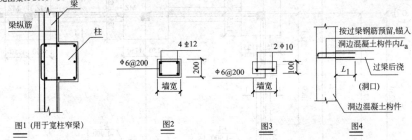

图1 (用于宽柱窄梁)　　图2　　图3　　图4

8. 梁

(1) 当梁腹板高度大于450时, 梁两侧各放置2Φ12构造钢筋, 间距不大于200。

(2) 梁配筋平面图中, 当示出<2Φ12(或其他规格)>时, 表示该筋一端(或两端)伸到梁端并弯入支座L_a或表示与支座负钢筋搭接, 搭接长度为0.85L_a。

四、砌体工程(砌体工程施工质量控制等级为B级)

1. 墙体规格

(1) 墙体材料其材料强度及相关指标应符合国家有关规定。

(2) ±0.000以下采用MU10标准实心黏土砖、M5水泥砂浆砌筑。±0.000以上采用KM1型非承重多孔砖200厚M5混合砂浆砌筑。

2. 墙体与周边构件的拉结

(1) 所有内外非承重砖墙均应后砌。墙与梁底或板底的连接节点详见G01—2003第22页。

(2) 凡钢筋混凝土柱(包括构造柱)及墙板与填充墙连接处做法详见G01—2003第20页。

(3) 墙高度超过4m时于墙腰处增设圈梁, 墙腰圈梁遇门窗时, 一般通过门窗洞顶。墙体长度超过8m时, 应每隔3～4m增设构造柱, 构造柱纵筋锚入上下梁内L_a, 且应后浇。圈梁截面及配筋见图2。构造柱见结构平面布置。

(4) 外墙通长窗台压顶做法详见图3, 窗台墙长超过4m时应增设构造柱, 构造柱见结构平面布置。

3. 除黏土空心砖外, 其余轻质墙体上不应悬挂重物。

五、现浇板配筋

1. 凡图中未表示的支座负筋的分布筋均采用Φ6@200。

2. 板底钢筋锚入梁内至梁中心线, 且不少于5d。板面钢筋锚入混凝土梁或墙内L_a, I级钢末端加弯钩。

3. 现浇板跨中有轻质墙时, 应在墙底部位的板底放置附加钢筋。若未注明, 则均放2Φ16。

4. 电线管在现浇板中应在上下两层钢筋中穿行, 且应避开板负筋密集区。

六、过梁

混凝土墙柱边的过梁做法详见图4。

七、埋件及钢构件

1. 所有预埋件的钢板及其他型钢均采用Q235。

2. 角钢型号按热轧等边和不等边角钢品种(YB 1666—167—65)选用; 槽钢按(GB 707—65)选用。

3. 钢结构的钢材抗拉强度实测值与屈服强度实测值的比值不应小于1.2, 应有明显的屈服台阶, 伸长率应大于20%, 且应有良好的可焊性和冲击韧性。

4. 采用普通电弧焊时, 若设计未作说明, HPB300、HRB335级钢筋之间及与钢板、型钢之间焊接采用E4303焊条; HRB400级钢筋之间采用E5003焊条。三种钢材的坡口焊、塞焊等分别用E4303、E5003、E5503。

5. 未注明焊缝长度者, 均为满焊。未注明焊缝高度者, 不小于5mm。

6. 所有外露钢构件必须认真除锈, 焊缝处须先除去焊渣, 并涂防锈漆二度, 面漆二度。

八、其他

1. 凡悬挑部分的梁、板, 当混凝土强度达到100%设计强度, 并在稳定荷载作用下, 方可拆模。当以结构构件为施工脚手支撑点时, 必须经过验算, 在采取相应措施后方可进行。

2. 各层楼面, 当施工堆载超过设计荷载时, 应先征得设计单位的同意并采取有效的支撑措施。

3. 电梯基坑、设备管井、电梯机房等所有预埋铁件、管线、孔洞等详见相应设备图, 结构施工时应与其他各专业施工图密切配合, 避免结构的后凿洞。

4. 大体积混凝土浇筑时, 应采取有效措施以减小混凝土的内外温差(<25℃), 防止产生温度裂缝。且应尽量避免在气温高于35℃时浇筑混凝土。

			工 程 名 称		图名	结施
证书等级:	证书编号:		总二车间扩建厂房		图号	1/5
总工程师		设计计算			图纸内容	结构设计总说明
室主任		制 图				
审 核		校 对				
专业负责人		复 核				

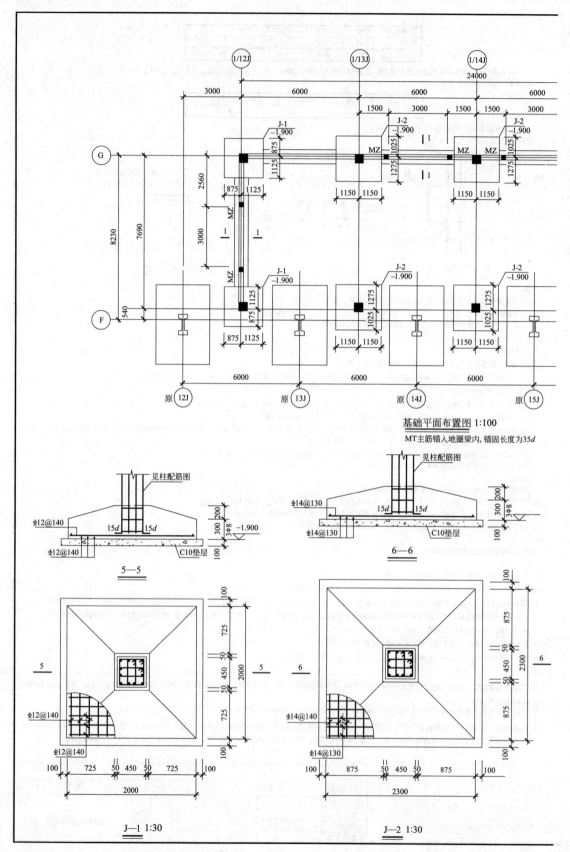

基础平面布置图 1:100

MT主筋锚入地圈梁内,锚固长度为35d

5—5

6—6

J—1 1:30

J—2 1:30

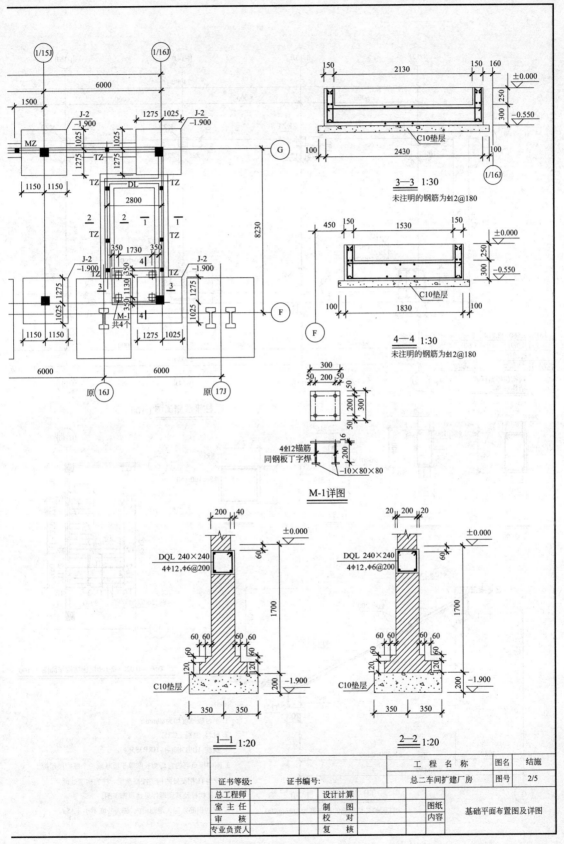

3—3 1:30
未注明的钢筋为 ⊈12@180

4—4 1:30
未注明的钢筋为 ⊈12@180

4⊈12锚筋
同钢板丁字焊
-10×80×80

M-1详图

DQL 240×240
4φ12,φ6@200

C10垫层

1—1 1:20

DQL 240×240
4φ12,φ6@200

C10垫层

2—2 1:20

证书等级：		证书编号：		工 程 名 称		图名	结施
总工程师		设计计算		总二车间扩建厂房		图号	2/5
室 主 任		制 图				图纸	基础平面布置图及详图
审 核		校 对				内容	
专业负责人		复 核					

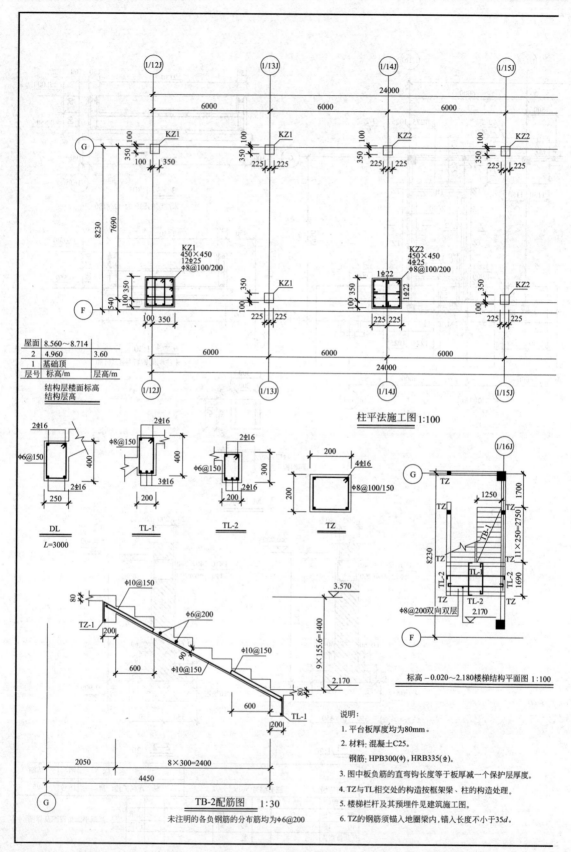

柱平法施工图 1:100

标高 −0.020～2.180楼梯结构平面图 1:100

TB-2配筋图 1:30
未注明的各负钢筋的分布筋均为φ6@200

说明:
1. 平台板厚度均为80mm。
2. 材料: 混凝土C25。
   钢筋: HPB300(φ), HRB335(Φ)。
3. 图中板负筋的直弯钩长度等于板厚减一个保护层厚度。
4. TZ与TL相交处的构造按框架梁、柱的构造处理。
5. 楼梯栏杆及其预埋件见建筑施工图。
6. TZ的钢筋须锚入地圈梁内,锚入长度不小于35d。

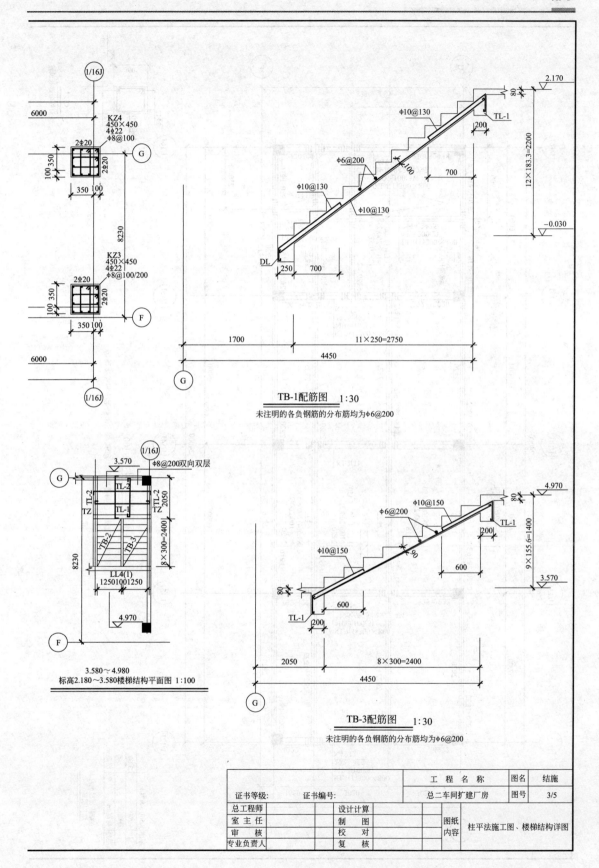

TB-1配筋图 1:30

标高2.180~3.580楼梯结构平面图 1:100

TB-3配筋图 1:30

· 149 ·

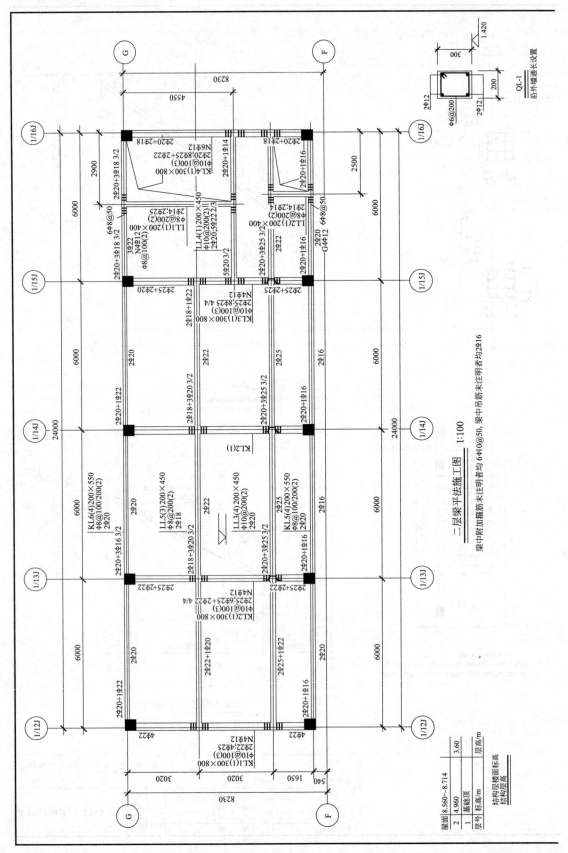

二层梁平法施工图　　1:100

梁中附加箍筋未注明者均 6Φ10@50，梁中吊筋未注明者均2Φ16

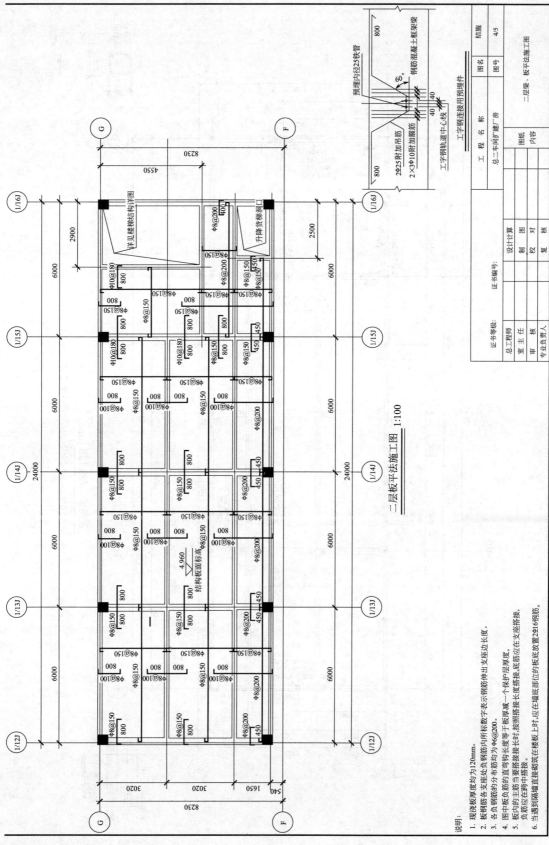

二层板平法施工图 1:100

说明：
1. 现浇板厚度均为120mm。
2. 板钢筋各支座处负钢筋内所标数字表示钢筋伸出支座边长度。
3. 各负钢筋的分布筋均为Φ6@200。
4. 图中板负钢筋的直弯构长度等于板厚度减一个保护层厚度。
5. 板内板负钢筋当要求搭接长时,按照搭接长度搭接,底筋应在支座搭接,负筋应在跨中搭接。
6. 当遇到隔墙直接砌筑在楼底部位的板底应放置2Φ16钢筋。

工 程 名 称			
	总二车间扩建厂房	图号	4/5
图纸 内容	二层梁、板平法施工图		
设计计算			
制 图			
校 对			
复 核			

证书编号：

证书等级：

总工程师	
室主任	
审 核	
专业负责人	

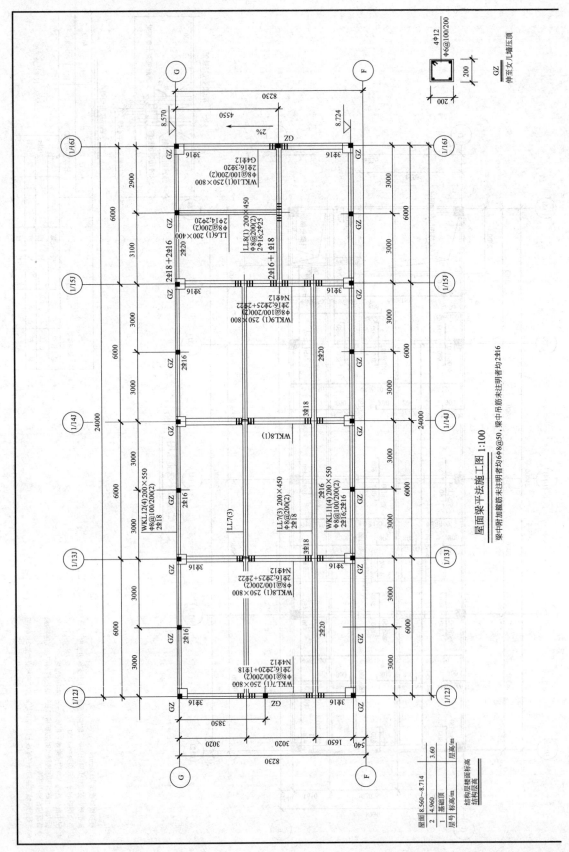

屋面梁平法施工图 1:100

梁中附加箍筋未注明者均6φ8@50，梁中吊筋未注明者均2φ16

GZ
伸至女儿墙压顶

4φ12
φ6@100/200

WKL10(1) 250×800
2φ16,3φ20
φ8@100/200(2)
3φ16   G4φ12

LL6(1) 200×400
2φ14,2φ20
φ8@200(2)
2φ16,2φ25

WKL9(1) 250×800
2φ16,2φ25+2φ22
φ8@100/200(2)
3φ16   N4φ12

WKL8(1)

WKL12(4)200×550
φ8@100/200(2)
2φ18

LL7(3)

LL7(3) 200×450
φ8@200(2)
2φ18

WKL11(4)200×550
2φ16,2φ16
φ8@100/200(2)

WKL8(1) 250×800
2φ16,2φ25+2φ22
φ8@100/200(2)
3φ16   N4φ12

WKL7(1) 250×800
2φ16,2φ20+1φ18
φ8@100/200(2)
3φ16   N4φ12

层号	标高/m	层高/m
屋面 8.560~8.714		
2	4.960	3.60
1		

结构层楼面标高
结构层高

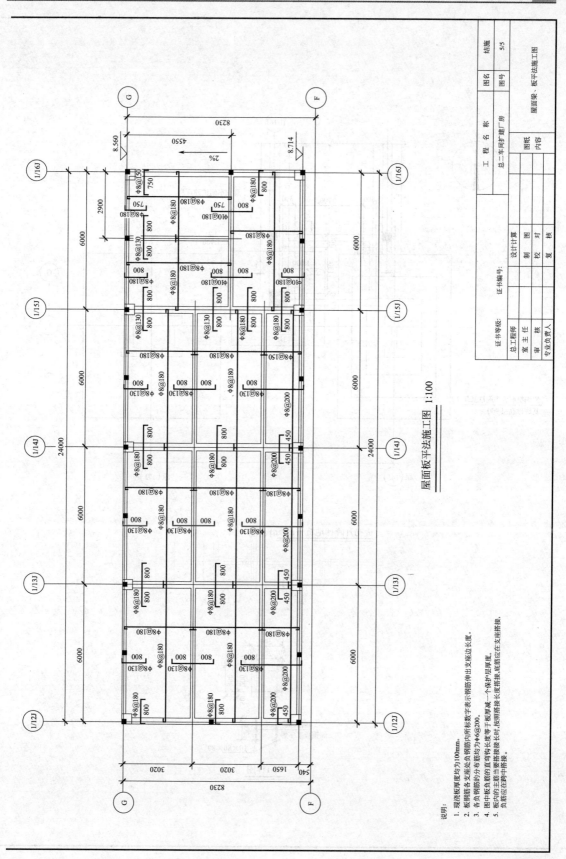

屋面板平法施工图 1:100

说明:
1. 现浇板厚度均为为100mm。
2. 板钢筋各支座处负钢筋边标数字表示钢筋伸出支座边长度。
3. 各负钢筋的分布筋为Φ6@200。
4. 图中板负钢筋的直弯钩均小于板厚减一个保护层厚度。
5. 板内的负筋当要搭接接长时,按照搭接接长度搭接,底筋应在支座搭接。
   负筋应在跨中搭接。

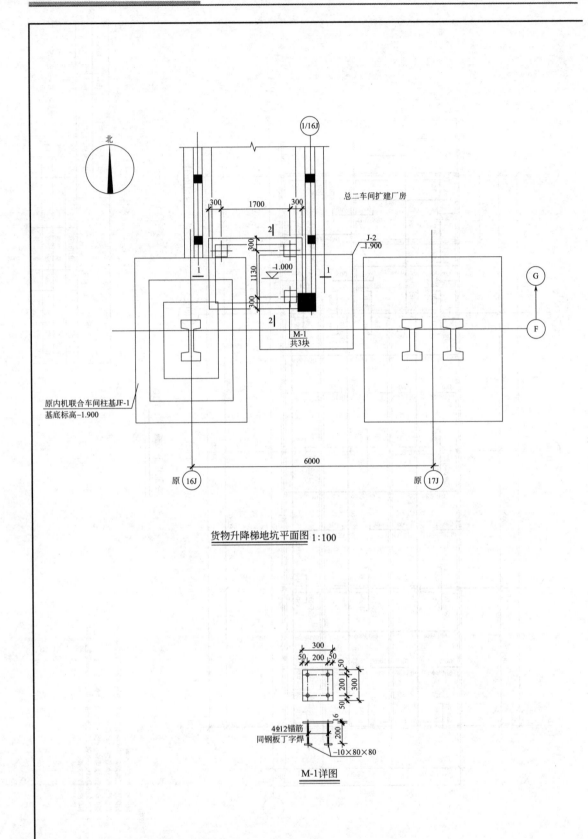

北

总二车间扩建厂房

J-2
-1.900

原内机联合车间柱基JF-1
基底标高-1.900

M-1
共3块

原 16J

原 17J

货物升降梯地坑平面图 1:100

M-1详图

4Φ12锚筋
同钢板丁字焊
-10×80×80

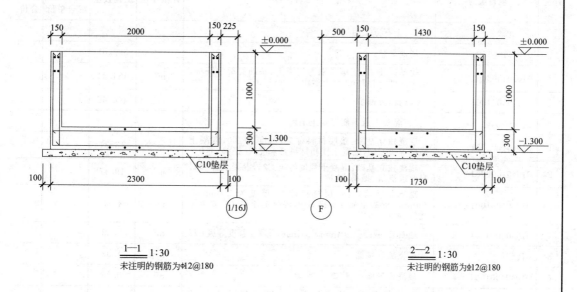

1—1 1:30
未注明的钢筋为Φ12@180

2—2 1:30
未注明的钢筋为Φ12@180

施工说明:
1. 本工程为总二车间辅助厂房货物升降梯地坑基础。
2. 基础设计依据为车间工艺师提供的相关资料。
3. 本工程±0.000为车间室内地坪面标高。
4. 基础用材:基础混凝土强度等级采用C25,垫层采用C10。
　　Φ—HPB300级钢筋,Φ—HPB335级钢筋,保护层厚度为40mm。
　　钢筋搭接长度48d,锚固长度为34d。须考虑抗渗,抗渗等级为S6,不得有渗水现象。
5. 二层楼面升降货梯洞口靠北一侧设置安全护栏,具体做法详见钢梯图集02(03)J401中的LG1-12。
6. 地坑坑壁内侧预埋四周L70×7角钢护边,锚筋Φ6@300,长150mm。
7. 原老地坑凿除,凿除时须轻敲轻凿。基础开挖至设计标高未到老土时,开挖至老土后用C10混凝土回填至
　　设计标高。基础开挖时要特别注意对临近厂房柱基的保护,在开挖前请施工单位做好有效保护措施,并建
　　议该区域吊车暂停使用。厂房柱基础与本基础基底高差部分用C10混凝土回填搗实。
8. 基础施工放线时请车间工艺师现场复核其准确位置。
9. 地坑如遇老厂房柱基时,严禁破坏老柱基,在保证地坑内壁尺寸的情况下直接从老柱基上浇筑。基础混凝
　　土表面浇筑要平整,坑壁垂直,坑底水平,坑底高差不得超过3mm,预埋件位置必须准确。
10. 所有钢构件均须除锈,表面涂刷油漆:防锈漆一度;刮腻子;灰色调和漆二度。
11. 基础施工过程中破损地面按原样恢复。
12. 与其他各专业施工图配合预埋管线。

				工 程 名 称		图名	设施
				总二车间扩建厂房		图号	1/1
总工程师		设 计					
室 主 任		制 图		图纸	货物升降梯地坑基础图		
审 核		校 对		内容			
专业负责人		复 核					

2.2 总二车间扩建厂房工程预算书

2.2.1 分部分项工程量清单计价表

附表 2.1 分部分项工程量清单计价表（实例二）

序号	项目编号	项 目 名 称	计量单位	工程数量	金额/元	
					综合单价	合价
		一、土石方工程				
1	010101001001	场地平整	m²	380.81		
2	010101003001	挖基础土方：土壤类别为三类土，基础类型为基坑，挖土深度−1.75m，弃土运距3000m	m³	484.34		
3	010103001001	土(石)方回填	m³	446.46		
		二、混凝土及钢筋混凝土工程				
1	010401002001	现浇独立基础：垫层材料种类、厚度为100，混凝土强度等级C10，混凝土拌和材料要求浇筑、振捣、养护	m³	13.71		
2	010401002001	现浇独立基础：混凝土强度等级C25，混凝土拌和材料要求浇筑、振捣、养护	m³	19.47		
3	010401001001	现浇带形基础：垫层材料种类、厚度为700mm×200mm，混凝土强度等级C10，混凝土拌和材料要求为浇筑、振捣、养护	m³	4.58		
4	010403004001	地圈梁：截面积204mm×204mm，混凝土强度等级C25	m³	2.53		
5	0104	现浇满堂基础	m³	1.33		
6	010404001001	现浇直形墙	m³	0.36		
7	010402001001	现浇矩形柱：柱高度为 8.677m，柱截面尺寸450mm×450mm，混凝土强度等级C25，混凝土拌和材料要求为浇筑、振捣、养护	m³	20.41		
8	010402001002	现浇矩形柱：柱截面尺寸240mm×240mm，混凝土强度等级C25，混凝土拌和材料要求为浇筑、振捣、养护	m³	3.59		
9	010403004002	现浇圈梁：梁截面 240mm×240mm，混凝土强度等级C25，混凝土拌和材料要求为浇筑、振捣、养护	m³	2.36		
10	010604002001	钢吊车梁	t	1.65		
11	010405001001	现浇有梁板：板厚度120mm/100mm，混凝土强度等级C25	m³	66.29		
12	010405008001	现浇雨篷、阳台板：混凝土强度等级C25	m³	1.2		
13	010406001001	现浇直行楼梯：混凝土强度等级C25	m²	17.36		
14	010407002001	现浇散水：面层20厚1：2水泥砂浆，混凝土强度等级C15	m²	18.31		
15	010407002002	现浇坡道：面层20厚1：2水泥砂浆，混凝土强度等级C15	m²	19.36		
16	010606008001	钢梯：钢梯形式为爬梯	t	0.23		
17	010417002001	预埋铁件	t	0.3428		
18	010606012001	钢盖板	t	0.2912		
19	010416001001	现浇混凝土钢筋：钢筋种类、规格为φ12mm以内	t	6.33		
20	010416001002	现浇混凝土钢筋：钢筋种类、规格为φ25mm以内	t	12.67		
21	010416001003	现浇混凝土钢筋	t	0.214		
		三、砌筑工程				
1	010301001001	砖基础：M10.0水泥砂浆，MU10基础	m³	17.16		
2	010302001001	实心砖墙：砖品种、规格、强度等级为KP1，墙体厚度240mm，砂浆强度等级、配合比为M5混合砂浆	m³	59.74		
3	010302001002	实心砖墙：砖品种、规格、强度等级KP1，墙体厚度120mm，砂浆强度等级、配合比为M5.0混合砂浆	m³	11.94		

序号	项目编号	项目名称	计量单位	工程数量	金额/元	
					综合单价	合价
4	010407001001	现浇其他构件:构件类型为压项,混凝土强度等级C25,混凝土拌和料要求为浇筑、浇捣、养护	m³	0.33		
5	010703004001	变形缝:26#镀锌铁皮	m	18.88		
		四、楼地面工程				
1	020105003001	水泥砂浆楼地面:垫层材料种类、厚度为150厚C25混凝土,面层厚度、砂浆配合比为耐磨地坪	m²	246.17		
2	020105003001	块料踢脚线:踢脚线高度200mm,面层材料品种、规格、品牌、颜色为300mm×300mm以上	m²	6.66		
3	020101002001	现浇水磨石地面	m²	163.76		
4	020105003002	块料踢脚线:踢脚线高度200mm,面层材料品种、规格、品牌、颜色为300mm×300mm以上	m²	206.8		
5	020108003001	水泥砂浆楼梯面	m²	17.36		
		五、墙、柱面工程				
1	020201001001	外墙面抹灰	m²	283.63		
2	020201001002	内墙面抹灰:底层厚度、砂浆配合比为15厚1:1:6,面层为5厚1:0.3:3水泥砂浆,装饰面材料种类为内墙	m²	741.26		
3	020202001001	柱梁面一般抹灰	m²	260.92		
4	020301001001	天棚抹灰	m²	369.38		
5	020507001001	外墙乳胶漆	m²	283.63		
6	020507001002	内墙涂料	m²	741.126		
7	020507001003	天棚涂料	m²	381.86		
8	020507001004	柱、梁涂料	m²	260.92		
9	020203001001	雨篷抹灰	m²	12		
10	020107001001	楼梯栏杆	m	11.69		
11	020401002001	企口木板门	樘	3		
12	020406007001	塑钢窗	樘	13		
13	020604002001	木质装饰线	m	110.7		
		六、屋面及防水工程				
1	020101001002	屋面找平线	m²	184.56		
2	010702003001	屋面刚性防水40mm	m²	184.56		
3	010802001001	隔离层	m²	184.56		
4	010801005001	聚氯乙烯板面层(30mm)	m²	184.56		
5	010703004001	屋面排水管、落水斗、落水口	m	26.25		
6	010703004002	变形缝	m	24.2		
7	040501002001	混凝土管道铺设	m	30.48		
8	010303003001	窨井:φ700mm,铸铁盖板	座	4		
		七、厂库房大门,特种门,木结构工程				
1	010501003001	全钢板大门	樘	3		
2	修缮1-147换	拆除混凝土地板混凝土垫层	10m²	27.677		
3	修缮1-148换	拆除混凝土地坪 碎石垫层	10m²	27.677		
4	0-0换	签证人工	工日	4		

2.2.2 乙供材料、设备表

附表 2.2 乙供材料、设备表（实例二）

序号	材料编码	材料名称	规格型号等特殊要求	单位	数量	单位/元
1	C000000	其他材料费		元	23418.710	
2	C101021	细沙		t	0.572	
3	C101022	中砂		t	235.886	
4	C102003	白石子		t	3.910	
5	C102011	道碴 40～80mm		t	2.069	
6	C102039	碎石 5～31.5mm		t	25.492	
7	C102040	碎石 5～16mm		t	9.542	
8	C102041	碎石 5～20mm		t	147.927	
9	C102042	碎石 5～40mm		t	56.513	
10	C105012	石灰膏		m³	3.448	
11	C201008	标准砖 240mm×115mm×53mm		百块	116.271	
12	C201016	多孔砖 KP1 240mm×115mm×90mm		百块	220.408	
13	C204054P1	人行道标志线地砖 100mm×100mm		块	582.645	
14	C204056	同质地砖 600mm×600mm		块	85.995	
15	C206002	玻璃 3mm		m²	6.807	
16	C206038	磨砂玻璃 3mm		m²	4.363	
17	C207040	聚氯乙烯胶泥		kg	20.159	
18	C208004	金刚石（三角形）75mm×75mm×50mm		块	49.128	
19	C208005	金刚石 200mm×75mm×50mm		块	4.913	
20	C301002	白水泥		kg	639.706	
21	C301023	水泥 32.5 级		kg	101016.536	
22	C302055	混凝土管 φ250mm		m	33.223	
23	C401029	普通木材		m³	0.389	
24	C401031	硬木成材		m³	0.111	
25	C401035	周转木材		m³	0.698	
26	C402005	圆木		m³	0.009	
27	C405015	复合木模板 18mm		m²	193.736	
28	C405054	红松阴角线 60mm×60mm		m	121.770	
29	C405098	木砖与拉条		m³	0.241	
30	C406002	毛竹		根	7.283	
31	C407007	锯（木）屑		m³	0.232	
32	C407012	木材		kg	133.102	
33	C501009	扁钢—30mm×4mm～50mm×5mm		kg	55.878	
34	C501014	扁钢		t	0.021	
35	C501074	角钢		t	0.630	
36	C501114	型钢		t	2.810	
37	C502018	钢筋（综合）		t	19.380	
38	C502047	钢丝绳		kg	0.038	
39	C502112	圆钢 φ15～24mm		kg	63.582	
40	C502120	成型冷轧扭钢筋（弯曲成型）		t	0.214	
41	C503079	镀锌铁皮 26#		m²	19.529	
42	C503101	钢板 1.5mm		t	0.321	
43	C504098	钢支撑（钢管）		kg	507.312	
44	C504177	脚手钢管		kg	287.106	
45	C505655	铸铁弯头出水口		套	3.030	

序号	材料编码	材料名称	规格型号等特殊要求	单位	数量	单位/元
46	C507042	底座		个	1.602	
47	C507108	扣件		个	47.977	
48	C508238	铸铁盖板 φ700mm		套	4.000	
49	C509006	电焊条 结422		kg	333.494	
50	C509015	焊锡		kg	0.611	
51	C510049	插销100mm		百个	0.030	
52	C510122	镀锌铁丝8#		kg	120.946	
53	C510124	镀锌铁丝12#		kg	0.352	
54	C510127	镀锌铁丝22#		kg	73.582	
55	C510142	钢丝弹簧 L=95mm		个	2.424	
56	C510165	合金钢切割锯片		片	0.103	
57	C510220	拉手150mm		百个	0.030	
58	C510358	折页100mm		百个	0.060	
59	C511076	带帽螺栓		kg	1.182	
60	C511205	对拉螺栓(止水螺栓)		kg	2.095	
61	C511366	零星卡具		kg	147.725	
62	C511421	木螺钉		百只	1.216	
63	C511441	木螺钉19mm		个	39.000	
64	C511443	木螺钉25mm		个	12.000	
65	C511448	木螺钉38mm		个	48.000	
66	C511533	铁钉		kg	85.870	
67	C511565	专用螺母垫圈3型		个	2.182	
68	C513041	垫铁		kg	0.511	
69	C513105	钢珠32.5		个	9.393	
70	C513109	工具式金属脚手		kg	3.468	
71	C513199	铁搭扣		百个	0.030	
72	C513237	钢嵌条2mm×15mm		m	532.904	
73	C513287	组合钢模板		kg	7.839	
74	C601020	彩色聚氨酯漆(685)0.8:0.8kg/组		kg	0.479	
75	C601031	调和漆		kg	24.190	
76	C601036	防锈漆(铁红)		kg	23.016	
77	C601041	酚醛清漆各色		kg	0.238	
78	C601043	酚醛无光调和漆(底漆)		kg	3.308	
79	C601057	红丹防锈漆		kg	15.188	
80	C601106	乳胶漆(内墙)		kg	411.437	
81	C601125	清油		kg	0.961	
82	C603026	煤油		kg	6.550	
83	C603030	汽油		kg	391.195	
84	C603045	油漆溶剂油		kg	9.403	
85	C604019	沥青木丝板		m²	3.993	
86	C604032	石油沥青30#		kg	1442.316	
87	C604038	石油沥青油毡350#		m²	193.788	
88	C605014	PVC管 φ20mm		m	1.090	
89	C605024	PVC束接 φ100mm		只	10.253	
90	C605110	聚苯乙烯泡沫板		m³	5.651	
91	C605154	塑料抱箍(PVC)φ100mm		副	30.885	
92	C605155	塑料薄膜		m²	393.945	
93	C605280	塑料水斗(PVC水斗)φ100mm		只	3.060	
94	C605291	塑料弯头(PVC水斗)φ100mm135度		只	1.496	

序号	材料编码	材料名称	规格型号等特殊要求	单位	数量	单位/元
95	C605356	增强塑料水管(PVC水管)ϕ100mm		m	26.775	
96	C606138	橡胶板 2mm		m²	5.303	
97	C606139	橡胶板 3mm		m²	1.212	
98	C607018	石膏粉 325		kg	77.179	
99	C607045	石棉粉		kg	33.240	
100	C608003	白布		m²	0.137	
101	C608049	草袋子 1m×0.7m		m²	4.743	
102	C608097	麻袋		条	0.215	
103	C608101	麻绳		kg	0.033	
104	C608104	麻丝		kg	0.238	
105	C608110	棉纱头		kg	2.188	
106	C608128	牛皮纸		m²	1.331	
107	C608144	砂纸		张	40.712	
108	C608191	纸筋		kg	2.333	
109	C609032	大白粉		kg	78.007	
110	C610029	玻璃密封胶		kg	0.727	
111	C610039	高强 APP 嵌缝膏		kg	68.103	
112	C611001	防腐油		kg	5.341	
113	C613003	801 胶		kg	312.433	
114	C613028	草酸		kg	1.638	
115	C613056	二甲苯		kg	0.058	
116	C613098	胶水		kg	0.554	
117	C613106	聚醋酸乙烯乳液		kg	2.037	
118	C613145	煤		kg	266.758	
119	C613184	乳胶		kg	0.470	
120	C613206	水		m³	355.947	
121	C613249	氧气		m³	47.632	
122	C613253	乙炔气		m³	20.683	
123	C613256	硬白蜡		kg	4.422	
124	C901114	回库修理,保修费		元	174.571	
125	C901167	其他材料费		元	1982.024	

2.3 总二车间扩建厂房合同

附表 2.3 建筑安装施工合同（实例二）

×××-98-001

建筑安装施工合同

建设单位×××有限公司 甲 合同编号＿＿＿＿＿＿＿

（以下简称 方） 合同签订地址 ××公司

施工单位×××建设工程有限公司 乙 签 订 日 期 2006 年 2 月 3 日

根据《中华人民共和国合同法》、《中华人民共和国建筑法》双方本着平等互利、互信的原则，签订本施工合同。

第一条 工程项目及范围：

工程项目及范围	结构	层数	建筑面积/m²	承包形式	工程造价	工程地点
总二车间扩建厂房（土建、水电）	框架	二层		双包	约50万元	××公司

合同总造价（大写）约伍拾万元（以决算最终审定价为准）

第二条 工程期限：

本工程自 2006 年 2 月 3 日至 2006 年 4 月 30 日完工。

第三条　质量标准：

依照本工程施工详图、施工说明书及中华人民共和国住房和城乡建设部颁发的建筑安装工程施工及验收暂行技术规范与有关补充规定办理。做好隐蔽工程，分项工程的验收工作。对不符合工程质量标准的要认真处理，由此造成的损失由乙方负责。

第四条　甲乙双方驻工地代表：

甲方驻工地代表名单：_____×××_____

乙方驻工地代表名单：_____×××_____

第五条　材料和设备供应：

凡包工包料工程，由甲方提供材料计划，乙方负责采购调运进场，凡包工不包料工程，甲方应根据乙方施工进度要求，按质按量将材料和设备及时进场，并堆放在指定地点，如因甲方材料和设备供应脱节而造成乙方待料窝工现象，其损失由甲方负责。

第六条　付款办法：本工程预决算按《江苏省建筑与装饰工程计价表》编制。

1. 基建项目按省建工局和建设银行规定办法付款。

2. 工程费用按下列办法付款：

工程开工前甲方预付工程款　　　　％计____/____元

工程完成____/____时甲方付进度款　％计____/____元

工程完成至 4 月份时甲方付进度款60％计　　30 万　　元

工程竣工经验收合格，且结算经审定后工程款付至 95％，余款待保修期满一年后 15 天内付清。

第七条　竣工验收：

工程竣工后，甲、乙双方应会同有关部门进行竣工验收，在验收中提出的问题，乙方要限期解决。工程经验收签证、盖章并结算材料财务手续后准许交付使用。

第八条　其他

1. 甲方在开工前应做好施工现场的"三通"（路通、水通、电通）。

2. 单包工程甲方应帮助乙方解决住宿和用膳问题。

3. 施工中如甲方提出工程变更，应由甲方提请设计部门签发变更通知书，由于工程变更造成的损失由甲方负责。

4. 本工程设计预算如有漏列项目或差错，在本合同有效期内审查修正，竣工结算时以工程决算书为准。

第九条　本合同一式　肆　份，在印章齐全后，至工程竣工验收，款项结清前有效。

本合同未尽事宜，双方协商解决。

第十条　违约责任：_____执行《中华人民共和国合同法》_____。

第十一条　解决合同纠纷的方式由当事人从下列方式中选择一种：

　1. 协商解决不成的提交××仲裁委员会仲裁

　2. 协商解决不成的依法向××人民法院起诉

第十二条　其他约定事项：1. 乙方必须遵守甲方有关职业健康、安全、环境保护、治安管理、红黄牌考核的协议规定和要求，如发生安全事故，责任一律由乙方负责。2. 施工前，乙方必须将主要材料的价格报甲方审核。主要材料进场必须经甲方验收，报验不及时罚款 500 元/次。3. 如延误工期（非甲方原因），罚款 1000 元/天。4. 措施项目及其他项目费计算标准：①临时设施费，土建装饰 1％、安装 0.6％计；②检验试验费，土建装饰 0.18％、安装 0.15％计；③现场安全文明施工措施费，土建装饰 2％、安装 0.7％计。5. 工艺变更、设计变更及图纸外的工程内容办理签证。

甲方：	乙方：
法定代表人：	法定代表人：
委托代理人：	委托代理人：
电话：	电话：
开户银行：	开户银行：
账号：	账号：
经办人：	经办人：
建管处见证：	建管处见证：
年　月　日	年　月　日

　监制部门：×××工商行政管理局　　　　　　　　　印制单位：×××印刷有限公司

附录3　实例三　柴油机试验站辅助楼及浴室

3.1　柴油机试验站辅助楼及浴室图纸

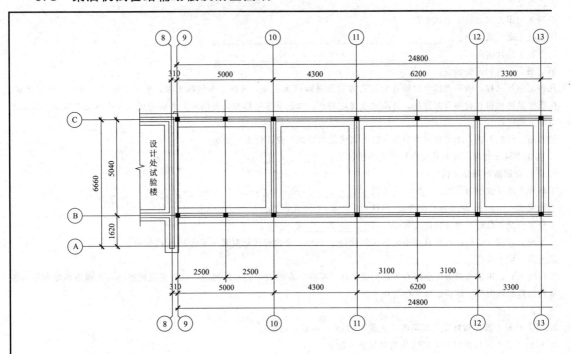

柴油机试验站辅助楼基础平面布置图

本图未注明的构造柱均为GZ1

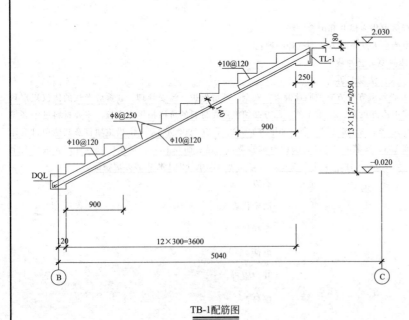

TB-1配筋图

未注明的各负钢筋的分布筋均为Φ8@250

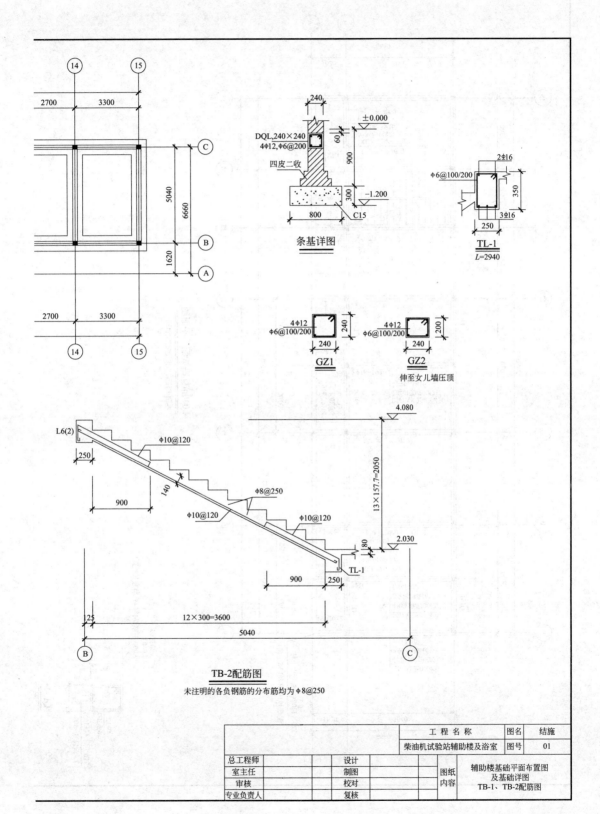

条基详图

GZ1

GZ2
伸至女儿墙压顶

TL-1
L=2940

TB-2配筋图
未注明的各负钢筋的分布筋均为 φ8@250

工 程 名 称		图名	结施
柴油机试验站辅助楼及浴室		图号	01

总工程师		设计		图纸内容	辅助楼基础平面布置图及基础详图TB-1、TB-2配筋图
室主任		制图			
审核		校对			
专业负责人		复核			

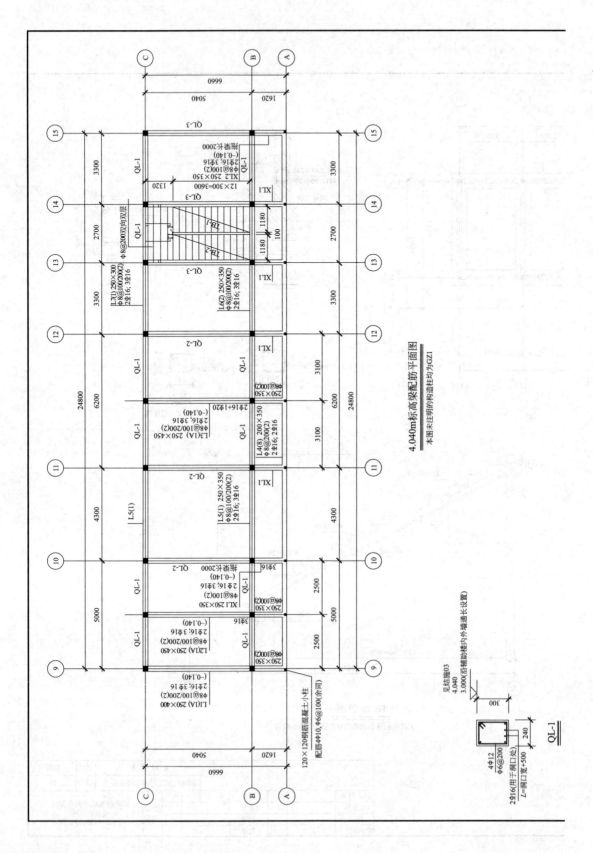

4.040m标高梁配筋平面图

· 164 ·

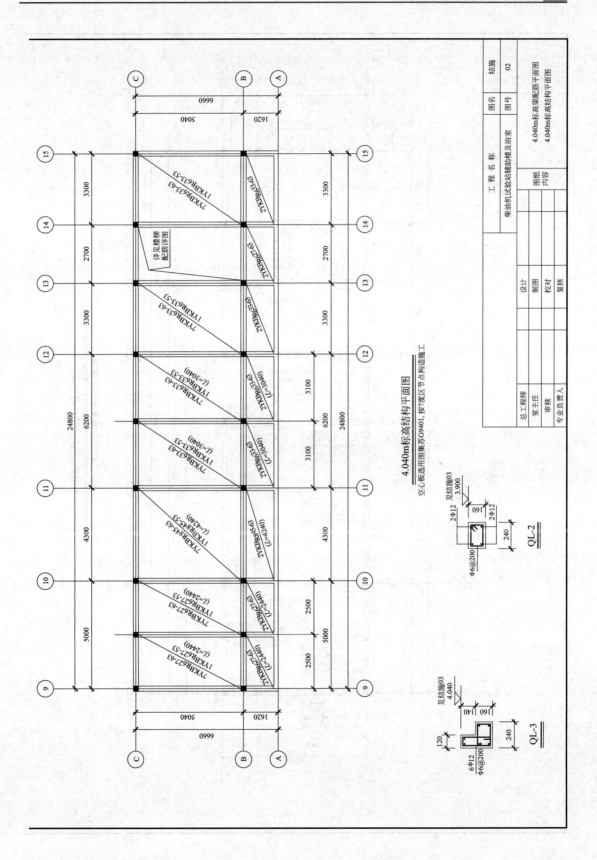

4.040m标高结构平面图
空心板选用图集苏G9401,按7度区节点构造施工

QL-2

QL-3

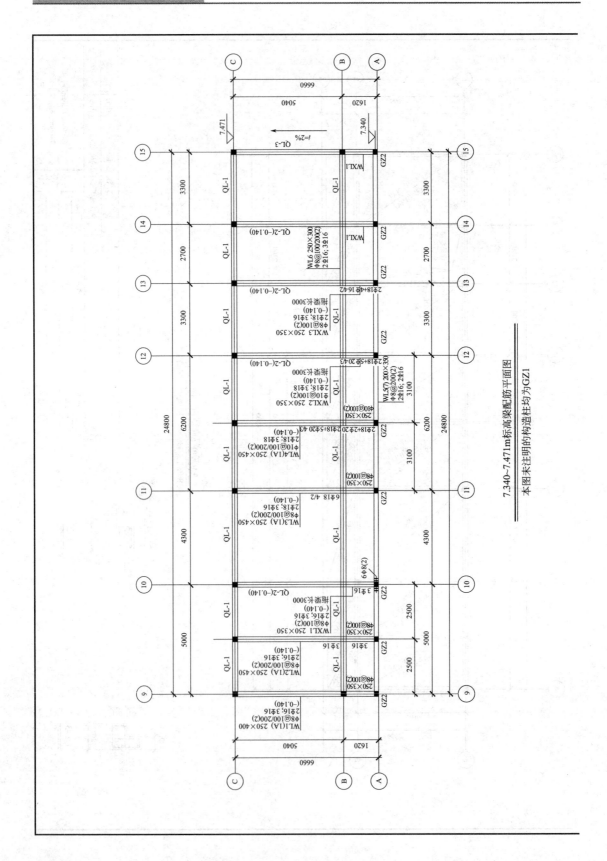

7.340~7.471m标高梁配筋平面图

本图未注明的构造柱均为GZ1

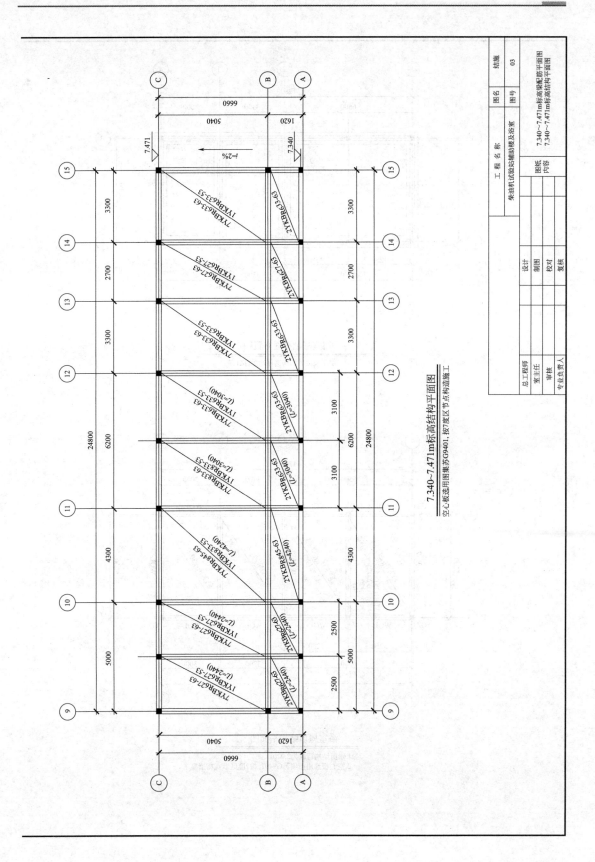

7.340~7.471m标高结构平面图

空心板选用图集苏G9401, 按7度区节点构造施工

工 程 名 称	柴油机试验站辅助楼及浴室	图 名	结施
		图 号	03
图纸内容	7.340~7.471m标高梁配筋平面图 7.340~7.471m标高结构平面图		

设计		总工程师	
制图		室主任	
校对		审核	
复核		专业负责人	

附录

· 167 ·

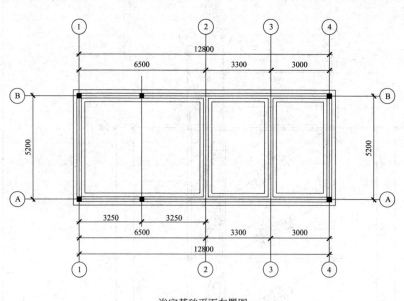

浴室基础平面布置图

本图未注明的构造柱均为GZ1

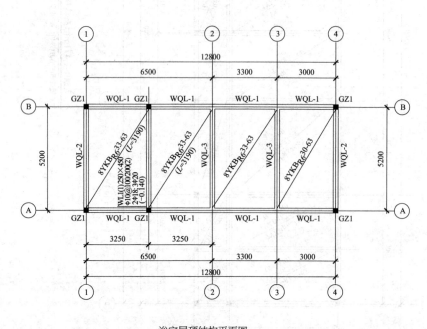

浴室屋顶结构平面图

注:1.屋面结构标高为2.970。
　　2.空心板选用图集苏G9401,按7度区节点构造施工。

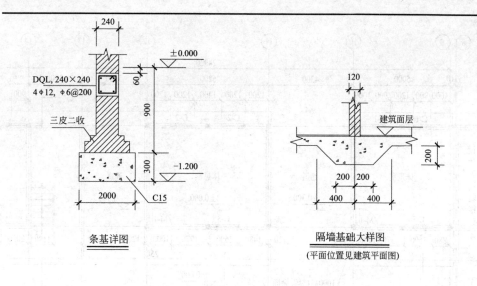

条基详图

隔墙基础大样图
(平面位置见建筑平面图)

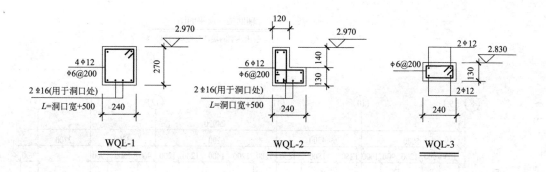

WQL-1

WQL-2

WQL-3

工 程 名 称		图名	结施
柴油机试验站辅助楼及浴室		图号	04
总工程师		设计	
室主任		制图	
审核		校对	
专业负责人		复核	

图纸内容：浴室基础平面布置图及基础详图　浴室屋顶结构平面图

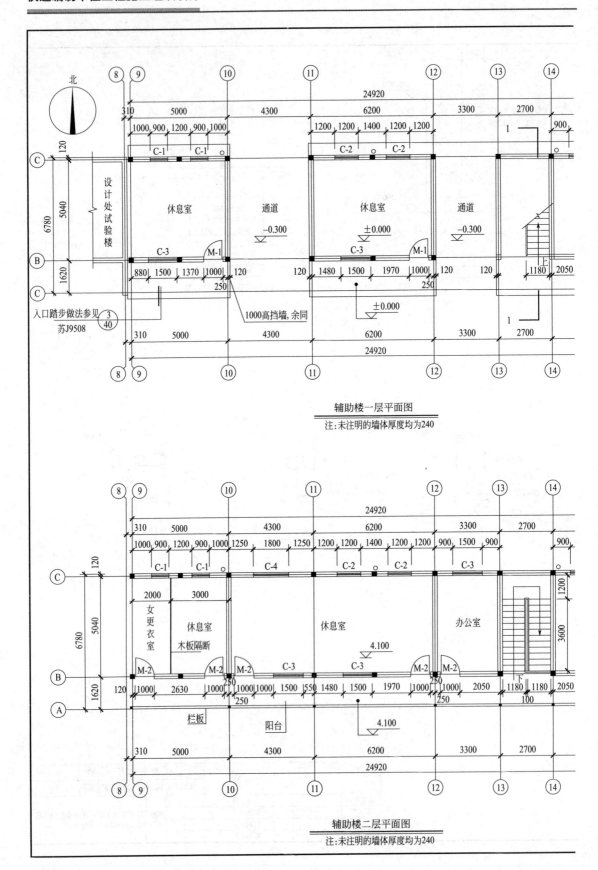

辅助楼一层平面图

注:未注明的墙体厚度均为240

辅助楼二层平面图

注:未注明的墙体厚度均为240

38912

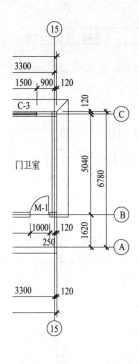

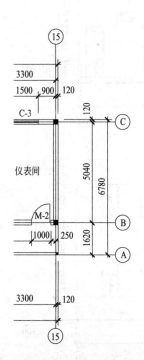

设 计 总 说 明

一、建筑部分

1.本工程为柴油机试验站辅助楼及浴室。

2.本工程室内地坪标高为±0.000。

3.墙身砌体　±0.000以下：240厚MU10标准实心黏土砖，M5水泥砂浆砌筑。

　　　　　　±0.000以上：除注明外均采用MU10KP1多孔砖，M5混合砂浆砌筑。

　　　　　　阳台栏板：120厚标准实心黏土砖，M5混合砂浆砌筑。

4.地砖地面　10厚深色地面砖，干水泥擦缝；撒素水泥面(洒适量清水)；20厚1:2干硬性水泥砂浆粘接层；刷素水泥浆一道；60厚C15混凝土；100厚碎砖夯实；素土夯实(注：需做宽缝时用1:1水泥砂浆勾缝)。

5.地砖楼面　10厚深色地面楼面，干水泥擦缝；5厚1:1水泥细砂结合层；20厚1:3水泥砂浆找平层；40厚C20细石混凝土垫层；预制钢筋混凝土楼面。

6.内墙面

a.混合砂浆墙面：刷白色内墙涂料；10厚1:0.3:3水泥石灰膏砂浆粉面；15厚1:1:6水泥石灰膏砂浆打底。

b.瓷砖墙面(男女浴室及厕所距地面2000高)：5厚釉面砖白水泥浆擦缝；6厚1:0.1:2.5水泥石灰膏浆结合层；12厚1:3水泥砂浆打底。

7.乳胶漆外墙面　刷水灰色乳胶漆(外墙用)；6厚1:2.5水泥砂浆粉面，水刷带出小麻面；12厚1:3水泥砂浆打底。

8.屋面

a.高分子或高聚物改性沥青卷材防水屋面(浴室屋面)：40厚C20细石混凝土，内配φ4@150双向钢筋，粉平压光；20厚1:3水泥砂浆找平层；30厚挤塑聚苯板(XPS)；1.3厚高分子防水层；20厚1:3水泥砂浆找平层；150厚水泥焦渣找坡2%，最薄处20厚；40厚C20细石混凝土整浇层，内配φ4@150双向钢筋；预制钢筋混凝土屋面板。

b.高分子或高聚物改性沥青卷材防水屋面(辅助楼屋面)：40厚C20细石混凝土，内配φ4@150双向钢筋，粉平压光；20厚1:3水泥砂浆找平层；30厚挤塑聚苯板(XPS)；1.3厚高分子防水层；40厚C20细石混凝土整浇层，内配φ4@150双向钢筋；预制钢筋混凝土屋面板。

9.喷涂平顶：刷白色涂料；3厚细纸筋(麻刀)灰粉面；7厚1:1:6石灰纸筋(麻刀)石灰砂浆打底(板底先刷纯水泥浆一道)；钢筋混凝土板，用1:0.3:3水泥石灰膏砂浆打底，板底抹缝(板底用水加10%火碱清洗油腻)。

10.散水：房屋周边做散水600宽，做法见苏J9508-3/39。

11.落水管：选用UPVCφ100落水管。水斗选用同雨水管配套的水斗。

12.现试验站1～8台位水阻箱东侧的进风口全部铲除并整平。

13.现设计处试验办公楼一楼男厕所内新增2个蹲位并整修。

14.施工图中除标高以米为单位外，其余均以毫米为单位。

二、结构部分

1.活荷载　屋面：0.7kN/m²；走廊：2.5kN/m²；其余房间：2.0kN/m²。

2.混凝土强度等级：C25；基础垫层：C10。

3.钢筋：φ-HPB300级钢筋，f_y=270N/mm²，Φ-HRB335级钢筋，f_y=300N/mm²。

4.混凝土保护层　基础：40mm；沟墙：30mm；柱：30mm；板为20mm。

5.基础开挖至设计标高未到老土时，开挖至老土后用C10混凝土回填至设计标高，基础开挖时要特别注意对临近建筑基础的保护，在开挖前请施工单位做好有效保护措施。

6.除注明外GZ纵筋由地圈梁伸出，构造柱与墙连接处，沿墙高设2φ6@500入墙内1000或至洞边，锚入柱内200。

7.箍筋端部应做135度弯钩，平直段长10d。

8.本工程施工图采用平面整体表示方法，选用图集号为03G101-1。

9.标准图集　建筑结构常用节点图集：苏G01—2003；建筑物抗震构造详图：苏G02—2004。

工　程　名　称		图名	建施
柴油机试验站辅助楼及浴室		图号	01

总工程师		设　计		图纸内容	辅助楼一、二层平面图
室主任		制　图			设计总说明
审核		校　对			
专业负责人		复　核			

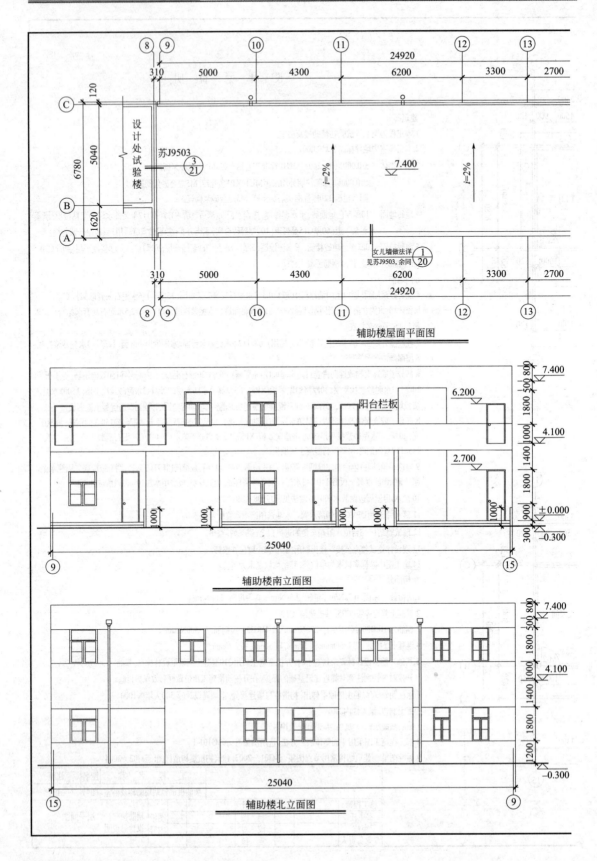

辅助楼屋面平面图

辅助楼南立面图

辅助楼北立面图

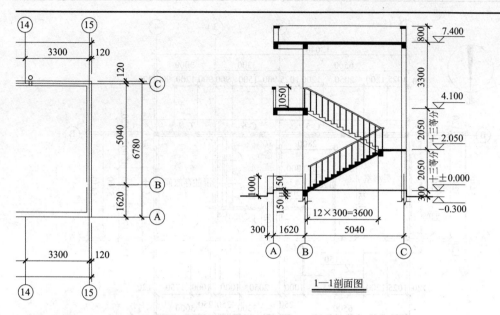

1—1剖面图

门 窗 表

类别	编号	洞口尺寸		数量	门窗选用		过梁选用		备注
		洞口宽度	洞口高度		标准图集	编号	标准图集	编号	
门	M-1	1000	2700	3	现配实木平开门		03G322-1	GL-4102	
	M-2	1000	2100	9	现配实木平开门		03G322-1	GL-4102	
窗	C-1	900	1800	4	苏J002-2000	CST-51	03G322-1	参见GL-4102	现配塑料窗
	C-2	1200	1800	5	苏J002-2000	CST-52	03G322-1	GL-4122	现配塑料窗
	C-3	1500	1800	7	苏J002-2000	CST-53	03G322-1	GL-4152	现配塑料窗
	C-4	1800	1800	1	苏J002-2000	CST-54	03G322-1	GL-4182	现配塑料窗
	C-5	1200	900	3	苏J002-2000	CST-12	圈梁代		现配塑料窗
	C-6	1500	900	1	苏J002-2000	CST-13	圈梁代		现配塑料窗

注:本工程采用80系列塑料窗,白色框料,5厚白玻。

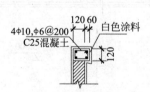

4φ10,φ6@200
C25混凝土
120 60 白色涂料

栏板压顶详图

工程名称				图名	建施	
柴油机试验站辅助楼及浴室				图名	02	
总工程师		设计		图纸内容	辅助楼屋面平面图 立面图 剖面图及门窗表	
室主任		制图				
审核		校对				
专业负责人		复核				

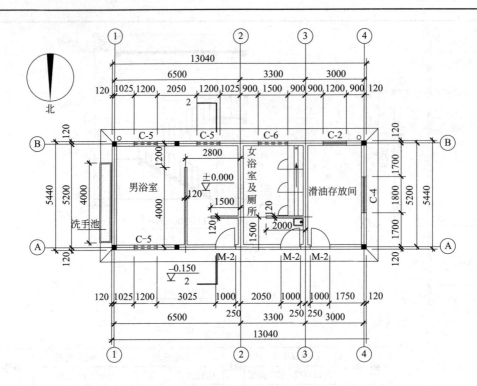

浴室一层平面图

注:1. 未注明的墙体厚度均为240。
   2. 厕所采用木隔断, 做法见图集苏J9506-22。
   3. 洗手池, 具体做法见苏J9506-⑥/37, YB-1不做, 深色瓷砖贴面。
   4. 在汽包安装就位以及管道对接完工后, 在汽包及水池上方现配彩钢板遮雨棚。

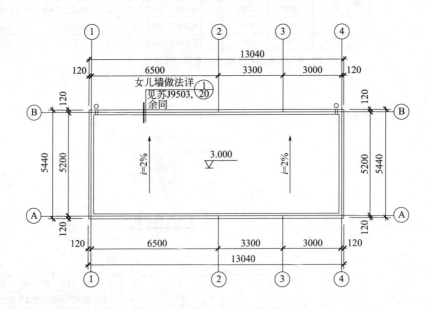

浴室屋面平面图

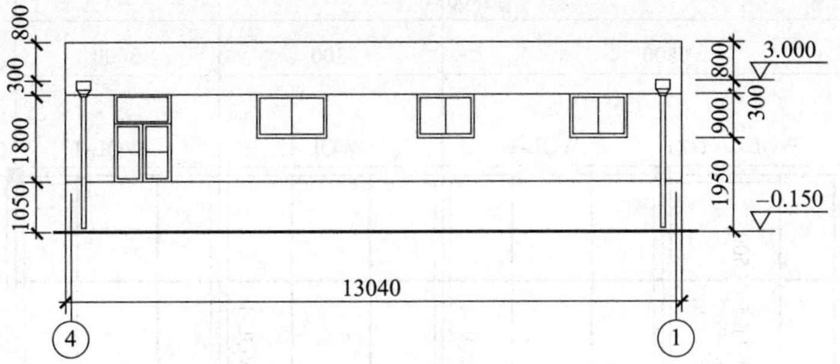

浴室南立面图

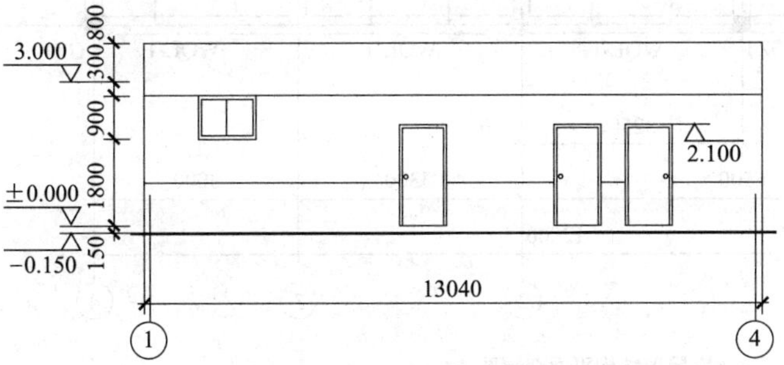

13040

浴室北立面图

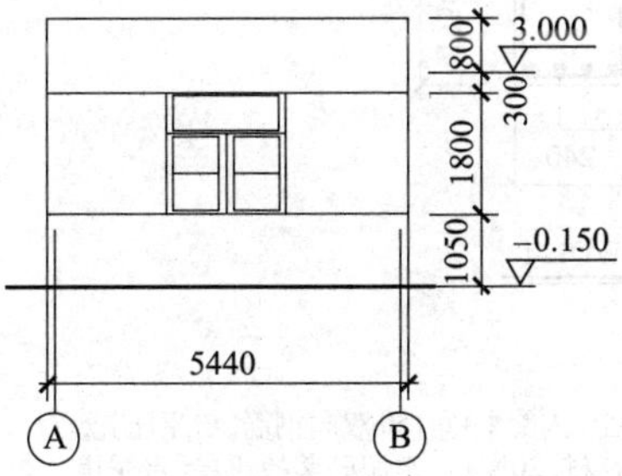

13040

浴室西立面图

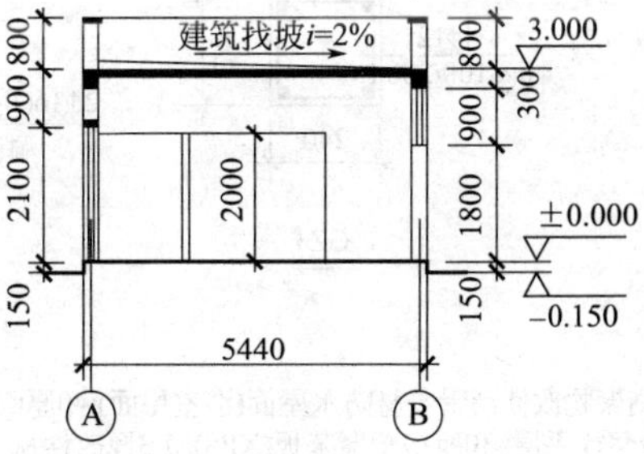

5440

2—2剖面图

建筑找坡i=2%

5440

工程名称		图名	建施
柴油机试验站辅助楼及浴室		图号	03

总工程师		设计		图纸内容	浴室一层平面图 屋面平面图 立面图及剖面图
室主任		制图			
审核		校对			
专业负责人		复核			

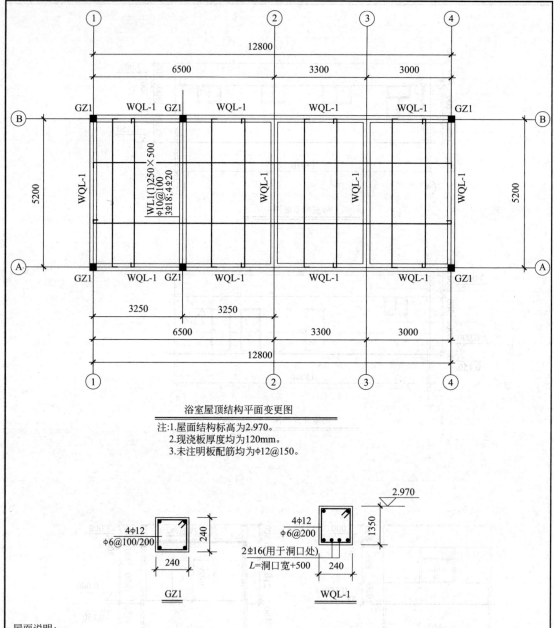

浴室屋顶结构平面变更图

注:1.屋面结构标高为2.970。
　　2.现浇板厚度均为120mm。
　　3.未注明板配筋均为φ12@150。

GZ1

WQL-1

屋面说明:

高分子或高聚物改性沥青卷材防水屋面(浴室屋面):40厚C20细石混凝土,内配φ4@150双向钢筋,粉平压光;
20厚1:3水泥砂浆找平层;30厚挤塑聚苯板(XPS);1.3厚改性氯丁橡胶防水卷材;20厚1:3水泥砂浆找平层;水泥焦
渣找坡2%,最薄处40厚;20厚1:3水泥砂浆找平层,现浇钢筋混凝土屋面板。

总工程师		设　计		工　程　名　称		图名	变更
				柴油机试验站辅助楼及浴室		图号	01
总工程师		设　计					
室主任		制　图		图纸内容		浴室屋顶结构平面变更图	
审核		校　对					
专业负责人		复　核					

3.2 柴油机试验站辅房及浴室工程预算书

3.2.1 分部分项工程量清单计价表

附表 3.1 分部分项工程量清单计价表（实例三）

序号	项目编号	项 目 名 称	计量单位	工程数量	综合单价	合价
		一、辅助楼				
		（一）土、石方工程				
1	1-98	平整场地	10m²	31.1758		
2	1-198	反铲挖掘机挖土(斗容量0.3m³以内)装车	1000m³	0.070986		
3	1-240换	自卸汽车运土、运距3km以内	1000m³	0.676514		
4	1-104	基(槽)坑回填土	m³	33.346		
		（二）砌筑工程				
1	3-1	M5水泥砂浆砌直形基础	m³	15.286		
2	3-27.6	M5混合砂浆砌1/2标准砖外墙	m³	3.668		
3	3-22	M5混合砂浆砌KP1黏土多孔砖墙(240mm×115mm×90mm),1砖(外墙)	m³	71.698		
4	3-22	M5混合砂浆砌KP1黏土多孔砖墙(240mm×115mm×90mm),1砖(内墙)	m³	19.008		
5	3-22	M5混合砂浆砌KP1黏土多孔砖墙(240mm×115mm×90mm),1砖(女儿墙)	m³	10.802		
6	13-164	隔墙轻钢龙骨,中距:竖0.6m横1.5m		1.5264		
7	13-216	墙面石膏板		3.0528		
		（三）混凝土工程				
1	5-285换	C15非泵送商品混凝土现浇无梁式混凝土条形基础	m³	18.202		
2	5-298换	C25非泵送商品混凝土现浇构造柱(基础)	m³	1.166		
3	5-302换	C25非泵送商品混凝土现浇圈梁(基础)	m³	4.28		
4	5-298换	C25非泵送商品混凝土现浇构造柱	m³	6.68		
5	5-302换	C25非泵送商品混凝土现浇圈梁	m³	7.914		
6	5-300换	C25非泵送商品混凝土现浇单梁、框架梁、连续梁	m³	11.658		
7	5-86换	C30混凝土加工厂预制圆孔板(3.6以下)	块	132		
8	5-86换	C30混凝土加工厂预制圆孔板(3.6以上)	块	20		
9	5-331换	C25非泵送商品混凝土现浇压顶	m³	2.561		
10	5-319换	C25非泵送商品混凝土现浇直形楼梯	10m²水平投影	1.2398		
11	5-51.2	C25混凝土现浇台阶	10m²水平投影	3.2256		
		（四）构件运输及安装工程				
1	7-2	Ⅰ类预制混凝土构件运输,运距5km以内	m³	20.959		
2	7-87	安装圆孔板、槽(肋)形板,履带式起重机	m³	20.959		
3	7-107	C30混凝土构件接头灌缝,圆孔板	m³	20.959		
		（五）屋、平、立面防水及保温隔热工程				
1	9-31	SBS改性沥青防水卷材屋面,冷贴法,双层	10m²	17.0302		

序号	项目编号	项目名称	计量单位	工程数量	金额/元	
					综合单价	合价
2	9-72	刚性防水细石混凝土屋面,有分格缝,40mm厚	10m²	16.2192		
3	12-16	1:3水泥砂浆找平(厚20mm)在填充材料上	10m²	16.2192		
4	9-216	屋面、楼地面保温隔热,聚苯乙烯泡沫板	m³	4.866		
5	9-86—87 ×0.4	聚氨酯防水层,1.33mm厚	10m²	17.0302		
6	9-72	刚性防水细石混凝土屋面,有分格缝,40mm厚	10m²	16.2192		
7	9-155	油浸麻丝伸缩缝,平面	10m	0.678		
8	9-171	铁皮盖面,平面	10m	0.678		
9	9-156	油浸麻丝伸缩缝,立面	10m	0.954		
10	9-170	木板盖面,立面	10m	0.74		
11	9-188	PVC水落管直径100mm	10m	2.31		
12	9-190	PVC水斗直径100mm	10只	0.3		
13	9-201	女儿墙铸铁弯头落水口	10只	0.3		
		(六)楼地面工程				
1	12-7	碎砖干铺垫层	m³	13.821		
2	12-14.1	C15非泵送商品混凝土垫层分格	m³	5.204		
3	12-14.2换	C25非泵送商品混凝土垫层分格(通道)	m³	7.729		
4	12-94	600mm×600mm地砖楼地面水泥砂浆	10m²	8.6688		
5	12-18	C20细石混凝土找平层(厚40mm)	10m²	15.0089		
6	12-15	1:3水泥砂浆找平层(厚20mm)混凝土或硬基层上	10m²	15.0089		
7	12-94	600mm×600mm地砖楼地面水泥砂浆	10m²	15.0089		
8	12-24	1:3水泥砂浆楼梯面层	10m²(水平投影)	1.2398		
9	12-100	地砖楼梯面层水泥砂浆	10m²	1.7433		
10	12-102	地砖踢脚线面层水泥砂浆	10m	17.872		
11	12-172	C15混凝土散水	10m²(水平投影)	1.4064		
12	12-101	地砖台阶面层水泥砂浆	10m²	3.7632		
		(七)墙柱面工程				
1	13-30	砖外墙面抹混合砂浆	10m²	54.1185		
2	13-31	砖内墙面抹混合砂浆	10m²	52.3668		
3	13-11	砖外墙面、墙裙抹水泥砂浆(女儿墙内侧)	10m²	6.4688		
		(八)天棚工程				
	14-116	预制混凝土天棚混合砂浆面	10m²	32.4384		
		(九)油漆工程				
1	16-308换	内墙抹灰上批、刷两遍乳胶漆801胶白水泥腻子	10m²	52.3668		
2	16-308换	内墙抹灰上批、刷两遍乳胶漆801胶白水泥腻子(天棚)	10m²	32.4384		
3	16-321换	外墙弹性材料两遍	10m²	54.1185		

序号	项目编号	项 目 名 称	计量单位	工程数量	金额/元	
					综合单价	合价
		(十)门窗工程				
1	15-27 换	成品实木门	10m²	2.7		
2	15-208	三冒头镶板门(无腰单扇)门框制作 框料断面 55cm²	10m²	2.7		
3	15-210	三冒头镶板门(无腰单扇)门框安装	10m²	2.7		
4	16-1	底油一遍、打腻子、调和漆两遍,单层木门	10m²	5.4		
5	0-0 换	塑钢窗	m²	44.01		
6	0-0 换	不锈钢楼梯栏杆	m	10.944		
7	15-346	安装球形执手锁	把	11		
8	4-1	现浇混凝土构件钢筋,直径 12mm 以内	t	4.346		
9	4-2	现浇混凝土构件钢筋,直径 25mm 以内	t	1.618		
		二、浴室				
		(一)土、石方工程				
1	1-98	平整场地	10m²	16.0858		
2	1-198	反铲挖掘机挖土(斗容量 0.3m³ 以内)装车	1000m³	0.019584		
3	1-240 换	自卸汽车运土、运距 3km 以内	1000m³	0.037239		
4	1-104	基(槽)坑回填土	m³	32.697		
		(二)砌筑工程				
1	3-1	M5 水泥砂浆砌直形基础	m³	8.797		
2	3-22	M5 混合砂浆砌 KP1 黏土多孔砖墙(240mm×115mm×90mm),1 砖(外墙)	m³	19.512		
3	3-22	M5 混合砂浆砌 KP1 黏土多孔砖墙(240mm×115mm×90mm),1 砖(内墙)	m³	3.25		
4	3-21	M5 混合砂浆砌 KP1 黏土多孔砖墙(240mm×115mm×90mm),1/2 砖(内墙)	m³	2.339		
5	3-22	M5 混合砂浆砌 KP1 黏土多孔砖墙(240mm×115mm×90mm),1 砖(女儿墙)	m³	6.912		
		(三)混凝土工程				
1	5-285 换	C15 非泵送商品混凝土现浇无梁式混凝土条形基础	m³	4.896		
2	5-298 换	C25 非泵送商品混凝土现浇构造柱(基础)	m³	0.389		
3	5-302 换	C25 非泵送商品混凝土现浇圈梁(基础)	m³	2.562		
4	5-298 换	C25 非泵送商品混凝土现浇构造柱	m³	1.296		
5	5-302 换	C25 非泵送商品混凝土现浇圈梁	m³	2.882		
6	5-316 换	C25 非泵送商品混凝土现浇平板	m³	0.471		
7	5-331 换	C25 非泵送商品混凝土现浇压顶	m³	1.296		
		(四)屋、平、立面防水及保温隔热工程				
1	9-31	SBS 改性沥青防水卷材屋面,冷贴法,双层	10m²	6.9888		
2	9-72	刚性防水细石混凝土屋面,有分格缝,40mm 厚	10m²	6.656		
3	12-15	1∶3 水泥砂浆找平(厚 20mm)在填充材料上	10m²	6.656		
4	9-216	屋面、楼地面保温隔热,聚苯乙烯泡沫板	m³	1.997		

续表

序号	项目编号	项目名称	计量单位	工程数量	金额/元	
					综合单价	合价
5	9-86—87×0.4	聚氨酯防水层,1.33mm 厚	10m²	6.9888		
6	12-16	1:3 水泥砂浆找平(厚 20mm)在填充材料上	10m²	6.656		
7	9-188	PVC 水落管直径 100mm	10m	0.624		
8	9-190	PVC 水斗直径 100mm	10 只	0.2		
9	9-201	女儿墙铸铁弯头落水口	10 只	0.2		
		(五)楼地面工程				
1	12-7	碎砖干铺垫层	m³	6.656		
2	12-14.1	C15 非泵送商品混凝土垫层分格	m³	3.994		
3	12-94	600mm×600mm 地砖楼地面水泥砂浆	10m²	6.656		
4	12-102	地砖踢脚线面层水泥砂浆	10m	3.3		
5	12-172	C15 混凝土散水	10m² 水平投影	2.3616		
		(六)墙柱面工程				
1	13-30	砖外墙面抹混合砂浆	10m²	13.9494		
2	13-31	砖内墙面抹混合砂浆	10m²	9.0281		
3	13-11	砖外墙面、墙裙抹水泥砂浆(女儿墙内侧)	10m²	3.6442		
4	13-177.1	内墙面、墙裙瓷砖 152mm×152mm 以上,素水泥砂浆粘贴	10m²	9.9694		
		(七)天棚工程				
	14-116	预制混凝土天棚混合砂浆面	10m²	6.656		
		(八)油漆工程				
1	16-308 换	内墙抹灰上批、刷两遍乳胶漆 801 胶白水泥腻子	10m²	8.79		
2	16-308 换	内墙抹灰上批、刷两遍乳胶漆 801 胶白水泥腻子(天棚)	10m²	6.656		
3	16-321 换	外墙弹性材料两遍	10m²	13.9494		
4	4-1	现浇混凝土构件钢筋,直径 12mm 以内	t	2.693		
5	4-2	现浇混凝土构件钢筋,直径 25mm 以内	t	0.066		
		三、签证(辅助楼和浴室)				
		(一)2008-02-01				
1	1-B25	破碎机 HB20G 混凝土(1)	1000m³	0.014377		
2	1-310	挖掘机挖渣(斗容量 0.5m³),装车(1)	1000m³	0.014377		
3	1-317	自卸汽车运土,运距 3km 以内(2)	1000m³	0.014377		
4	1-198	反单挖掘机挖土(斗容量 0.5m³ 以内),装车(2)	1000m³	0.0093		
5	1-240 换	自卸汽车运土,运距 3km 以内(2)	1000m³	0.0093		
6	2-122	非泵送 C10 无筋商品混凝土垫层	m³	9.3		
7	3-22	M5 混合砂浆砌 KP1 黏土多孔砖墙(240mm×150mm×90mm),1 砖(3)	m³	0.389		
8	13-31	砖内墙面抹混合砂浆(3)	10m²	0.324		
9	15-27 换	成品实木门(3)	10m²	0.27		

续表

序号	项目编号	项 目 名 称	计量单位	工程数量	金额/元	
					综合单价	合价
10	15-208	三冒头镶板门(无腰单扇)门框制作框料断面 55cm² (3)	10m²	0.27		
11	15-210	三冒头镶板门(无腰单扇)门框安装(3)	10m²	0.27		
12	16-1	底油一遍、刮腻子、调和漆两遍,单层木门(3)	10m²	0.54		
13	1-B25	破碎机 HB20G 混凝土(5)	1000m³	0.0144		
14	1-310	挖掘机挖渣(斗容量 0.5m³),装车(5)	1000m³	0.0144		
15	1-317	自卸汽车(载重 4.5t 以内)运渣,3km 以内(5)	1000m³	0.0144		
16	5-293 换	C25 非泵送商品混凝土现浇设备基础,混凝土块体 20m³ 以内(5)	m³	14.4		
17	2-122	非泵送 C10 无筋商品混凝土垫层(6)	m³	0.72		
18	3-47.1	M5 水泥砂浆砌标准小型砌体(6)	m³	2.203		
19	13-24	零星项目抹水泥砂浆(6)	10m²	0.8064		
20	0-0 换	隔断(6)	只	6		
21	13-117.1	内墙面、墙裙瓷砖 152mm×152mm 以上,素水泥砂浆粘贴(6)	10m²	3.33		
22	12-90	300mm×300mm 地砖楼地面水泥砂浆(6)	10m²	1.98		
		(二)2008-03-28				
1	0-0 换	男浴室增加塑钢隔断(1)	m²	3.51		
2	0-0 换	女浴室增加塑钢隔断(1)	m²	3.2		
3	0-0 换	更衣室(2)	m²	6.4		
4	0-0	C-4 取消见前面结算中扣除(3)		0		
5	0-0 换	不锈钢防盗窗(4)	m²	5.94		
6	0-0 换	不锈钢防盗门(4)	m²	2.7		
7	6-25	制作爬式钢梯子(5)	t	0.468		
8	16-260	调和漆两遍,其他金属面(5)	t	0.468		
9	0-0 换	彩铝门(6)	m²	10		
10	0-0 换	铸铁栏杆(6)	m²	15.81		
11	0-0 换	氟碳漆(7)	m²	217.083		
12	13-321 换	外墙弹性涂料两遍(7)	10m²	−21.7083		

3.2.2 乙供材料、设备表

附表 3.2 乙供材料、设备表(实例三)

序号	材料编码	材 料 名 称	规格型号等特殊要求	单位	数量	单位/元
1	C000000	不锈钢防盗窗		元	1039.500	
2	C000000	不锈钢防盗门		元	427.500	
3	C000000	不锈钢楼梯栏杆		元	2024.640	
4	C000000	彩铝门		元	5400.000	
5	C000000	成品小孔板 3.6 以上		元	9389.600	

序号	材料编码	材料名称	规格型号等特殊要求	单位	数量	单位/元
6	C000000	成品小孔板 3.6 以下		元	58325.520	
7	C000000	氟碳漆		元	27135.375	
8	C000000	隔断		元	1500.000	
9	C000000	更衣室		元	1920.000	
10	C000000	男浴室增加塑钢隔断		元	772.200	
11	C000000	女浴室增加塑钢移门		元	704.000	
12	C000000	其他材料费		元	2466.360	
13	C000000	塑钢窗		元	10782.450	
14	C101008	绿豆砂		t	1.201	
15	C101021	细砂		t	1.212	
16	C101022	中砂		t	171.026	
17	C101021	道碴 40～80mm		t	4.258	
18	C102040	碎石 5～16mm		t	29.412	
19	C102041	碎石 5～20mm		t	9.443	
20	C105012	石灰膏		m³	7.168	
21	C201008	标准砖 240mm×150mm×53mm		百块	178.322	
22	C201016	多孔砖 KP1 240mm×115mm×90mm		百块	450.265	
23	C201043	碎砖		t	33.787	
24	C204020	瓷砖 200mm×300mm		百块	22.742	
25	C204054	同质地砖 300mm×300mm		块	1238.621	
26	C204056	同质地砖 600mm×600mm		块	879.703	
27	C301002	白水泥		kg	731.412	
28	C301023	水泥 32.5 级		kg	40345.494	
29	C301026	水泥 42.5 级		kg	937.119	
30	C302164	预制混凝土块		m³	0.419	
31	C303062.4	商品混凝土 C10(非泵送)粒径≤40mm		m³	10.170	
32	C303063.2	商品混凝土 C10(非泵送)粒径≤20mm		m³	9.336	
33	C303063.4	商品混凝土 C10(非泵送)粒径≤40mm		m³	23.560	
34	C303065.2	商品混凝土 C10(非泵送)粒径≤20mm		m³	42.252	
35	C303065.3	商品混凝土 C10(非泵送)粒径≤31.5mm		m³	11.891	
36	C303063.4	商品混凝土 C10(非泵送)粒径≤40mm		m³	14.688	
37	C401029	普通木材		m³	0.686	
38	C401035	周转木材		m³	1.142	
39	C405015	复合木模板 18mm		m²	98.972	
40	C405071P1	成品实木门		m²	29.997	
41	C405098	木砖与拉条		m³	0.195	
42	C406002	毛竹		根	13.135	
43	C407007	锯(木)屑		m³	2.460	
44	C407012	木柴		kg	75.229	
45	C501114	型钢		t	0.491	

续表

序号	材料编码	材 料 名 称	规格型号等特殊要求	单位	数量	单位/元
46	C502018	钢筋(综合)		t	8.897	
47	C502047	钢丝绳		kg	0.629	
48	C503079	镀锌铁皮 26#		m²	4.075	
49	C503152	钢压条		kg	12.490	
50	C504098	钢支撑(钢管)		kg	139.072	
51	C504177	脚手钢管		kg	392.567	
52	C505655	铸铁弯头出水口		套	5.050	
53	C507042	底座		个	2.169	
54	C507095	钢支架、平台及连接件		kg	4.401	
55	C507108	扣件		个	67.047	
56	C507139	轻钢龙骨 75mm×40mm		m	15.981	
57	C507140	轻钢龙骨 75mm×50mm		m	27.613	
58	C506006	电焊条 E422		kg	40.988	
59	C509015	焊锡		kg	0.129	
60	C500122	镀锌铁丝 8#		kg	141.758	
61	C510127	镀锌铁丝 20#		kg	53.427	
62	C510165	合金钢切割锯片		片	1.402	
63	C510174	合金纤头直径 135mm		个	0.004	
64	C510226	铝合金球形锁 5791A/C		把	11.110	
65	C510286	射钉		百个	0.229	
66	C511213	钢钉		kg	0.721	
67	C511366	零星卡具		kg	40.061	
68	C511379	铝拉铆钉 LD-1		百个	0.275	
69	C511476	膨胀螺栓 8mm×80mm		百套	0.382	
70	C511533	铁钉		kg	56.546	
71	C511580	自攻螺钉		百只	10.532	
72	C513109	工具式金属脚手		kg	17.860	
73	C513287	组合钢模板		kg	11.890	
74	C601031	调和漆		kg	16.026	
75	C601036	防锈漆(铁红)		kg	2.714	
76	C601041	酚醛清漆各色		kg	1.069	
77	C601043	酚醛无光调和漆(底漆)		kg	14.850	
78	C601048	高渗透性表面底漆		kg	46.360	
79	C601106P1	乳胶漆(内墙)BC102		kg	343.862	
80	C601125	清漆		kg	0.149	
81	C602050P1	外墙 BC200 乳胶漆		kg	203.982	
82	C603030	汽油		kg	400.113	
83	C603045	油漆溶剂油		kg	7.693	
84	C604032	石油沥青 30#		kg	834.274	
85	C604038	石油沥青油毡 350#		m²	410.491	

序号	材料编码	材 料 名 称	规格型号等特殊要求	单位	数量	单位/元
86	C605024	PVC束接直径100mm		只	13.139	
87	C605104	聚氨酯甲料		kg	222.752	
88	C605106	聚氨酯乙料		kg	350.629	
89	C605110	聚苯乙烯泡沫板		m³	7.000	
90	C605154	塑料抱箍(PVC)直径100mm		副	36.200	
91	C605155	塑料薄膜		m²	180.040	
92	C605280	塑料水斗(PVC水斗)直径100mm		只	5.100	
93	C605291	塑料弯头(PVC)直径100mm、135°		只	1.672	
94	C605356	增强塑料水管(PVC)直径100mm		m	29.927	
95	C606227	橡皮垫圈		百个	0.382	
96	C607018	石膏粉325目		kg	67.131	
97	C607045	石棉粉		kg	41.178	
98	C607072	纸面石膏板(龙牌)1200mm×3000mm×9.5mm		m²	33.581	
99	C608003	白布		m²	0.192	
100	C608077	划线无纺布		m²	58.847	
101	C608097	麻袋		条	0.042	
102	C608101	麻绳		kg	0.210	
103	C608104	麻丝		kg	8.976	
104	C608110	棉纱头		kg	5.430	
105	C608144	砂纸		张	54.168	
106	C609032	大白粉		kg	64.161	
107	C610001	APP及SBS基层处理剂		kg	85.267	
108	C610006	改性沥青黏结剂		kg	643.709	
109	C610016	SBS封口油膏		kg	26.421	
110	C610019	SBS聚酯胎乙烯膜卷材厚度3		m²	564.447	
111	C610039	高强APP嵌缝膏		kg	144.258	
112	C611001	防腐油		kg	10.263	
113	C613003	801胶		kg	329.946	
114	C613056	二甲苯		kg	31.225	
115	C613098	胶水		kg	0.663	
116	C613145	煤		kg	151.145	
117	C613184	乳胶		kg	0.178	
118	C613206	水		m³	273.508	
119	C613249	氧气		m³	144.1	
120	C613253	乙炔气		m³	0.627	
121	C901030	场内运输费		元	629.399	
122	C901114	回库修理、保养费		元	62.639	
123	C901167	其他材料费		元	1835.256	

3.3 柴油机试验站辅助楼及浴室工程合同

附表 3.3 建筑安装施工合同（实例三）

×××-98-001 建筑安装施工合同

建设单位×××有限公司 甲 合 同 编 号 _____

（以下简称 方） 合同签订地址 ××公司

施工单位×××建设工程有限公司 乙 签 订 日 期 2007 年 11 月 5 日

根据《中华人民共和国合同法》、《中华人民共和国建筑法》双方本着平等互利、互信的原则，签订本施工合同。

第一条 工程项目及范围：

工程项目及范围	结构	层次	建筑面积/m²	承包形式	工程造价	工程地点
柴油机试验站辅助楼	砖混	一层	408.6	双包	约 60 万元	××公司
柴油机试验站浴室		二层				

合同总造价(大写)约陆拾万元(以决算最终审定价为准)

第二条 工程期限：

本工程自 2007 年 11 月 5 日至 2008 年 1 月 31 日完工。

第三条 质量标准：

依照本工程施工详图、施工说明书及中华人民共和国住房和城乡建设部颁发的建筑安装工程施工及验收暂行技术规范与有关补充规定办理。做好隐蔽工程，分项工程的验收工作。对不符合工程质量标准的要认真处理，由此造成的损失由乙方负责。

第四条 甲乙双方驻工地代表：

甲方驻工地代表名单：_____××× _____

乙方驻工地代表名单：_____××× _____

第五条 材料和设备供应：

凡包工包料工程，由甲方提供材料计划，乙方负责采购调运进场，凡包工不包料工程，甲方应根据乙方施工进度要求，按质按量将材料和设备及时进场，并堆放在指定地点，如因甲方材料和设备供应脱节而造成乙方待料窝工现象，其损失由甲方负责。

第六条 付款办法：本工程预决算按《江苏省建筑与装饰工程计价表》编制。

1. 基建项目按省建工局和建设银行规定办法付款。

2. 工程费用按下列办法付款：

工程开工前甲方预付工程款 %计 _____/_____ 元

工程完成 ___/___ 时甲方付进度款 %计 _____/_____ 元

工程完成 ___/___ 时甲方付进度款 %计 _____/_____ 元

工程竣工经验收合格，且结算经审定后工程款付至 95%，余款待保修期满一年后 15 天内付清。

第七条 竣工验收：

工程竣工后，甲、乙双方应会同有关部门进行竣工验收，在验收中提出的问题，乙方要限期解决。工程经验收签证、盖章并结算材料财务手续后准许交付使用。

第八条 其他：

1. 甲方应在开工前做好施工现场的"三通"（路通、水通、电通）。

2. 单包工程甲方应帮助乙方解决住宿和用膳问题。

3. 施工中如甲方提出工程变更，应由甲方提请设计部门签发变更通知书，由于工程变更造成的损失由甲方负责。

4. 本工程设计预算如有漏列项目或差错，在本合同有效期内审查修正，竣工结算时以工程决算书为准。

第九条 本合同一式 肆 份，在印章齐全后，至工程竣工验收，款项结清前有效。

本合同未尽事宜，双方协商解决。

第十条 违约责任：执行《中华人民共和国合同法》。

第十一条 解决合同纠纷的方式由当事人从下列方式中选择一种：

1. 协商解决不成的提交××仲裁委员会仲裁。

2. 协商解决不成的依法向××人民法院起诉。

第十二条 其他约定事项：1. 乙方必须遵守甲方有关职业健康、安全、环境保护、治安管理、红黄牌考核的协议规定和要求，如发生安全事故，责任一律由乙方负责。2. 施工前，乙方必须将主要材料的价格报甲方审核。主要材料进场必须经甲方验收，报验不及时罚款 500 元/次。3. 如延误工期（非甲方原因），罚款 1000 元/天。4. 措施项目及其他项目费计算标准：①临时设施费，土建装饰 1%，安装 0.6%计；②检验试验费，土建装饰 0.18%，安装 0.15%计；③现场安全文明施工措施费，土建装饰 2%，安装 0.7%计。5. 工艺变更、设计变更及图纸外的工程内容办理签证。

甲方：	乙方：
法定代表人：	法定代表人：
委托代理人：	委托代理人：
电话：	电话：
开户银行：	开户银行：
账号：	账号：
经办人：	经办人：
建管处见证：	建管处见证：
年 月 日	年 月 日
监制部门：×××工商行政管理局	印制单位：×××印刷有限公司

附录 4 质量控制程序

附表 4.1 土方分项工程质量控制程序

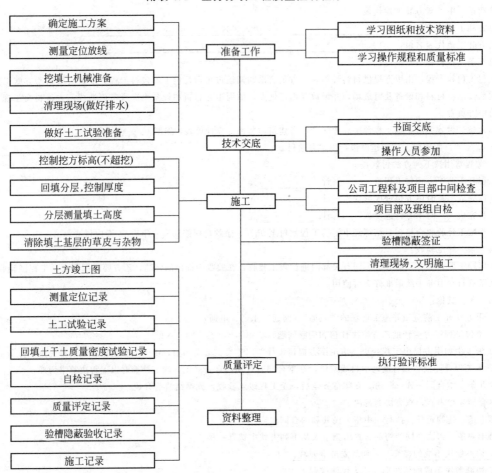

附表 4.2　模板分项工程质量控制程序

熟悉设计图纸和技术资料		模板选择
掌握操作规程和质量标准	准备工作	平整钢模板
底板抄平放线		模板涂隔离剂
书面交底		与钢筋工序交接
班组操作人员参加	技术交底	钢模板孔洞堵补
底部标高、中心线、断面尺寸放线		
检查预埋件的位置和尺寸	支模	
	质量评定	执行验评标准
		公司工程部中间抽查
按现场预留拆模试块试压报告数据确定拆模时间		项目部及班组自检
		二次支模接缝
注意保护棱角	拆模	梁板底部按规定起拱
修补模板,分类堆放		防止胀模(要有足够刚度)
自检记录		与钢筋、混凝土工序交接检查
质量评定记录		浇灌混凝土时,留人看模
预埋件隐蔽记录		清理现场,文明施工
施工记录	资料整理	

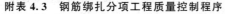

附表 4.3　钢筋绑扎分项工程质量控制程序

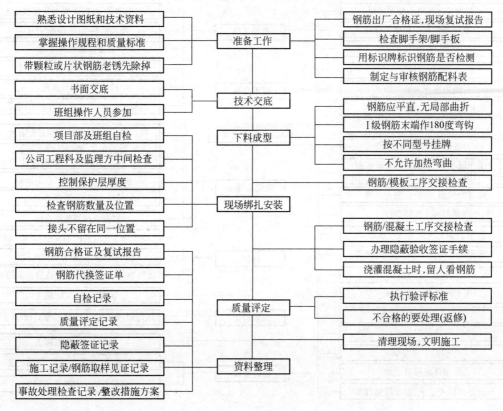

熟悉设计图纸和技术资料		钢筋出厂合格证,现场复试报告
掌握操作规程和质量标准	准备工作	检查脚手架/脚手板
带颗粒或片状钢筋老锈先除掉		用标识牌标识钢筋是否检测
		制定与审核钢筋配料表
书面交底	技术交底	
班组操作人员参加		钢筋应平直,无局部曲折
项目部及班组自检	下料成型	Ⅰ级钢筋末端作180度弯钩
公司工程科及监理方中间检查		按不同型号挂牌
控制保护层厚度		不允许加热弯曲
检查钢筋数量及位置	现场绑扎安装	钢筋/模板工序交接检查
接头不留在同一位置		
钢筋合格证及复试报告		钢筋/混凝土工序交接检查
钢筋代换签证单		办理隐蔽验收签证手续
自检记录		浇灌混凝土时,留人看钢筋
质量评定记录	质量评定	执行验评标准
隐蔽签证记录		不合格的要处理(返修)
施工记录/钢筋取样见证记录	资料整理	清理现场,文明施工
事故处理检查记录/整改措施方案		

附表 4.4 钢筋焊接分项工程质量控制程序

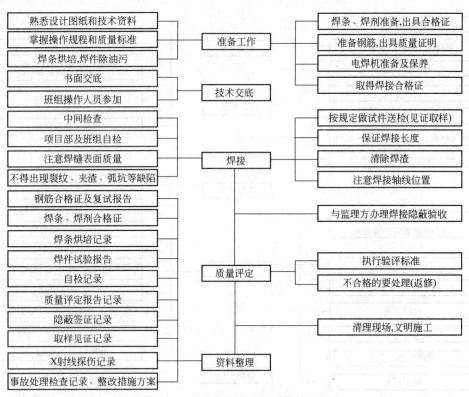

附表 4.5 混凝土分项工程质量控制程序

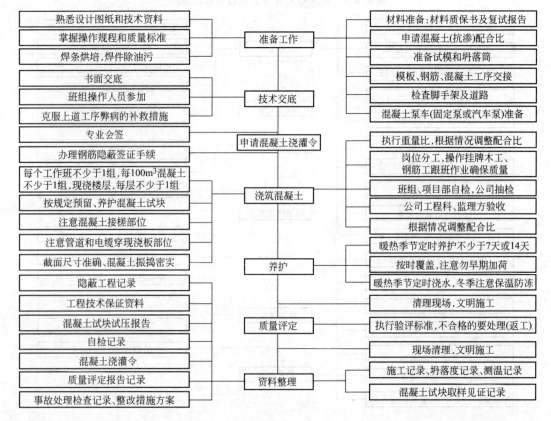

附表 4.6 砌体分项工程质量控制程序

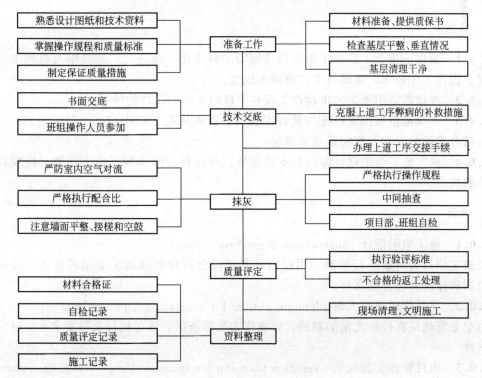

```
熟悉设计图纸和技术资料 ─┐                        ┌─ 平面尺寸、报告、测量、放线
掌握操作规程和质量标准 ─┤     ┌──────┐         ├─ 水平、垂直、运输工具准备
材料和外加剂准备,提供合格证 ─┤─────│ 准备工作 │─────────┤─ 脚手架搭设、道路准备
对土建工序进行交接检查 ─┘     └──────┘         ├─ 按图立皮数杆
                                               └─ 申请砂浆配合比

书面交底 ─┐     ┌──────┐
班组操作人员参加 ─┤─────│ 技术交底 │─────── 克服上道工序弊病的补救措施
          └──────┘

清水浇砖,防止干砖上墙 ──────────────────── 基底测量放线

预埋件、预留孔留设正确 ─┐
墙面平整、垂直、砂浆饱满、接槎合理 ─┤     ┌────┐
严格执行重量比,搅拌均匀 ─┤─────│ 砌体 │─────┬─ 公司工程科、项目部中间抽查
按规定预留、养护砂浆试块 ─┤     └────┘      └─ 项目部、班组自检
每个楼层、每个班组或250m³
砌体不少于1组试块(每组6块) ─┘     ┌──────┐      ┌─ 执行验评标准
                              │ 质量评定 │──────┤─ 不合格的要处理(返工)
材料合格证 ─┐                  └──────┘      └─ 现场清理,文明施工
试块强度试压报告 ─┤
自检记录 ─┤     ┌──────┐
质量评定记录 ─┤─────│ 资料整理 │
施工记录 ─┤     └──────┘
事故处理记录 ─┘
```

附表 4.7 室内一般抹灰分项工程质量控制程序

```
熟悉设计图纸和技术资料 ─┐                        ┌─ 材料准备、提供质保书
掌握操作规程和质量标准 ─┤─────│ 准备工作 │─────────┤─ 检查基层平整、垂直情况
制定保证质量措施 ─┘                              └─ 基层清理干净

书面交底 ─┐     ┌──────┐
班组操作人员参加 ─┤─────│ 技术交底 │─────── 克服上道工序弊病的补救措施
          └──────┘

                                        办理上道工序交接手续

严防室内空气对流 ─┐                        ┌─ 严格执行操作规程
严格执行配合比 ─┤─────│ 抹灰 │─────────┤─ 中间抽查
注意墙面平整、接槎和空鼓 ─┘                └─ 项目部、班组自检

                              ┌──────┐      ┌─ 执行验评标准
                              │ 质量评定 │──────┤─ 不合格的返工处理
材料合格证 ─┐                  └──────┘      └─ 现场清理,文明施工
自检记录 ─┤
质量评定记录 ─┤─────│ 资料整理 │
施工记录 ─┘
```

附表 4.8   屋面防水分项工程质量控制程序

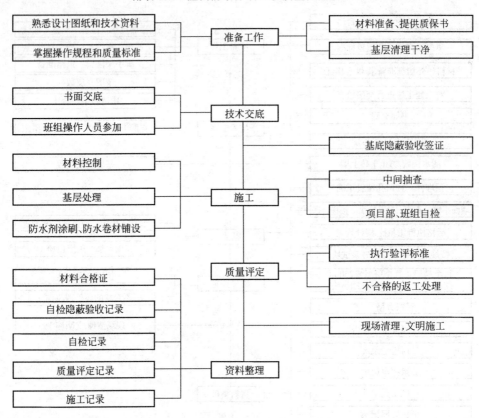

附录 5   施工组织设计编写要求

1. 总则

1.0.1   为保证建设工程施工组织设计编写的科学化、规范化，避免编写过程中出现形式主义，提高工作效率，降低成本，制定本规范。

1.0.2   本规范适用于××市建设工程各阶段施工组织设计的编写。

1.0.3   本规范依据国家标准《建设工程项目管理规范》（GB/T 50326—2006）的基本原则，结合实际情况和工程实践经验编制。

1.0.4   编写施工组织设计除执行本规范外，还应符合国家现行有关法律、法规和强执性标准的规定。

2. 术语

2.0.1   施工组织设计 construction organization plan

以施工项目为对象进行编制，用以指导其建设全过程各项施工活动的技术、经济、组织、协调和控制的综合性文件。

2.0.2   项目管理规划大纲 planning outline for construction project management

由企业管理层在投标之前编制的，旨在作为投标依据、满足招标文件要求及签订合同要求的文件。

2.0.3   项目管理实施规划 execution planning for construction project management

在开工之前由项目经理主持编写的，旨在指导施工项目实施阶段管理的文件。

2.0.4 招标文件 document of inviting public bidding

作为建筑产品需求者的建设单位向可能的生产供给者（承包商）详细阐明购买意图的一系列文件，也是投标单位编制投标书的主要客观依据。

2.0.5 施工方案 working scheme

以单项施工项目或其中的某一个分部分项工程为对象进行编制，用以指导其施工全过程并重点考虑施工方法、机械设备利用、劳动力和材料安排的具体文件。

2.0.6 质量管理体系 quality management system

企业管理体系的一部分，包括为制定、实施、实现、评审和保持质量方针所需的组织机构、策划活动、职责、惯例、程序、过程和资源。

2.0.7 环境管理体系 environment management system

企业管理体系的一部分，包括为制定、实施、实现、评审和保持环境方针所需的组织机构、策划活动、职责、惯例、程序、过程和资源。

2.0.8 职业健康安全管理体系 occupational health and safety management system

企业管理体系的一部分，包括为制定、实施、实现、评审和保持职业健康安全方针所需的组织机构、策划活动、职责、惯例、程序、过程和资源。

2.0.9 施工工艺标准 construction technology operating specification

施工企业为达到不低于国家标准所规定的质量指标，依据企业自身积累的施工经验而编制并在企业内部强制使用的施工操作说明书。

2.0.10 横道图 program bar chart

将一项工程分解成若干项工序（或工作），每项工序（或工作）用一横线表示，并将横线置于时间坐标之上，用以表示整个计划中各项工序（或工作）的起始时间和持续时间的工序流程图。

2.0.11 网络图 program network diagram

一种由一系列箭杆和圆圈（节点）所组成的网状图形，用以表示整个计划中各项工序（或工作）的先后次序所需要时间的逻辑关系的工序流程图。

2.0.12 资源需求计划 resource distribution plan

施工项目所需求的资源包含劳动力、建筑材料、预制加工品、施工机具、生产工艺设备及施工设施共六种。

（1）劳动力需要量计划：根据施工方案、施工进度和施工预算，依次确定专业工种、进场时间、劳动量和工人数，然后汇集成表格形式，作为现场劳动力调配的依据。

（2）建筑材料需要量计划：根据施工预算工料分析和施工进度，依次确定材料名称、规格、数量和进场时间，并汇集成表格，作为备料、确定堆场和仓库面积以及组织运输的依据。

（3）预制加工品需要量计划：根据施工预算和施工进度计划而编制，作为预制品加工订货、确定堆场面积和组织运输的依据。

（4）施工机具需要量计划：根据施工方案和施工进度计划而编制，作为落实施工机具进场的依据。

（5）生产工艺设备需要量计划：根据生产工艺布置图和设备安装进度而编制，作为生产设备订货、组织运输和进场后存放的依据。

（6）施工设施需要量计划：指根据项目施工需要，确定相应施工设施，通常包括施工安全设施、施工环保设施、施工用房屋、施工运输设施、施工通信设施、施工供水设施、施工供电设施和其他设施。

2.0.13 施工现场平面布置 project layout plan

在施工场地范围内，以紧凑合理、尽量减少施工用地为原则，合理布置各类施工机械、规划施工道路、确定各施工区域位置和场地面积、确定办公及生活设施的位置和面积、确定施工用水电管网位置。

2.0.14 工程质量目标 construction quality abject

根据建设项目施工图纸和工程承包合同要求，确定建设项目施工质量应达到的水平。常见的质量目标为：合同范围内全部工程施工质量达到国家施工质量验收规范的要求。业主亦可与承包商通过协商，确定质量目标为达到市优工程、省优工程、国家优质工程等。

2.0.15 成本控制措施 construction cost control

项目经理部在项目成本形成的过程中，为控制人、机、料消耗和费用支出，降低工程成本，达到预期的项目成本目标，所进行的成本预测、计划、实施、核算、分析、考核、整理成本资料和编制成本报告等一系列活动。

2.0.16 项目施工风险 project construction risk

通过调查、分析、论证，预测可能使施工方产生损失的不确定因素发生的发生概率及其后果。

2.0.17 施工风险防范 construction risk prevention in project

承包商在对施工项目进行风险识别和衡量之后，根据风险的性质、发生概率和损失程度，以及承包商自身的状态和外部环境，针对各种风险采取不同的防范策略。常用的防范风险策略有回避风险、转移风险、自留风险、利用风险等。

3. 基本规定

3.0.1 施工组织设计根据不同的编制阶段，可分为投标施工组织设计和实施性施工组织设计。

3.0.2 对于大型建设项目或建筑群，施工组织设计可分解为施工组织总设计和单位工程施工组织设计。

3.0.3 施工组织设计必须在工程项目开工前进行编制，严禁边施工边编制或施工完毕补编制。

3.0.4 投标施工组织设计的编制原则上应符合《建设工程项目管理规范》（GB/T 50326—2006）中项目管理规划大纲的要求，实施性施工组织设计的编制原则上应符合《建设工程项目管理规范》（GB/T 50326—2006）中项目管理实施规划的要求。

3.0.5 对于企业施工工艺标准中有的内容，施工组织设计可不编写，但应注明引用的企业施工工艺标准的相应章节题目。

3.0.6 对于通过质量管理体系、环境管理体系和职业健康安全管理体系认证的企业，可用三项管理体系文件代替施工组织设计中相关章节内容。

3.0.7 施工组织设计编制前应熟悉、掌握招标文件和施工图纸，到现场进行实地调研并搜集有关施工资料。

3.0.8 施工组织设计的编制应遵循下列指导思想

（1）根据实际情况制定合理科学的施工方案和施工工艺；

（2）采用现代建筑管理原理、流水施工方法和网络计划技术，组织有节奏、均衡和连续地施工；

（3）认真编制各项实施计划，严格控制工程质量、工程进度、工程成本，确保安全生产和文明施工，做好环境和历史文物保护；

（4）充分利用施工机械和设备，提高施工机械化、自动化程度，改善劳动条件，提高生产率；

（5）科学安排台风、雨季、夏季高温施工，保证施工生产的均衡性和连续性；

（6）扩大预制装配范围，提高建筑工业化程度；

（7）尽可能利用永久性设施和组装式施工设施，科学地规划施工总平面，努力减少施工设施建造量和施工用地；

（8）优化现场物资储存量，确定物资储存方式，尽量减少库存量和物资损耗。

3.0.9 施工组织设计中的施工方案、进度计划和现场平面布置宜在多种方案的基础上，经过比较，从中择优。

3.0.10 编制分部分项工程施工方法时，应有侧重点，对于工艺简单的分部分项工程可概括说明。

3.0.11 施工组织设计编制的依据和借用的素材应是现行有效的，不得引用国家废止的文件和标准。严禁在施工组织设计中使用国家、省、市明令淘汰和禁止的建筑材料和施工工艺。

3.0.12 施工组织设计的编制程序和人员资格应符合下列规定

（1）编制人、审核人、审批人应具备施工经验和管理经验；

（2）投标施工组织设计应由企业经营部门和技术管理部门负责编制和审核，企业技术负责人审批；

（3）实施性施工组织设计应由项目技术负责人组织编制，项目经理和企业技术管理部门审核，企业技术负责人审批；

（4）分包单位的施工组织设计应由分包单位编制和审核，并报总包单位审批；

（5）施工组织设计应盖企业法定图章，分包单位施工组织设计应加盖分包单位法定图章。

3.0.13 施工组织设计内容的表述方式宜符合下列规定

（1）文字用词规范，语言表述标准，概念逻辑清晰；

（2）依据的法律、法规、文件和标准应写出全称、文件号和发布日期；

（3）图表设计合理、清晰；格式全文统一；

（4）用文件或标准的有关内容替代施工组织设计的相关内容时，应注明该内容在文件或标准中的位置（页码）。

3.0.14 施工组织设计的版式风格宜符合下列规定

（1）投标施工组织设计的版式风格和装订要求应符合招标文件和政府相关文件的规定；

（2）封面。封面内容应包括工程名称，编制人、审核人和审批人签字，企业名称，编制日期。封面样式可参照附录 A。

（3）纸张。文字部分宜用 A4 纸，横道图、网络图和其他图形部分宜采用 A4、A3 或A3 加长纸。

（4）A4 纸的页面边距。上、下、左、右侧页边距宜为 25mm；装订线应在左侧，其距离宜为 8mm；页眉边距宜为 15mm，页脚边距宜为 17.5mm。

（5）字体、字号、字符间距和段落间距。正文部分的字体宜采用小四宋体常规字形；正文部分的标题字体宜采用四号宋体常规加粗字形;正文部分的字符间距宜采用标准值;正文部分的段落间距宜采用固定值 26 磅。

(6) 页眉、页脚。页眉宜标识出工程名称和章节名称,页脚宜标识出施工企业名称和页码,页眉和页脚中的字体宜采用 5 号宋体常规字形。

(7) 页码。除证书复印件外的 A4 纸页码宜连续编排,页码位置宜位于页脚右侧;A3 纸可不编排页码。

(8) 章节条款编排顺序。施工组织设计一般分成多个章节,每章的第一页可分开,打上该章节的名称;章、节题目宜居中,文章中的各种小标题应醒目。标题层次和格式可参照附录 A。

(9) 表格的位置。表格宜放置在靠近相关正文的地方。表格需有表名和表序号,表名宜居中,表序号宜写在表名前;表内文字可比正文小一号,表号宜按章、节编号,续表号应放在表的右上角。表格样式风格可参照附录 A。

(10) 插图位置和绘图。插图宜放置在靠近相关正文的地方。插图应有图名和编号,图号和图名应写在图下居中,图号在图名前面,字号可比正文小一号。图号应按章、节编号。插图样式风格可参照附录 A。

施工组织设计中的绘图可采用 CAD 进行绘制,绘图标准应参照国家相关制图标准的要求进行绘制。

4. 施工组织设计的内容

4.1 一般规定

4.1.1 施工组织设计的内容应具有真实性,能够客观反映实际情况。

4.1.2 施工组织设计的内容应涵盖项目的施工全过程,做到技术先进、部署合理、工艺成熟,针对性、指导性、可操作性强。

4.1.3 施工组织设计中分部分项工程施工方法应在实施阶段细化,必要时可单独编制。

4.1.4 施工组织设计中大型施工方案的可行性在投标阶段应经过初步论证,在实施阶段应进行细化并审慎详细论证。

4.1.5 施工组织设计涉及的新技术、新工艺、新材料和新设备应用,应通过有关部门组织的鉴定。

4.1.6 施工组织设计的内容应包括常规内容和施工方法,同时根据工程实际情况和企业素质,可增设附加内容。

4.2 常规内容

4.2.1 施工组织设计的常规内容应包括下列各方面:

(1) 编制依据及说明;
(2) 工程概况;
(3) 施工准备工作;
(4) 施工管理组织机构;
(5) 施工部署;
(6) 施工现场平面布置与管理;
(7) 施工进度计划;
(8) 资源需求计划;
(9) 工程质量保证措施;

（10）安全生产保证措施；

（11）文明施工、环境保护保证措施；

（12）雨季、台风及夏季高温季节的施工保证措施。

4.2.2 工程概况宜包括下列内容：

（1）工程构成状况；

（2）各专业工程设计概况；

（3）建设项目的现场条件。

4.2.3 施工准备工作宜包括下列内容：

（1）需要业主完成的施工准备工作；

（2）施工单位的准备工作。

4.2.4 施工管理组织机构宜应包括下列内容：

（1）施工管理组织机构设置；

（2）项目经理部决策层岗位职责和各管理部门职责；

（3）项目主要管理人员的简历及证书复印件。

4.2.5 施工部署宜包括下列内容：

（1）工程总体目标；

（2）工程总体施工方案。

4.2.6 施工现场平面布置与管理宜包括下列内容：

（1）施工现场各个不同阶段的平面布置；

（2）施工临时用水；

（3）施工临时用电；

（4）施工现场平面管理规划。

4.2.7 施工进度计划宜包括下列内容：

（1）工期控制目标；

（2）施工进度计划；

（3）工期保证措施。

4.2.8 资源需求计划宜包括下列内容：

（1）劳动力需求计划；

（2）主要材料和预制品需求计划；

（3）机械设备、大型工具、器具需求计划；

（4）生产工艺设备需求计划；

（5）施工设施需求计划。

4.2.9 工程质量保证措施宜包括下列内容：

（1）质量管理组织机构；

（2）保证质量的技术管理措施；

（3）工程计量管理措施；

（4）材料检验制度；

（5）工程技术档案管理措施；

（6）工程质量的保修计划。

4.2.10 安全生产保证措施宜包括下列内容：

（1）安全生产管理组织机构；

（2）保证安全生产的技术管理措施。

4.2.11 文明施工、环境保护保证措施宜包括下列内容：

（1）文明施工及环境保护管理组织机构；

（2）文明施工及环境保护措施。

4.2.12 雨季、台风及夏季高温季节的施工保证措施应根据下列因素综合考虑：

（1）本市的气候特点；

（2）场地位置；

（3）现场条件；

（4）雨季、台风及夏季高温时的施工特点。

4.3 施工方法

4.3.1 施工组织设计内容应包括分部分项工程施工方法。分部分项工程施工方法应涵盖工程项目的各个专业。同时，可根据工程特点和企业自身水平，将工程施工的重点和难点单列一章进行编写。

4.3.2 分部分项工程施工方法宜包括下列内容：

（1）施工准备；

（2）材料构件；

（3）机具设备；

（4）工艺流程；

（5）操作要点；

（6）检验检测；

（7）质量控制；

（8）安全环保；

（9）成品保护。

4.3.3 工程施工的重点和难点宜根据下列因素综合考虑：

（1）企业和项目经理部自身的施工经验；

（2）场地和气候的特点；

（3）机械设备和人员素质能力；

（4）工程的复杂程度和技术要求。

4.4 附加内容

4.4.1 下列专题宜作为施工组织设计的附加内容：

（1）新技术、新工艺、新材料和新设备应用；

（2）成本控制措施；

（3）施工风险防范；

（4）总承包管理与协调；

（5）工程创优计划及保证措施。

4.4.2 结合工程的实际情况，应推广应用新技术、新工艺、新材料和新设备。当采用"四新"技术时，施工组织设计宜包括下列内容：

（1）"四新"技术名称和简介；

（2）应用部位和范围；

（3）注意事项及采取措施；

（4）社会效益和经济效益。

4.4.3 成本控制措施宜包括下列内容：

（1）成本控制目标；

（2）降低成本的措施。

4.4.4 项目施工风险应根据施工经验、社会发展、国际环境、工程特点和施工周期等因素进行综合预测。施工风险防范宜包括下列内容：

（1）项目施工风险；

（2）风险管理重点；

（3）风险防范对策；

（4）风险管理责任。

4.4.5 当工程采用总承包方式时，宜编制下列内容：

（1）总承包管理工作内容；

（2）总承包管理计划；

（3）对各分包单位的管理措施；

（4）与各分包单位的协调配合措施。

4.4.6 当有创优目标时，宜编制下列内容：

（1）工程创优计划；

（2）创优组织机构；

（3）创优保证措施。

5. 投标施工组织设计的编写

5.0.1 投标施工组织设计应从技术上、组织上和管理上论证工期、质量、安全、文明施工、环境保护、投标报价六大目标的合理性和可行性。

5.0.2 投标施工组织设计应符合招标文件的规定，对招标文件提出的要求做出明确、具体的承诺。

5.0.3 投标施工组织设计的编写内容应重点突出、核心部分深入、篇幅合理、图文并茂。

5.0.4 投标施工组织设计的编制依据应包括下列内容：

（1）项目招标文件及其解释资料；

（2）发包人提供的信息及资料；

（3）招标工程现场实际情况；

（4）有关项目投标竞争信息；

（5）企业管理层对招标文件的分析研究结果；

（6）企业决策层对投标的决策意见；

（7）现行的相关国家标准、行业标准、地方标准及企业施工工艺标准；

（8）企业的质量管理体系、环境管理体系和职业健康安全管理体系文件；

（9）企业的技术力量、施工能力、施工经验、机械设备状况和自有的技术资料。

5.0.5 投标单位应根据招标文件规定的评审规则，按照下列要求编制不同种类的投标施工组织设计：

（1）对投标施工组织设计仅做符合性评价时（评审结果为合格或不合格），编制简化类；

（2）对投标施工组织设计采用评分方法时（评审结果用分数表示），编制基本类。

5.0.6 简化类和基本类投标施工组织设计的编写应符合附表5.0.6的要求。

附表 5.0.6　投标施工组织设计的编写

	内容目录	简化类	基本类
第一部分 常规内容	编制依据及说明		依据文件的名称
	工程概况	简述工程规模、结构形式和现场条件特点	分别介绍各专业内容、建筑场地特点和现场施工条件。分析工程施工关键问题
	施工准备工作		针对工程特点,简述施工单位的技术准备、生产准备
	施工管理组织机构	项目经理和项目技术负责人的简历及证书复印件	项目管理机构设置及主要管理人员的简历和证书复印件
	施工部署		概述工程质量、安全、工期、文明施工、环保目标,施工区段划分,大型机械设备及精密测量装置配备,劳动力投入,分包项目名称
	施工现场平面布置与管理	施工现场总平面图	施工各阶段平面布置及管理措施用图表示,并加以说明
	施工进度计划	施工总进度计划	施工总进度计划及次级进度计划,论证进度计划的合理性
	资源需求计划		用表格形式列出主要资源需求计划,如:劳动力,主要材料和预制品,机械设备、大型工具、器具,生产工艺设备,施工设施
	工程质量保证措施	企业三项管理体系认证证书复印件	企业三项管理体系认证证书复印件,三项管理体系在具体工程中的注意事项和深化事宜
	安全生产保证措施		
	文明施工、环境保护保证措施		
	雨季、台风及夏季高温季节的施工保证措施	根据工程的特点、施工周期和施工场地环境条件,针对性地进行叙述	
第二部分 施工方法	分部分项工程施工方法	确定各分部分项工程的施工方法,提供企业工艺标准中相应的章节名称	
	工程施工的重点和难点	列出工程重点、难点部位名称,详细介绍其施工方法及保证措施	
第三部分 附加内容	新技术、新工艺、新材料和新设备应用	罗列采用的新技术、新工艺、新材料和新设备名称	罗列采用的新技术、新工艺、新材料和新设备名称,应用部位,注意事项,预测其经济效益和社会效益
	成本控制措施	预测成本控制总目标	预测成本控制总目标及为实现总目标所采取的技术措施和管理措施
	施工风险防范	列举可能发生的风险,简述应对措施	列举并评估各种可能发生的风险,细述防范对策和管理措施
	总承包管理和协调	分包项目名称	分包项目名称和内容,总包和各分包单位的主要协调配合措施,总包对各分包单位的主要管理措施
	工程创优计划及保证措施	创优目标及过程路线图(目标分解)	创优目标及过程路线图(目标分解),采取的技术、组织和经济措施

5.0.7　招标文件中应明确评审规则和投标施工组织设计的编制类别。招标人根据工程的实际情况还可提出投标设计应编写的重点内容。

6. 实施性施工组织设计的编写

6.0.1　实施性施工组织设计应满足招标文件的要求,在投标施工组织设计的基础上进行充实和完善,其主题不得脱离投标施工组织设计。

6.0.2　实施性施工组织设计应满足指导建设全过程各项施工活动的要求,每项措施都应具有可操作性。

6.0.3 实施性施工组织设计的编写在文字表述上应具体直观、浅显易懂，满足项目部各阶层相关人员的阅读要求。

6.0.4 实施性施工组织设计的编制依据应包括下列内容：

(1) 项目招标文件及工程承包合同文件；

(2) 工程全部施工图纸及其标准图集；

(3) 工程地质勘察报告、地形图和工程测量控制网；

(4) 气象、水文资料及流行病调查资料；

(5) 工程建设法律、法规和有关规定文件；

(6) 企业类似施工项目经验资料；

(7) 现行的相关国家标准、行业标准、地方标准及企业施工工艺标准；

(8) 企业质量管理体系、环境管理体系和职业健康安全管理体系文件。

6.0.5 编制实施性施工组织设计时，应将招标阶段招标小组提出的合理化建议融入其中。

6.0.6 下列部位应在施工前编制专项施工方案：

(1) 结构复杂；

(2) 容易出现质量安全问题；

(3) 施工难度大；

(4) 技术含量高。

6.0.7 工程开工前，项目总监理工程师应组织有关部门人员对实施性施工组织设计进行会审，编制人员应根据会审结论对实施性施工组织设计进行修订。

6.0.8 实施性施工组织设计及专项施工方案应经项目总监理工程师确认和审批。

6.0.9 符合下列情况之一，应对实施性施工组织设计进行修改或调整：

(1) 工程变更；

(2) 施工条件变化；

(3) 法规变化；

(4) 发包人提出缩短工期或延长工期；

(5) 发包人提出对质量及特征要求的变更；

(6) 各种原因造成工程停工；

(7) 发包人违反合同约定；

(8) 发生不可抗拒事件。

6.0.10 实施性施工组织设计修改或调整应按照实施性施工组织设计的编写、审核、审批的相同程序进行。

6.0.11 实施性施工组织设计的编写宜符合附表 6.0.11 的要求：

附表 6.0.11　实施性施工组织设计的编写

	编写目录	编写要求
第一部分常规内容	编制依据及说明	依据的文件名称
	工程概况	简述工程名称、地点、规模、建设单位、设计单位、监理单位、质量安全监督单位、施工总包、主要分包、结构形式、施工条件(水、电、道路、场地等情况)、各专业工程设计概况(可采用表格化形式说明)、分析工程施工中的关键问题

	编写目录	编写要求
第一部分 常规内容	施工准备工作	针对工程特点,简述业主及施工单位的技术准备、生产准备。技术准备包括罗列出需编制专项施工方案的名称、样板间施工计划、试验工作计划、职工培训计划,向业主索取已施工项目的验收证明文件等。生产准备包括现场道路,水、电来源及其引入方案,机械设备的来源,各种临时设施的布置,劳动力的来源及有关证件的办理,选定分包单位并签订施工合同等
	施工管理组织机构	以图表形式列出项目管理组织机构图,详细阐述项目各职能部门及主要管理人员的岗位职责,对企业相关体系文件中有的内容可加以引用,但体系文件应配备施工组织设计同时使用
	施工部署	概述工程质量、安全、工期、文明施工、环保目标,施工区段(阶段)的划分,大型机械设备及精密测量装置的配备,拟投入的各工种劳动力数量,计划分包项目名称及具体进场与出场时间
	施工现场平面布置与管理	结合工程实际,有针对性地对施工现场的平面布置加以说明,画出各阶段现场平面布置图,并阐述施工现场平面管理规划
	施工进度计划	根据合同工期要求,编制出施工总进度计划、单位工程施工进度计划及次级进度计划,并阐述具体的保障各级进度计划的技术措施、组织措施、经济措施及相应的奖惩条例
	资源需求计划	用表格形式列出主要资源需求计划,如:劳动力需求计划,主要材料和预制品需求计划,机械设备、大型工具、器具需求计划,生产工艺设备需求计划,施工设施需求计划
	工程质量保证措施	对于通过三个体系认证的企业,质量、安全、文明施工、环境保护各项保证措施的内容可不编写,配合相应体系文件同时使用;对于企业没有通过体系认证的部分内容,对应的保证措施的内容应详细编写;结合工程实际情况,在体系文件中未包含的一些具有针对性的保证措施应重点编写
	安全生产保证措施	
	文明施工、环境保护保证措施	
	雨季、台风和夏季高温季节的施工保证措施	根据工程特点、施工周期及施工场地环境简要介绍
第二部分 专业内容	分部分项工程施工方法	1. 结合具体工程,确定各分部分项工程名称 2. 当企业有内部工艺标准时,分部分项工程施工方法可引用企业工艺标准中的对应内容,对企业工艺标准中没有的内容,应详细编写,重点突出 3. 当企业无内部工艺标准时,分部分项工程施工方法应结合工程具体情况及企业自身素质,有针对性地编写
	工程重点、难点的施工方法及措施	企业结合自身素质和工程的实际情况,列出重点、难点部位,详细介绍施工方法及保证措施
第三部分 附加内容	新技术、新工艺、新材料和新设备应用	罗列出新技术、新工艺、新材料和新设备的名称,应用部位,预测其经济效益和社会效益
	成本控制措施	预测成本控制目标及为实现总目标所采取的技术措施和管理措施。具体措施包括:优选材料、设备质量和价格;优化工期和成本,减少赶工费;跟踪监控计划成本与实际成本差额;分析产生原因,采取纠正措施;全面履行合同,减少业主索赔机会;健全工程施工成本控制组织,落实控制者责任等
	施工风险防范	列举并评估各种可能发生的风险,细述防范对策和管理措施
	总承包管理和协调	概述分包项目名称和内容,总包与分包单位的主要协调配合措施,总包对各分包单位的主要管理措施及质量、安全、进度、文明施工、环保的要求。主要管理措施包括:与分包单位签订质量、安全、进度、文明施工、环保目标责任协议书,建立定期联检制,加强三检制,加强例会制,充分利用计算机、网络等信息化技术参与管理等
	工程创优计划及保证措施	明确创优目标及过程路线图(目标分解),细述所采取的技术、组织及经济措施

附录 A 施工组织设计版面样式

A.0.1 施工组织设计封面样式

工程名称×××

（宋体小二号字加粗）

施工组织设计

（宋体小初号字加粗）

编制人：_____×××_____（宋体三号字）

审核人：_____×××_____（宋体三号字）

审批人：_____×××_____（宋体三号字）

企业名称：×××（宋体三号字加粗）

编制日期：×××（宋体三号字加粗）

A.0.2 施工组织设计中的章节条款层次样式

1 ××××……………………（居中）占一行（章）

1.1 ××××……………（居中）占一行（节）

1.1.1 ××××………………………………占一行（条）

1.1.1.1 ××××………………………占一行或接排（款）

(1) ×××××……………………………………………接排或不接排

×××……………………………………………接排或不接排

1) ×××× ×××……………………………………………接排

A) ×××× ×××……………………………………………接排

A. 0. 3 施工组织设计中的表格样式

表×.×.× （名称）×××××　（与正文同字号）

	×××××(比正文文字小一号)
× × × × ×	××××(比正文文字小一号)

条 文 说 明

1. 总则

1.0.1 建设工程施工是一项复杂的活动,需要综合考虑人力和物力、时间和空间、技术和组织各方面的安排和协调。工程项目开工前,必须编制施工组织设计,用以指导施工全过程。这已经成为我国建设领域一项重要的技术管理制度。通过施工组织设计,使施工人员对承建项目事先有一个通盘的考虑,对施工活动的各种条件、各种生产要素和施工过程进行精心安排,周密计划,对施工全过程进行规范化的科学管理。通过施工组织设计,可以大体估计到施工中可能发生的各种情况,预先做好各项准备,创造有利条件,最经济最合理地解决问题。通过施工组织设计,可以将设计与施工、技术与经济、前方与后方有机地结合起来,把整个施工单位的施工安排和具体项目施工组织得更好。施工组织设计也是投标文件的重要组成部分,既是工程预算的编制依据,又是向业主展示对投标项目组织实施施工能力的手段。编制施工组织设计的重要性已被普遍接受。

但是,从现状看,施工组织设计的编制存在很多问题。

（1）内容不统一。一项拟建工程的施工组织设计到底应编写哪些内容，编制者存在分歧。有些认为应概而全，有些则简单扼要。为此，有必要将编制内容进行罗列和分类，将与施工相关的要素系统地归纳总结，针对不同特点的工程项目规定编制相关的内容。

（2）招标施工组织设计形式化。投标单位为了中标，担心在评审时被扣分，编制的施工组织设计篇幅很大，面面俱到，不漏掉一点内容，细到极致，比施工手册还全面。有的在上、中、下分册中还有小册，真是煞费苦心。但是中标单位只有一家，对于没中标的单位可谓是白费心机。对于这种做法，各界早有异议。如此篇幅的施工组织设计，花费半天或一二天时间怎能阅读完毕，何况还要思考、总结、评比、打分。没有统一格式和内容的标书，使评审的标准和尺度难以统一，实际操作过程中往往引发主观偏好，使评审工作缺乏公正性和科学性，以致最终不能选择真正最佳中标单位。

（3）不重视实施性施工组织设计。中标后，承建单位往往将这份全面指导施工准备和组织施工的技术经济纲领性文件放在一边，束之高阁。既没有根据施工组织设计的计划安排，对各种施工生产要素进行落实与管理，也没有按照施工组织设计的要求，对施工进度、技术成本、质量安全进行控制。造成这种现象的一个重要原因是，实施性施工组织设计缺乏针对性，不能反映客观实际，片面追求形式主义。因此，有必要对实施性施工组织设计的内容做出统一规定，并要求企业在施工管理上下工夫，切实认真贯彻符合实际且质量优良的施工组织设计。

施工组织设计编写范本作为我国第一本施工组织设计编写方面的标准，是一种有益的尝试，目的就是为了解决实际问题，保证施工组织设计编写的科学化和规范化，避免形式主义，降低技术成本，提高工作效率和施工管理水平。

1.0.2 本条为施工组织设计编写范本适用范围。

（1）建设工程指新建、扩建、改建的土木工程、建筑工程、线路管道和设备安装工程及装修工程。本规范重点内容为建筑工程、市政工程和设备安装工程，其他建设工程施工组织设计的编制亦适用于本规范。

（2）按照工程规模和编制内容来分，施工组织设计可分为施工组织规划设计，施工组织总设计，单位工程施工组织设计和分部分项工程施工组织设计（即施工方案）。施工组织规划设计是在初步设计阶段编制的，其目的是论证拟建工程在指定地点和规定期限内进行建设的经济合理性和技术可能性，为审批设计文件提供参考和依据。施工组织总设计是以一个建设项目或建筑群为对象编制的，其目的是对整个建设项目或建筑群的施工进行战略部署，其内容范围比较广，亦比较概括。单位工程施工组织设计是在施工图完成后，以一个单位工程为对象编制的，其目的是直接指导施工全过程。分部、分项工程施工组织设计是对施工难度大，或技术复杂的分部分项工程施工进一步细化，是专项工程的具体施工文件。

施工组织设计编写范本以单位工程施工组织设计为主要内容，并融合了施工组织总设计和分部分项工程施工组织设计内容。

（3）从编制时间来分，施工组织设计可分为投标（标前）施工组织设计和实施性（标后）施工组织设计。本规范适用于这两类施工组织设计。

1.0.3 施工组织设计是计划经济时代的产物，作为职能单一的技术性文件能够满足对施工控制的要求。随着我国社会主义市场经济体系的建立和逐步完善，施工组织设计相应地改变自身的角度，现在已经成为一个指导项目投标、进行施工准备和组织施工的全面的技术经济管理文件。编制和实施施工组织设计，是我国建设领域一项重要的技术管理制度。

但从我国建筑企业实际情况看，在工程项目的治理上与国际惯例尚有较大差距，影响着我国工程项目治理水平的提高。为使我国建筑市场与国际建筑市场接轨，我国的施工企业应推行施工项目管理制度。施工项目管理是项目管理学科的一个分支，即企业运用系统的观点，理性和科学地对施工项目的计划、组织、监督、控制、协调等进行全过程管理。我国1982年引进工程项目管理，1988年在全国试点，1993年正式推广。经过十年多的实践，编制了国家推荐性标准《建设工程项目管理规范》（GB/T 50326—2006）。

根据《建设工程项目管理规范》，项目管理的第一步就是编制"项目管理规划大纲"和"项目管理实施规划"。项目管理规划大纲是由企业管理层在投标之前编制的，旨在作为投标依据，满足招标文件要求及签订合同要求的文件。项目管理实施规划是在工程开工之前由项目经理主持编制的，旨在指导施工项目实施阶段管理的文件。由此可见，项目管理规划大纲相当于投标施工组织设计，项目管理实施规划相当于实施性施工组织设计。规范规定，当承包人以施工组织设计代替项目管理规划时，施工组织设计应满足项目管理规划的要求。这就说明，项目管理规划大纲将会取代投标施工组织设计，项目管理实施规划将会取代实施性施工组织设计。

《建设工程项目管理规范》明确规定了项目管理规划大纲和项目管理实施规划应包括的内容。为了与国际惯例接轨，投标施工组织设计的编制原则上应符合项目管理规划大纲的要求，实施性施工组织设计的编制原则上应符合项目管理实施规划的要求。

1.0.4 施工组织设计的内容应符合国家所有法律、法规和强制性技术标准的规定，编制的格式、文字和图表应满足相关标准规范的要求。

2 术语（略）

3 基本规定

3.0.1 投标施工组织设计在工程投标阶段编制，实施性施工组织设计在工程中标后到工程开工前阶段编制。两者的应用目的不同、编制深度不同、编制条件不同，企业在编制施工组织设计时应注意区分其各自特点。

3.0.2 本规范施工组织设计已经融合了施工组织总设计和单位工程施工组织设计的内容，在编制施工组织设计时应根据工程的规模和特性，可同时编制施工组织总设计和单位工程施工组织设计，也可两者合一。但不管如何编制，其内容应符合本规范中施工组织设计的内容的要求。

3.0.3 建设工程施工应遵循先计划后施工的原则，鉴于目前建筑市场存在边施工边编制施工组织设计或施工完补编施工组织设计的现象，所以有必要编写本条，避免发生无组织、无计划而进行盲目施工的情况。

3.0.4 国家推广建设工程项目管理法的目的，是为了使我国施工项目管理适应市场经济发展的需要，与国际惯例接轨。但项目管理的基本原理、内容和方法应结合我国的实际情况，考虑到施工组织设计是我国目前仍在广泛应用的一项管理制度，《建设工程项目管理规范》规定承包人可以编制施工组织设计代替项目管理规划，但施工组织设计应满足项目管理规划的要求。

3.0.5 国家要求企业编制施工工艺标准。必要时，投标施工组织设计引用企业工艺标准可提供给专家审查，企业施工工艺标准应配合实施性施工组织设计同时使用。

3.0.6 鼓励企业通过质量管理体系、环境管理体系和职业健康安全管理体系的认证。投标施工组织设计可用通过权威机构认证的三项管理体系文件替代其中相关章节中的内容。如：替代时仅提供认证证书复印件和管理体系的章节名称。三项管理体系文件应配合实施性施工组织设计同时使用。

3.0.7 只有掌握了招标文件的要求、熟悉施工图纸，了解工程的实地情况和资料，具体进行分析，制定出切实可行的施工方案并进行优选，编写出来的施工组织设计在投标时才有说服力，在实施阶段才有可操作性。

3.0.8 施工组织设计编制遵循 3.01～3.07 款指导思想，可使编制出的施工组织设计具备科学性、合理性，为工程项目达到预期目标提供可靠的保障。

3.0.9 列出的这几项内容，从不同的角度和出发点能编制出不同的施工方案，宜通过比选，选取最优方案。

3.0.10 施工组织设计中的各分部分项工程施工方法应作为编写各专项方案或技术交底的指导性文件，各专项方案或技术交底的内容应全面，编写深度应满足操作要求。对于简单的施工工艺，不必进行详细叙述，概括其要点即可；对于复杂方案或大型方案，应详细叙述。当企业经验不足时应广泛听取各方面专家意见，以保证编制的方案切实可行。

3.0.11 企业应注意收集国家发布、更新、废止的法规和文件等信息，便于指导编写施工组织设计。

3.0.12 鉴于施工组织设计的严肃性和重要性，为保证其编制水平，对编制人员的素质应有一定的要求。同时为了使编制的施工组织设计少出错误、精益求精，必须严格执行审核、审批程序，层层把关。尽量提高其水平，更好地服务于工程建设。投标阶段，分包单位的施工组织设计内容应融合在总包单位里；实施阶段，分包单位的施工组织设计内容宜单独装订成册。

3.0.13 施工组织设计内容的表述应让读者明确其含义，不至于引起误解或多解，各种表述全篇应统一、规范。

3.0.14 招标文件对施工组织设计的版式风格不应另提具体要求。本款的目的是考虑到招标文件要求投标施工组织设计为暗标或取消一些相关信息时适用。当招标文件对施工组织设计的版式风格没有另提具体要求时，各类施工组织设计的版式风格宜满足（2）～（10）款要求，以做到标准统一。

第（10）款中施工组织设计绘图标准应参照的现行国家相关制图标准包括：房屋建筑制图统一标准（GB/T 50001—2010）、总图制图标准（GB/T 50103—2010）、建筑制图标准（GB/T 50104—2010）、建筑结构制图标准（GB/T 50105—2010）、给水排水制图标准（GB/T 50106—2010）、暖通空调制图标准（GB/T 50114—2010）。

4. 施工组织设计的内容

4.1.1 施工组织设计应该能够反映客观实际，能符合国家有关文件和标准的要求，并且通过认真地贯彻执行，能够使施工有条不紊地进行，使施工组织和管理工作经常处于主动地位，能取得好、快、省、安全的效果。

4.1.2 施工组织设计既是招标文件的重要组成部分，又是组织施工的一个纲领性文件。一方面是为投标服务，为工程预算的编制提供依据，向业主展示对投标项目的整体策划及技术组织工作，为最终中标打下坚实基础；其二为施工服务，为工程项目最终能达到预期目标提供可靠的施工保障。

4.1.3 各分部分项工程施工方法应作为编写各专项方案或技术交底的指导性文件。在投标阶段可简述其要点；在实施阶段，应全面叙述各专项方案或技术交底的内容，编写深度应满足操作要求。

4.1.4 大型方案或复杂方案是相对于企业施工经验而言的，对于复杂方案或大型方案，当企业经验不足时应广泛听取各方面专家意见，以保证编制的方案切实可行。

4.1.5 国家鼓励企业推广应用四新技术。本条所指的"四新"技术是企业自身创造或革新的。其中，对本行业影响较大的"四新"技术应通过有关部门组织的鉴定；仅适合本企业内部的"四新"技术也应有企业技术管理人员进行评定或者有类似成功的实例和实践经验。

4.1.6 本规范施工组织设计的编写内容包括下列三个方面：

（1）建设工程中各专业如建筑、市政、安装等施工组织设计的编写内容；

（2）投标前和投标后的施工组织设计的编写内容；

（3）施工组织总设计、单位工程施工组织设计的编写内容。

本章的施工方法是指各类建设工程中建筑、市政、安装等专业工程的分部分项工程的施工方法；附加内容是根据工程实际情况，由企业结合自身素质，有选择性进行编制，当招标文件或中标后业主有具体要求时，企业必须编制；除施工方法和附加内容以外的其他内容，本规范中称之为常规内容。

4.2.1 工程概况是对整个工程情况的概括说明，工程构成状况应是指工程名称、性质、建造地点、建设规模、项目建设单位、设计单位和监理单位等；专业工程设计概况是指建筑、市政、设备安装等各专业的设计概况，如建筑工程中的建筑设计概况、结构设计概况等；工程现场条件应是指施工场地状况、"三通一平"状况、水电供应能力和是否具有前期已完工的项目等。

4.2.2 需要业主完成的施工准备工作是指提供施工图、施工场地、水电供应、业主提供的材料设备、业主应办理的报批手续，组织图纸会审，提供现场的坐标和高程，提供工程已施工项目的验收证明文件，及时组织由业主分包的工程承包单位进场等。

施工单位的准备工作应是指技术准备工作、资源准备工作、施工现场准备工作和施工场外协调工作。

技术准备工作应从熟悉和审查施工图纸、自然条件和技术经济条件调查分析、编制施工图预算和施工预算、编制实施性施工组织设计、制定专项方案和技术交底的编制计划、有针对性地进行工人上岗前的技术培训等几方面进行准备。

资源准备工作应从编制资源需求计划、制定保证资源顺利供应的各项措施两个方面进行准备。

施工现场准备工作应从施工现场控制网测量、做好"三通一平"及消防栓的设置、按计划建造各项施工设施、按计划组织各项资源进场等几方面进行准备。

施工场外协调工作是指选定分包单位并签订分包合同。

4.2.3 项目经理部机构的设置应根据项目的规模、特点、复杂程度、目标控制和管理的需要来成立相应的专业职能部门。根据工程规模大小和特点的不同，各项目部设立的专业职能部门可能不同，但应明确对于工程项目的管理职责；项目经理部决策层岗位职责是指项目经理职责、项目技术负责人职责；项目主要管理人员的简历及证书复印件是指项目经理、项目副经理、项目技术负责人、质检员、安全员的简历及证书复印件。

4.2.4 施工部署的各项内容应能综合反映施工阶段的划分与衔接，施工任务的划分与协调，施工进度的安排与资源供应。对于整个工程项目如何组织施工具有系统性、指导性和实用性。

（1）工程总体目标应包含工程的工期、质量、安全、文明施工和环境保护目标；

（2）工程总体施工方案应包含施工区段的划分、施工程序、施工方案（法）的选择、主要施工机械及施工队伍的配备。

4.2.5 承包人宜用计算机绘制"施工现场平面布置图",以满足规范化要求和便于进行动态调整。施工现场平面布置应合理,能满足施工生产的需要。施工现场平面布置方法参考下列内容。

(1) 施工平面布置原则

1) 在满足施工需要前提下,尽量减少施工用地,施工现场布置要紧凑合理;

2) 合理布置起重机械和各项施工设施,科学规划施工道路,尽量降低运输费用;

3) 科学确定施工区域和场地面积,尽量减少专业工种之间交叉作业;

4) 尽量利用永久性建筑物、构筑物或现有设施为施工服务,降低施工设施建造费用,尽量采用装配式施工设施,提高其安装速度;

5) 各项施工设施布置都要满足:有利生产、方便生活、安全防火和环境保护的要求。

(2) 施工平面布置内容

1) 建设项目施工用地范围内地上、地下已有和拟建的建筑物、构筑物及其他设施的位置和形状;

2) 为整个建设项目施工服务的施工设施布置,它包括生产性施工设施和生活性施工设施两类;

3) 建设项目施工必备的安全、防火和环境保护设施布置;

4) 建筑工程类施工平面布置宜分为:地下结构施工阶段总平面布置、地上结构施工阶段总平面布置、装修阶段总平面布置;

5) 市政工程类除需要施工平面布置外,在必要的情况下还应考虑交通组织或交通疏解平面布置图。

(3) 施工总平面管理规划应明确各区域的功能和作用,相互之间的协调和配合,以及相应的管理措施。

4.2.6 工期控制目标应以实现或提前实现招标文件要求的或施工合同约定的竣工日期为最终目标。施工工期目标可分为总目标、阶段性工期目标,亦可按年、季、月、旬、周等分解为时间目标。

施工进度计划应根据工期控制目标、施工部署、资源投入量及供应能力进行编制,施工进度计划的编制应内容全面、安排合理、科学实用,在进度计划中应反映出各施工区段或各工序之间的搭接关系、施工期限和开、竣工日期。根据工程规模的大小、复杂程度和编制阶段的不同,施工进度计划可分为总进度计划及次级进度计划。

工期保证措施可从技术措施、组织措施、经济措施等几方面进行有针对性的编制。

4.2.7 资源需求计划应根据施工部署和施工进度计划进行确定,资源需求计划是组织建设工程所需各种资源进退场的依据,科学合理的资源需求计划既可保证工程建设的顺利进行,又可降低工程成本。

4.2.8~4.2.11 为保证质量、安全、文明施工和环境保护目标实现所采取的技术组织措施应具有针对性。

4.2.12 详细分析季节施工的各种影响因素,预测可能造成的危害,针对这些特点制定相应的保证措施,防患于未然。

4.3.1 列举各种施工方法所采用的机械设备、工具和工艺,施工措施和所依据的技术标准。

4.3.2 分部分项工程施工方法应作为编写各专项方案或技术交底的指导性文件,各专项方案或技术交底的内容应全面，编写深度应满足操作要求。

4.3.3 重点、难点对于不同工程和不同企业具有一定的相对性，但重点、难点施工方法仍是施工组织设计编写中的核心部分。

4.4.1 "四新"技术是指有关部门认可并推广应用。企业自身创新的新技术、新工艺、新材料和新设备在使用前应按照本章4.1.5条的要求。

4.4.2 成本控制是一项全面系统的管理过程，应由成本预测、计划、实施、核算、分析、考核、整理成本资料、编制成本报告等一系列活动构成，其活动贯穿于整个工程建设的全过程。针对成本控制总目标，成本控制措施应包含技术措施、组织措施两方面内容。

4.4.3 风险管理水平是衡量企业素质的重要标准，风险具有客观存在、事件发生的不确定、后果的不确定三个方面特性，这决定了施工风险防范是一项复杂、动态的管理过程。施工风险防范应根据工程内、外部条件和企业自身素质综合考虑，从不同的角度进行分析，可将风险因素分解成若干个不同的类型及事件。如：

（1）全国建材市场上材料价格上涨虽然是一个普遍现象，但在项目签定施工合同时就应该有所警觉，在某些条款上就应该留有余地，这样一来就可以避免或减少由此带来经济损失；

（2）曾经爆发的SARS疫情，在项目管理上应该制定好施工场地环境卫生、保障职工健康的相应措施，减少职工感染的机会。这也可为项目减少损失，保证工程的正常施工。

表4.4.3中提供的风险因素识别和防范措施仅供参考。

表 4.4.3 风险因素识别和防范措施

风险因素类型	典型风险事件	防范措施
自然和环境	台风、地震、高温、洪水、不明的水文气象等	加强合同的制定和管理，在合同的制定中应考虑各种因素，以减少各种外在因素对工程的影响
政治法律	法律及规章制度的变化，战争和骚乱、罢工等	
经济	通货膨胀、汇率的变动、市场的动荡，各种费率的变化等	
合同	合同条款遗漏、表达有误、索赔管理不利	
技术	施工工艺落后，工艺流程不合理，不合理的施工技术和方案，应用新技术过失导致安全问题等	注意信息收集，注重工艺的研究和应用，合理采用新技术，结合实际情况设计工艺，加强以人为本的观念
人员	管理人员、技术人员、施工人员的素质不符合要求	加强人员队伍建设；根据工程实际情况，合理安排项目管理人员、技术人员、施工人员；制定合理的材料供应计划及检验计划；结合工程实际情况，合理配置施工机具
材料	原材料的供应不足，数量差错，质量不合格等	
设备	施工设备供应不足，类型不配套，选型不当	
资金	资金筹措方式不合理，资金不到位	做好资金计划，充分利用各种融资方式
质量、安全	工程不能通过质量验收、质量评定为不合格；造成人员伤亡，工程或设备的损坏	加强管理，制定切实可行的质量、安全保证措施
组织协调	与业主、上级管理部门、监理及分包单位的不协调，项目内部设置不合理	研究各方特点，制定相应措施，协调好各方关系

4.4.4 总承包管理内容中应明确对分包单位质量、进度、安全、文明施工及环保的要求。

4.4.5 根据工程施工合同或企业自身的要求，确定符合实际的创优目标，并应有为达到目标而采取的针对性措施。

5. 投标施工组织设计的编写

5.0.1 投标施工组织设计是评标、定标的重要因素，是投标单位整体实力、技术水平和管理水平的具体体现。它既是投标过程中展示企业素质的手段，也是中标后编制实施性施工组织设计的依据，更重要的是编制投标报价的依据。投标施工组织设计中工期确定、资源投入、施工方案选择等，都依赖于工程报价所提供的基础数据。而投标施工组织设计的编制又反过来影响工程报价。当施工组织设计中采用非常规的施工方法或措施时，将导致工程费用的增减，这是投标报价所必须考虑的，所以投标施工组织设计与工程报价有着密切的关系。同时为确保工期、质量、安全、文明施工、环境保护目标的实现所采取的各项保证措施必须合理、可靠。

5.0.2 编制投标施工组织设计的目的是为了中标，因而其编制内容应严格满足招标文件的要求，以避免被视为废标。应根据评标的要求逐一给予满意的答复。

5.0.3 投标施工组织设计并非用于指导操作，因而不宜对各项内容均进行细致全面的编写，应根据建设工程具体情况，对各章节内容进行有针对性的编写，对重点、难点内容应进行深入编写，力争做到繁简得当。

5.0.4 在投标评审中，招标单位对施工组织设计可采用定性或定量的评审原则。对于定性评审，编写施工组织设计时可简略一些，按简化类的要求编写；对于定量评审，编写施工组织设计时应要求详细地分析工程特点，突出重点，编制单位还应根据其本身特点和编写人员的经验充分发挥优势，力争取得最佳的实效。

5.0.5 投标施工组织设计的编写要求

（1）编制依据及说明

本章5.0.4条已明确了编制依据，基本类只要求写明依据的名称，如企业工艺标准、通过认证的质量管理体系、环境管理体系、职业健康安全管理体系等。

（2）工程概况

简化类：要求通过简单叙述，能反映出工程的基本情况，可以使阅读者对工程有一个基本的了解。

基本类除满足简单类要求外，还应通过具体调查分析，指出工程的施工特点和关键问题。使评标者能完整地了解所评工程的相关建筑、结构、地质、环境条件及施工中的重点、难点。

（3）施工准备工作

基本类仅要求简述。技术准备是指专项施工方案的编制计划，试验工作计划，技术培训和交底工作计划等；生产准备是指施工场地临时水电设计、施工现场平面布置图、有关证件、原材料进场计划、机械设备进场计划、主要项目工程量、主要劳动力计划、选定分包单位并签订施工合同等。

（4）施工管理组织机构

简化类：要求提供证书证明包括项目经理资质证书、职称证书。

基本类：要求提供项目组织管理机构及其职能部门之间的关系，主要管理人员是指项目经理、项目技术负责人、质检员、安全员等。

（5）施工部署

通过对单位工程的特点及难点分析，制定出针对单位工程的各项目标，并以此目标为准则，从时间、空间、工艺、资源等方面围绕单位工程做出具体的计划安排。基本类要求在根据施工阶段的不同目标和特点进行部署时，简要说明相关专业在各阶段如何协作配合，劳动力投入、大型机械设备进出场与工程进度的关系。

（6）施工现场平面布置与管理

简化类：要求包括现场施工条件、现场施工"三通一平"的要求、表明现场临时建筑物、围墙、机械工棚及仓库布置，以及临时用水、用电的布置方案。

基本类：所要求的各个阶段是指工程部署的各个阶段，管理措施是指平面布置中各区域的管理要求及相互协调关系。

（7）施工进度计划

简化类：根据招标文件及施工季节、节假日情况，综合人、机械、材料、环境等编制科学合理的总进度计划。

基本类：在编制总进度计划的基础上，还应编制次级进度计划，用次级进度计划论证总进度计划的合理性，同时各次级进度计划本身要论证其合理性，阐述实现进度计划的保证措施。

（8）资源需求计划

基本类：根据施工进度计划，在确定资源种类及数量的基础上，用表格的形式反映出各阶段的主要资源需求数量及其进退场时间。

（9）工程质量保证措施、安全生产保证措施、文明施工和环境保护保证措施

三项管理体系是指通过认证质量管理体系、环境管理体系和职业健康安全管理体系。

没有通过认证或认证不全的部分，仍要对其要点进行针对性编写。

（10）雨季、台风和夏季高温季节的施工保证措施

××地区的气候特点主要表现在雨季、台风和夏季，因此仅需对此特点进行针对性编写。如：雨季应做到设备防潮，管线防锈、防腐蚀，土建装修防浸泡、防冲刷，施工中防触电、防雷击，并制定相应的排水防汛措施。

（11）分部分项工程施工方法

投标施工组织设计中，各分部分项工程的施工方法皆要写出。

1）对于有企业工艺标准的施工企业，施工组织设计内容中各专业工程的常规施工方法可用企业工艺标准中相关内容替代。

2）对于没有企业工艺标准或企业工艺标准中没有的内容，仍需对其要点进行针对性编写。

3）对于复杂或特殊的施工工艺，要在施工组织设计中进行详细的、有针对性的编写，必要时请有关方面的专家进行论证。

（12）工程施工的重点和难点

根据工程特点和企业本身素质，通过分析研究列出重点、难点部分，其编制应突出要点、深入细致，必要时还应组织专家进行论证。

（13）新技术、新工艺、新材料和新设备应用

国家推广应用的"四新"技术。在基本类的编写中，应根据工程的特点预估对工程产生的效益及应用中的注意事项。

（14）成本控制措施

简化类：成本控制总目标是指项目的责任目标成本控制和计划目标成本控制。

基本类：写出围绕成本控制总目标所采取的相应措施进行分析论证及相应的动态调整

计划。

（15）施工风险防范

要从各种不同的角度进行分析可能发生的风险，可从自然和环境、政治、法律、经济、合同、技术人员、材料、设备、资金、质量和安全、组织协调等因素考虑，针对不同的风险因素采取相应的防范措施。

（16）总承包管理和协调

管理措施中内容应明确对分包单位质量、进度、安全、文明施工及环保的要求。

（17）工程创优计划及保证措施

根据施工合同或企业自身的要求，确定工程切合实际的创优目标，并应有为达到目标而采取的针对性措施。

5.0.6 明确了投标评审原则，投标单位也就相应地确定了编写施工组织设计的类别，按照其编写要求进行编写。如：当工程项目有下列之一内容时，招标人可明确要求在投标施工组织设计中对其进行重点编制。

（1）转换结构构件为转换板或转换桁架或高度 2.5m 及以上的转换梁；

（2）设置加强层的结构；

（3）屋盖及楼盖单跨跨度 36m 及以上的结构；

（4）设置空中走廊的结构；

（5）要求无缝施工的长度超过 100m 的超长结构；

（6）深度超过 35m 的大直径灌注桩工程；

（7）深度超过 11m 的基坑工程；

（8）单跨跨度 30m 以上的预应力工程；

（9）劲钢（管）混凝土结构工程；

（10）网架和索膜结构工程；

（11）单项工程造价 200 万元以上的防水工程；

（12）单项工程造价 1200 万元以上的装饰工程；

（13）跨度超过 33m 或总重量超过 1200t 的钢结构工程；

（14）边长超过 80m 的网架工程；

（15）高度 100m 及以上或总面积超过 15000m^2 的幕墙工程。

6. 实施性施工组织设计的编写

6.0.1 投标施工组织设计是投标文件的一个重要组成部分，亦是投标人承诺的主要体现，在中标后，其应在实施性施工组织设计中得到实质性的延续，两者内容原则上应保持一致。

6.0.2～6.0.8 监理工程师应组织进行施工组织设计审查，对于监理单位、建设单位及其他有关单位提出的有关问题，施工单位要进行认真修改（这里修改是指针对小问题或毛病而言），修改后经总监理工程师签字确认后方可实施。

6.0.9～6.0.10 实施性施工组织设计的调整或修改是指改动比较大的方面，应该按照其编写的程序，经过相关部门的审核、审批。修改或调整后经总监理工程师签字确认后方可实施。

6.0.11 实施性施工组织设计的编写要求

（1）工程概况

通过对工程概况的介绍，使阅读人能对工程的总体情况有个全面的了解。建筑工程中的工程规模主要指建筑面积、高度等，市政工程中工程规模主要指土石方量、路（桥）的长度、宽度，建筑设备安装工程中的工程规模主要指工程造价、大型设备的参数等，各专业设计概况应简明扼要，如建筑工程只需介绍抗震设防程度，混凝土等级，填充墙材料要求，内外装饰情况等。

（2）施工准备工作

技术准备包括罗列出需编制专项方案的名称、样板间施工计划、职工培训计划，向业主索取已施工项目的验收证明文件。生产准备包括现场道路、水、电来源及其引入方案，机械设备的来源，各种临时设施的布置，劳动力的来源及有关证件的办理。

（3）施工管理组织机构

对一个工程项目，首先要给予一个组织保障。以项目经理为核心，各种专业人员配备齐全，完善项目管理网络，合理配置各职能部门及岗位，建立健全岗位责任制，项目管理组织结构图可以系统图的形式体现，也可以表格的形式注明职能配置、人员分工、人名、职称情况及每个人的职责范围。

（4）施工现场平面布置与管理

施工现场平面布置图中应明示现场各种临时设施、围墙、机械、搅拌点、材料堆放场地、钢筋及模板加工场地、临时施工用水电、临时道路（特别是消防通道）等的布置，在平面管理规划中应对各阶段施工现场的平面布置从时间安排管理措施方面简明扼要地进行说明。施工现场平面布置图宜用计算机编制，以备查询和实施过程的持续改进。

（5）施工进度计划

施工总进度计划可以用横道图表示，也可以用网络图表示。由于施工总进度只是起控制性作用，因此不必过细。单位工程施工进度计划应能体现和落实建设项目总体进度计划的目标控制要求。各级进度计划本身要论证其合理性，同时通过编制次级进度计划进而论证总进度计划的合理性；次级进度计划根据项目具体情况可分为月进度计划、周进度计划、日进度计划等。

（6）资源需求计划

各种资源需求计划应根据施工进度计划确定具体的计划总量及进场时间，应保存有"资源需求计划"编制的依据和基础数据，以备查询和满足施工过程中持续改进的需要。

（7）雨季、台风和夏季高温季节的施工保证措施

根据××市的实际气候特点，只需针对雨季、台风和夏季高温三类气候情况提出具有针对性的施工措施。

（8）分部分项工程施工方法

在编写各分部分项工程施工方法时，应重点突出针对性强，对常规做法和工人熟悉的项目，不必详细阐述，只要提出具体要求。

（9）工程施工的重点和难点

某些重点、难点的施工方法可能已通过权威部门论证成为企业工法，在此情况下，企业可直接引用工法，但应配合常规做法使用。

（10）新技术、新工艺、新材料和新设备应用

为响应建设部有关建设领域大力推广应用"四新"技术的号召，特做此要求。如在商品混凝土中掺加粉煤灰，可减少水泥用量，改善混凝土的和易性，废物得到利用，从而减少对环境的污染。

附录6 建设地区原始资料调查提纲

附表6.1 自然条件调查的项目

序号	项 目	调查内容	调查目的
1		气象资料	
(1)	气温	1. 全年各月平均温度 2. 最高温度、月份,最低温度、月份 3. 冬天、夏季室外计算温度 4. 霜、冻、冰雹期 5. 小于−3℃、0℃、5℃的天数,起止日期	1. 防暑降温 2. 全年正常施工天数 3. 冬期施工措施 4. 估计混凝土、砂浆强度增长
(2)	降雨	1. 雨季起止时间 2. 全年降水量、一日最大降水量 3. 全年雷暴天数、时间 4. 全年各月平均降水量	1. 雨期施工措施 2. 现场排水、防洪 3. 防雷 4. 雨天天数估计
(3)	风	1. 主导风向及频率(风玫瑰图) 2. 大于或等于8级风的全年天数、时间	1. 布置临时设施 2. 高空作业及吊装措施
2		工程地形、地质	
(1)	地形	1. 区域地形图 2. 工程位置地形图 3. 工程建设地区的城市规划 4. 控制桩、水准点的位置 5. 地形、地质的特征 6. 勘察文件、资料等	1. 选择施工用地 2. 合理布置施工总平面图 3. 计算现场平整土方量 4. 障碍物及数量 5. 拆迁和清理施工现场
(2)	地质	1. 钻孔布置图 2. 地质平面图(各层土的特征、厚度) 3. 土质稳定性:滑坡、流砂、冲沟 4. 地基土强度的结论,各项物理力学指标:天然含水量、孔隙比、渗透性、压缩性指标、塑性指数、地基承载力 5. 软弱土、膨胀土、湿陷性黄土分布情况;最大冻结深度 6. 防空洞、枯井、土坑、古墓、洞穴,地基土破坏情况 7. 地下沟通管网、地下构筑物	1. 土方施工方法的选择 2. 地基处理方法 3. 基础、地下结构施工措施 4. 障碍物拆除计划 5. 基坑开挖方案
(3)	地震	抗震设防烈度的大小	对地基、结构影响,施工注意事项
3		工程水文地质	
(1)	地下水	1. 最高、最低水位及时间 2. 流向、流速、流量 3. 水质分析 4. 抽水试验、测定水量	1. 土方施工、基础施工方案的选择 2. 降低地下水位方法、措施 3. 判定侵蚀性质及施工注意事项 4. 使用、饮用地下水的可能性
(2)	地面水 (地面河流)	1. 临近的江河、湖泊及距离 2. 洪水、平水、枯水时期,其水位、流量、流速、航道深度,通航可能性 3. 水质分析	1. 临时给水 2. 航运组织 3. 水工工程
4	周围环境及障碍物	1. 施工区域现有建筑物、构筑物、沟渠、水流、树木、土堆、高压输变电线路等 2. 临近建筑坚固程度及其中人员工作、生活、健康状况	1. 及时拆迁、拆除 2. 保护工作 3. 合理布置施工平面 4. 合理安排施工速度

附表 6.2　向建设单位与设计单位调查的项目

序号	调查单位	调查内容	调查目的
1	建设单位	1. 建设项目设计任务书、有关文件 2. 建设项目性质、规模、生产能力 3. 生产工艺流程、主要工艺设备名称及来源、供应时间、分批和全部到货时间 4. 建设期限、开工时间、交工先后顺序、竣工投产时间 5. 总概算投资、年度建设计划 6. 施工准备工作的内容、安排、工作进度表	1. 施工依据 2. 项目建设部署 3. 制定主要施工方案 4. 规划施工总进度 5. 安排年度施工计划 6. 规划施工总平面 7. 确定占地范围
2	设计单位	1. 建设项目总平面规划 2. 工程地质勘察资料 3. 水文勘察资料 4. 项目建筑规划,建筑、结构、装修情况,总建筑面积、占地面积 5. 单项(单位)工程个数 6. 设计进度安排 7. 生产工艺设计、特点 8. 地形测量图	1. 规划施工总平面图 2. 规划生产施工区、生活区 3. 安排大型临建工程 4. 概算施工总进度 5. 规划施工总进度 6. 计算平整场地土石方量 7. 确定地基、基础的施工方案

附表 6.3　地区交通运输条件调查内容

序号	项目	调查内容	调查目的
1	铁路	1. 临近铁路专用线、车站至工地的距离及沿途运输条件 2. 站场卸货路线长度,起重能力和储存能力 3. 装载单个货物的最大尺寸、重量的限制 4. 运费、装卸费和装卸力量	
2	公路	1. 主要材料产地至工地的公路等级,路面构造宽度及完好情况,允许最大载重量 2. 途经桥涵等级,允许最大载重量 3. 当地专业机构及村镇提供的附近装卸、运输能力,汽车、畜力、人力车的数量及运输效率,运费、装卸费 4. 当地有无汽车修配场、修配能力和至工地距离、路况 5. 沿途架空电线高度	1. 选择施工运输方式 2. 拟定施工运输计划
3	航运	1. 货源、工地至临近河流、码头渡口的距离,道路情况 2. 洪水、平水、枯水期和封冻期通航的最大船只及吨位,取得船只的可能性 3. 码头装卸能力,最大起重量,增设码头的可能性 4. 渡口的渡船能力,同时可载汽车、马车数,每日次数,能为施工提供的能力 5. 运费、渡口费、装卸费	

附表 6.4　供水、供电、供气条件调查内容

序号	项目	调查内容
1	给水排水	1. 与当地现有水源连接的可能性,可供水量,接管地点、管径、管材、埋深、水压、水质、水费,至工地距离,地形地物情况 2. 临时供水源:利用江河、湖水的可能性,水源、水量、水质,取水方式,至工地距离,地形地物情况,临时水井位置、深度、出水量、水质 3. 利用永久排水设施的可能性,施工排水去向、距离、坡度,有无洪水影响,现有防洪设施、排洪能力

续表

序号	项 目	调查内容
2	供电与通信	1. 电源位置，引入的可能，允许供电容量、电压、导线截面、距离、电费、接线地点，至工地距离，地形地物情况 2. 建设单位、施工单位自有发电、变电设备的规格型号、台数、能力、燃料、资料及可能性 3. 利用邻近电信设备的可能性，电话、电报局至工地距离，增设电话设备和计算机等自动化办公设备和线路的可能性
3	供气	1. 蒸汽来源，可供能力、数量，接管地点、管径、埋深，至工地距离，地形地物情况，供气价格，供气的可能性 2. 建设单位、施工单位自有锅炉型号、台数、能力、所需燃料、用水水质、投资费用 3. 当地单位、建设单位提供压缩空气、氧气的能力，至工地距离

注：1. 资料来源：当地城建、供电局、水厂等单位及单位。

2. 调查目的：选择给水排水、供电、供气方式，做出经济比较。

附表 6.5 三大材料、特殊材料及主要设备调查内容

序号	项目	调查内容	调查目的
1	三大材料	1. 钢材订货的规格、钢号、强度等级、数量和到货时间 2. 木材料订货的规格、等级、数量和到货时间 3. 水泥订货的品种、程度等级、数量和到货时间	1. 确定临时设施和堆放场地 2. 确定木材加工计划 3. 确定水泥储存方式
2	特殊材料	1. 需要的品种、规格、数量 2. 试制、加工和供应情况 3. 进口材料和新材料	1. 制定供应计划 2. 确定储存方式
3	主要设备	1. 主要工艺设备的名称、规格、数量和供货单位 2. 分批和全部到货时间	1. 确定临时设施和堆放场地 2. 拟定防雨措施

附表 6.6 建设地区社会劳动力和生活设施的调查内容

序号	项目	调查内容	调查目的
1	社会劳动力	1. 少数民族地区的风俗习惯 2. 当地能提供的劳动力人数、技术水平、工资费用和来源 3. 上述人员的生活安排	1. 拟定劳动力计划 2. 安排临时设施
2	房屋设施	1. 必须在工地居住的单身人数和户数 2. 能作为施工用的现有的房屋栋数、每栋面积、结构特征、总面积、位置、水、暖、电、卫、设备状况 3. 上述建筑物的适宜用途，用作宿舍、食堂、办公室的可能性	1. 确定现有房屋为施工服务的可能性 2. 安排临时设施
3	周围环境	1. 主要副食品供应，日用品供应，文化教育，消防治安等机构能为施工提供的支援能力 2. 临近医疗单位至工地的距离，可能就医情况 3. 当地公共汽车、邮电服务情况 4. 周围是否存在有害气体、污染情况，有无地方病	安排职工生活基地，解除后顾之忧

附表 6.7 参加施工的各单位调查内容

序号	项 目	调查内容
1	工人	1. 工人数量、分工种人数，能投入本工程施工的人数 2. 专业分工及一专多能的情况，工队组成形式 3. 定额完成情况、工人技术水平、技术等级构成
2	管理人员	1. 管理人员的总数，所占的比例 2. 其中技术人员数量，专业情况，技术职称，其他人员数量

序号	项　目	调查内容
3	施工机械	1. 机械名称、型号、能力、数量、新旧程度、能投入本工程施工的机械完好率情况 2. 总装备程度(马力/全员) 3. 机械分配、新购情况
4	施工经验	1. 历年曾施工的主要项目、规模、结构、工期 2. 习惯施工方法,采用过的施工方法,构件加工、生产能力、质量 3. 工程质量合格情况,科研、革新成果
5	经验指标	1. 劳动生产力,年完成能力 2. 质量、安全、降低成本情况 3. 机械化程度 4. 工业化程度设备,机械的完好率、利用率

注：1. 来源：参加施工的各单位。

2. 目的：明确施工力量、技术素质,规划施工任务分配、安排。

附录 7　建筑工程施工现场消防安全基本要求

（一）规章制度、组织机构的建立和责任制落实情况

1. 施工现场的消防工作,应遵照《机关、团体、企业、事业单位消防安全管理规定》(公安部令第 61 号)等法律、法规的有关规定,由施工单位负责,建设单位协助,实行防火安全责任制,按国家规定配置足够的消防器材,并建立健全使用易燃易爆化学物品、用电安全、动火审批、巡逻值班、安全检查等各项管理制度。

2. 建设工程实行总承包的,施工现场的消防安全由承包单位负责,分包单位应当服从承包单位的消防安全管理。

3. 国家、省重点工程施工现场必须建立健全消防档案。消防档案包括：消防设施平面图;消防制度、方案、预案;消防组织机构、负责人、义务消防队;消防设施器材维修验收记录;电气焊人员持证上岗记录及复印件;施工现场消防检查记录。

4. 高层建筑和国家、省、市重点工程的建筑工地,必须建立义务消防组织。对义务消防队员要定期组织消防知识教育和灭火技术演练,使其掌握防火知识和灭火器材的使用。

（二）临时消防车道的设置

施工现场必须设置便于消防车辆出入的临时消防车道,其宽度不得小于 4m,并保证临时消防车道的畅通和地面承载能力,禁止在临时消防车道上堆物、堆料或挤占临时消防车道。高层建筑和国家、省、市重点工程建筑工地,应设置环形的临时消防车道;设置环形车道确有困难的,应沿建筑工程施工现场的两个长边设置临时消防车道;尽头式临时消防车道应设置回车道或回车场。

（三）灭火器的配置

施工现场、工棚必须配备一定数量的 ABC 型干粉灭火器,做到布局合理;重点部位应重点防范,设置明显的防火标志;并落实定人、定责经常检查、维护、保养,确保灭火器材有效。

（四）消防水源的设置

1. 建筑工程施工现场必须设置临时消防水源,安装临时室外简易消火栓或设置临时消防水池,保证在火灾延续时间内消防用水总量要求。

2. 国家、省重点工程,应安装临时消防竖管,管径不得小于 80mm,每层设消火栓口,

配备足够的消防水带；并保证足够的水源和水压，严禁消防竖管作为施工用水管线。

3. 临时消防泵房应用非燃材料建造，位置设置应当科学合理，便于操作，设专人管理，保证临时消防供水需求。

4. 临时消防水泵的专用配电线路，应引自施工现场总断路器的上端，并保证连续不断供电。

5. 国家、省重点工程的实施现场宜设临时消防泵及配套的灭火装置。

（五）用火用电及易燃易爆物品的管理情况

1. 电焊工、气焊工等从事电器设备安装的电气焊切割作业人员，必须持证上岗；进行动火作业前，应严格执行动火审批手续，做好动火前的各项准备工作。清理动火现场，采用不燃材料进行分割，配有专人监管和灭火器材，动火完毕必须确认无火源隐患后方可离去。在竖向井道或高空动火时，必须采取严密的防火措施和灭火准备工作。

2. 施工现场的氧气瓶、乙炔瓶工作间距不得小于 5m，两瓶与明火作业距离不得小于 10m，建筑工程施工现场内禁止存放氧气瓶、乙炔瓶；禁止使用液化石油气"钢瓶"。

3. 施工现场用电设备的安装、配电线路的敷设必须符合电力规范要求，严禁超负荷使用电器设备，临时用电必安过载保护装置。750W 以上大功率照明设备应用支架支撑，照明灯具下方不得堆放可燃物品，其垂直距离必须距可燃物件和可燃物的水平间距 50cm 以上，电源引入线有隔热保护措施。

4. 施工现场使用易燃易爆物品，必须符合易燃易爆化学物品消防安全管理要求，设置醒目的防火标志，落实专人负责保管，配备灭火器材，且严禁在易燃易爆化学物品的存放和使用场所吸烟和使用明火。

5. 施工材料的存放、使用应符合防火要求，临时库房采用非燃材料搭建，易燃易爆物品应设专用库房储存，并分类单独存放。不准在建筑工程内、库房内调配油漆燃料。

6. 建筑工程施工现场内不准设置临时仓库，不准存放易燃、可燃材料，因施工需要进入建筑工程内的可燃材料，要根据工程计划限量进入并采取可靠的防火措施，废弃材料应及时消除。

7. 建筑工程施工现场使用的安全网、密目式安全网、保温材料应具备有质量体系认证书和检验报告等材料，不得使用易燃、可燃材料。

8. 建筑工程施工现场严禁随意吸烟，应设置专门的吸烟安全场地，严禁在吸烟安全场地外吸烟或乱丢烟头。

9. 从事油漆刷涂等危险作业时，要有具体的防火要求，必要时派人看护。

（六）工地的民工工棚的消防安全要求

1. 施工单位应当将施工现场的办公、生活与作业区分开设置，并保持安全距离，严禁将食堂和宿舍设在同一工棚内。

2. 建筑工程工棚的耐火等级、防火间距应符合现行国家消防技术标准的要求。严禁使用木板、竹片、毛毡等可燃材料搭设建筑工程工棚，宿舍内不得卧床吸烟，房间内住 20 人以上或建筑面积 100m² 以上必须设置不少于两处的安全出口，居住 100 人以上或建筑面积 500m² 以上，要有消防安全通道及人员疏散预案。

3. 生活区的用火应当符合防火规定，用火要经保卫部门审批，生活用火使用的燃料必须符合安全要求，用火点和使用燃料应当分开设置和堆放，使用时落实专人管理，使用后应当指派专人查看余火熄灭情况。

4. 建筑工程工棚内的配电线路必须严密套管保护，严禁乱拉乱接电线，工棚内严禁使用大功率电器设备，对用电设备必须落实责任，统一安装管理。

5. 建筑工程工棚区内应当按规定要求配备一定数量的 ABC 型干粉灭火器和设置临时固定消防给水灭火设施，提高自防自救能力。

6. 禁止无关的人员在建筑工程工棚内居住，尤其是老人和小孩。

◆ 参考文献 ◆

［1］ 蔡雪峰. 建筑工程施工组织管理. 北京：高等教育出版社，2002.
［2］ 周国恩. 建筑施工组织与管理. 北京：高等教育出版社，2005.
［3］ 彭圣浩. 建筑工程施工组织设计实例应用手册. 北京：中国建筑工业出版社，1999.
［4］ 瞿焱. 工程造价辅导与案例分析. 北京：化学工业出版社，2008.
［5］ 潘全祥. 建筑工程施工组织设计编制手册. 北京：中国建筑工业出版社，1996.
［6］ 蔡雪峰. 建筑施工组织. 武汉：武汉工业大学出版社，1999.
［7］ 丁晓欣，聂凤得. 建设项目. 北京：中国时代经济出版社，2004.
［8］ 吴怀俊，马楠. 工程造价管理. 北京：人民交通出版社，2007.